Agilität:
Management-Hype oder Mehrwert?

Dirk Weßels

Agilität:

Management-Hype oder Mehrwert?

Wann Scrum, Kanban & Co helfen können und wie eine agile Transformation gelingen kann

Bibliografische Information der Deutschen Nationalbibliothek
Die Deutsche Nationalbibliothek verzeichnet diese Publikation in der Deutschen Nationalbibliografie; detaillierte bibliographische Daten sind im Internet über http://dnb.d-nb.de abrufbar.
1. Aufl. - Göttingen: Cuvillier, 2020

Nonnenstieg 8, 37075 Göttingen
Telefon: 0551-54724-0
Telefax: 0551-54724-21
www.cuvillier.de

1. Auflage, 2020
Gedruckt auf umweltfreundlichem, säurefreiem Papier aus nachhaltiger Forstwirtschaft.

ISBN 978-3-7369-7209-4
eISBN 978-3-7369-6209-5

*Für Emelie**

**auch wenn ihr eine Geschichte mit Einhörnern besser gefallen hätte*

Vorwort

Veränderung. Ein Begriff, der nicht erst seit jüngster Zeit in aller Munde ist und in zahlreichen Zusammenhängen behandelt wird. Getrieben durch eine Welt, die zunehmend durch Komplexität und Unsicherheit geprägt wird, erscheint uns stetige Veränderung als zwingend erforderlich. Als ein Lösungsbeitrag zum Umgang mit den neuen Herausforderungen wird häufig ein weiterer Begriff genannt: Agilität.

Agilität wird oftmals als Heilsbringer im Kontext einer zunehmenden Veränderungsgeschwindigkeit gesehen. Damit wird der Eindruck erzeugt, wer nicht agil ist oder sich nicht zeitnah dahin transformiert, wird anstehende oder laufende Veränderungen nicht beherrschen und positiv lenken können. Dadurch stellt sich aber die Frage, was mit Agilität eigentlich ganz genau gemeint ist und bei welchen Herausforderungen agile Ansätze hilfreich sein können. Ist Agilität also nur ein weiteres Buzzword der jüngeren Managementgeschichte oder kann sie, richtig angewendet, einen Nutzen für Organisationen stiften?

Die vorliegende Ausarbeitung bringt einen Beitrag zur Klärung in die aktuelle Diskussion ein, indem die Thematik basierend auf einem umfangreichen Studium der aktuellen Literatur analysiert wird und die Erkenntnisse folgend sachlich akkumuliert sowie kritisch diskutiert werden. Hierzu wird einleitend die Bedeutung des Veränderungsmanagements behandelt. Neben der Diskussion der Prägnanz des Wandels in der heutigen Zeit und der sogenannten „VUCA-Welt“ werden die Begriffe „Change Management“ und „Transformation“ von einander abgegrenzt und weitergehend erläutert. Folgend wird der Trend zur Agilität sachlich aufgearbeitet. Hierbei werden nicht nur die Grundlagen der Agilität aufgezeigt und die Unterschiede zwischen Lean Management und Agilität diskutiert. Es erfolgt insbesondere ein Überblick über aktuell in der Praxis angewendete agile Ansätze (z.B. Lean Start-Up, Design Thinking, Kanban, Scrum) sowie deren Anwendungsgebiete. Anschließend werden praktische Herausforderungen beim agilen Transformationsprozess diskutiert und hierzu aktuelle Entwicklungen am Beispiel des Finanzsektors ergänzend erörtert.

Insgesamt ermöglichen die folgenden Ausführungen dem interessierten Leser, sich einen gleichsam schnellen wie auch sachlich-kritischen Überblick über Agilität zu verschaffen. Zudem kann somit jeder ganz individuell eine Antwort finden, ob Agilität nun ein Management-Hype ist oder doch einen Mehrwert darstellt.

Die Idee zur vorliegenden Ausarbeitung ist im Rahmen der Teilnahme an einem Executive Education-Programm an der LIMAK Austrian Business School der Johannes Kepler Universität in Linz, Österreich, entstanden und wurde insbesondere durch den regen Austausch mit den Professoren, (Gast-)Dozenten sowie den weiteren Teilnehmern inspiriert. Im Speziellen danke ich Wolfgang Güttel sowie Clemens Zierler für die vertiefenden Gespräche vor allem über die Herausforderungen des strategischen Wandels sowie zur Ambidextrie und Agilität. Ein ganz besonderer Dank gilt meiner Familie für den stetigen Rückhalt bei der Erstellung der vorliegenden Ausarbeitung sowie ihrem bedingungslosen, liebevollen Beistand. Ohne ihre Unterstützung wäre das Projekt nicht möglich gewesen.

Dirk Weßels

Inhaltsverzeichnis

Abbildungsverzeichnis

Tabellenverzeichnis

Abkürzungsverzeichnis

BBVA	Banco Bilbao Vizcaya Argentaria
CEO	Chief Executive Officer
etc.	et cetera
f.	folgende
ggfs.	gegebenenfalls
HR	Human Resources
Hrsg.	Herausgeber
i.S.	im Sinne
i.S.v.	im Sinne von
IT	Informationstechnologie
Jg.	Jahrgang
KPI	Key Performance Indicator
M&A	Mergers & Acquisitions
No.	Number
Nr.	Nummer
o.ä.	oder ähnliches
o.J.	ohne Jahr
o.S.	ohne Seite
OKR	Objective Key Result
S.	Seite
u.a.	unter anderem
u.v.m.	und vieles mehr
URL	Uniform Resource Locator
US	United States
usw.	und so weiter
Vgl.	Vergleiche
Vol.	Volume
WiP	Work-in-Progress
z.B.	zum Beispiel

1 Einleitung

In diesem Kapitel wird dargestellt, welche Problemstellung und welche Forschungsfragen der vorliegenden Arbeit zugrunde liegen, welche Ziele damit erreicht werden sollen und wie der kritische Diskurs im Folgenden geführt wird.

1.1 Problemstellung

Veränderung. Kein anderes Schlagwort ist in der heutigen Zeit wahrscheinlich häufiger anzutreffen als dieses Wort. Dabei spielt Veränderung in multiplen Kontexten eine Rolle. Eine globalisierte, vernetzte und zunehmend durch Digitalisierung geprägte Welt sieht sich mit einem allgegenwärtigen Wandel konfrontiert. Es treten Veränderungen im politischen Kontext auf, indem alte, jahrelang gültige Maxime aufgebrochen werden und zumeist konservativ geprägte Demokratien sich mit zunehmender Diversifikation des politischen Parteienspektrums konfrontiert sehen und neue Koalitionen gefunden und sich der Auseinandersetzung mit neuen Bündnissen und politischen Mitspielern gestellt werden müssen.[1] Die kulturelle Vielfalt nimmt durch globalisierte Einflüsse genauso zu wie die Notwendigkeit der eigenen Auseinandersetzung mit deren Umgang und die Auswirkungen auf veränderte Lebensräume. Durch die Bedrohungen des Klimawandels werden zunehmend weltweit Forderungen laut, dass ein Umdenken der Menschen in ihrem Handeln im Sinne der Nachhaltigkeit sowie dem damit verbundenen Umgang mit unseren Ressourcen geschehen muss.[2] Die Digitalisierung ist allgegenwärtig und verlangt von jedem Menschen, der freiwillig oder aufgrund seiner Lebenssituation dadurch tangiert wird, sich auf neue Techniken, Prozesse und einen schnelleren Wandel einzustellen und Vorzüge und Herausforderungen dadurch abzuwägen. Und gleichsam ist die Veränderung im berufli-

---

1 Vgl. ähnlich Winkler (2019), S. 1. DETTLING spricht beispielhaft von einem disruptiven Wandel in der politischen Landschaft. Dabei ist die Verwendung von Disruption, welches im Regelfalle mit den Auswirkungen der Digitalisierung auf unternehmerische Geschäftsmodelle in Verbindung gebracht wird, im politischen Kontext bedeutsam und zeigt auf, mit welchen einschneidenden Entwicklungen sich die Gesellschaft konfrontiert sieht; vgl. Dettling (2017), o.S. Zum (disruptiven) Wandel und dessen Dynamik ebenfalls Güttel/Link (2019), S. 180–183; Güttel/Wiesinger (2019), S. 138f.

2 Dabei ist auch in Bezug auf die Nachhaltigkeit ein kritischer Diskurs anzuraten. Die Bedeutsamkeit von nachhaltigem Handeln im Kontext der Umwelt und dem Umdenken der gesellschaftlichen Akteure sei hierbei als unstrittig anzuführen. Der Umgang und die Verwendung im unternehmerischen Kontext ist jedoch teils kritisch zu hinterfragen. Es stellt sich insbesondere die Frage, ob hier ein gesellschaftlicher Trend teilweise rein zu Marketing-Zwecken als Vehikel genutzt wird oder ob ein wirkliches Umdenken auch in Unternehmen stattfindet. Positiv anzumerken seien hier beispielhaft die Bestrebungen der ABN AMRO sowie ihrer Tochterunternehmen, das Thema *„sustainable banking"* in den Mittelpunkt zu stellen. Vgl. ABN AMRO (2019), S. 17.

chen Umfeld überall zu finden. Von „New Work“ über Digitalisierung der Arbeitswelt bis hin zum Einsatz künstlicher Intelligenz im Rahmen des Produktionsprozesses findet sich das Thema Veränderung nicht nur in der einschlägigen Literatur wieder, sondern auch ganz praktisch zunehmend im Arbeitsalltag jedes einzelnen Erwerbstätigen. Es kann also festgehalten werden, dass Veränderung eine der wenigen verbliebenen Konstanten unserer heutigen Zeit darstellt.

Hierbei erscheint interessant, wie mit dieser Sachlage im unternehmensspezifischen Kontext umgegangen wird und wie diesbezügliche Herausforderungen beherrscht werden sollen. Kommt es zum Thema Veränderung, ist insbesondere ein weiteres Schlagwort ein ständiger Begleiter: Agilität[3].

Agilität ist in aller Munde und wird oftmals als Heilsbringer bei einer zunehmenden Veränderungsgeschwindigkeit genannt. Moderne Antworten in der Managementliteratur – hierbei interessant: zumeist irrelevant in welchem Kontext – brauchen auf jeden Fall eine Verbindung zur Agilität. Es wird von agilen Organisationen, agilen Prozessen, agilen Projekten, agilen Mitarbeitern und agilen Produkten und Services (u.v.m.) gesprochen. Kurzum: Wer nicht agil ist oder sich nicht zeitnah dahin transformiert, wird anstehende oder laufende Veränderungen nicht beherrschen und positiv lenken können.[4] Nach Managementkonzepten zur Steuerung und Optimierung von Unternehmen wie der Balanced Scorecard oder Lean Management, ist die agile Transformation als Prozess und die Agilität als Zustand die neue Weisheit, die es umzusetzen gilt.[5]

Dabei stellt sich jedoch die Frage, was Veränderung im Kontext der (agilen) Transformation im Allgemeinen und Agilität im Speziellen eigentlich ist. In welchem Zusammenhang stehen Change und Transformation? Wo hat die Agilität ihren Ursprung und welche Ziele bezweckt sie? Was verstehen wir unter Agilität und welche Ausprägungen und Ansätze

---

[3] Es sei darauf hingewiesen, dass in der vorliegenden Arbeit der deutsche Begriff der „Agilität“ sowie der englische Begriff „agile“ eine synonyme Verwendung erfährt.

[4] Vgl. zum Trend der Agilität u.a. Komus/Kamlowski (2014), S. 7f.; Meyer (2014), S. 1f.; Häusling/Kahl (2017a), S. 17f.; Lasnia/Nowotny (2018), S. 19; Aghina/Handscomb/Ludolph/West/Yip (2019), S. 2; Fürst/Neumann/Niwar (2019), o.S. WEBER/FISCHER/EIREINER sprechen daher passend prägnant davon, dass nach derzeitig vorherrschender Meinung anscheinend Unternehmen agil sein müssen, um zu überleben; vgl. Weber/Fischer/Eireiner (2017), S. 27. Zu weitergehenden Trends im Bereich der Arbeitsforschung vgl. Zierler (2017), o.S.

[5] Vgl. hierzu auch Lasnia/Nowotny (2018), S. 19f. Diese führen an, dass bereits viele heilbringende theoretische Konzepte in der jüngsten Vergangenheit existierten, wobei es in der Praxis notwendig ist, über schöne Buzzwords hinauszugehen und praktische Unterstützung gewährleisten zu können.

bestehen? Wo liegen die Unterschiede in den jeweiligen agilen Ansätzen? Und wie sehen die Entwicklungen in Bezug auf agile Transformationen in der Praxis aus?

1.2 Zielsetzung

Die Motivation und Zielsetzung dieser Arbeit kann durch Klärung und Würdigung akkumuliert werden. Wie aufgezeigt wurde, scheint die grundsätzliche Thematik eine gewisse Prägnanz zu haben. Auch der Autor beschäftigt sich im eigenen beruflichen Kontext mit Veränderungsthematiken. Dabei ist er davon überzeugt, dass der professionelle Umgang mit Veränderung für eine Unternehmung von großer Bedeutung für deren Erfolg ist. Gleichsam fällt jenem jedoch auch auf, dass die theoretischen Konzepte, Ursprünge, Hintergründe und Entwicklungen im Rahmen der Veränderung oftmals den Anwendern nicht vollends bekannt sind und dadurch u.a. Begrifflichkeiten vermischt und in Folge dessen falsch angewendet werden. Daher bedarf es einer grundlegenden Klärung durch Strukturierung, Abgrenzung sowie Definition der Themengebiete. Des Weiteren fällt dem Autor auf, dass generell ein kritischer Diskurs – und auch im Spezialfall um das Thema der Agilität – oftmals nicht erfolgt.[6] Agilität kann eine Vorgehensweise sein, mit Veränderung optimiert umzugehen. Um Agilität jedoch richtig anzuwenden, muss verstanden werden, was Agilität dem Grunde nach ist und welche praktischen Ausprägungen sie besitzt. Dies bedarf einer sachlichen Aufarbeitung und eines kritischen Diskurses. Insbesondere im Kontext der Agilität gibt es derzeit mannigfaltige Ansichten über die fachliche Zuordnung, die Ziele und die inhärenten Ansätze, die es interessierten Dritten und (potenziellen) Anwendern derzeit schwer machen, zu erfassen, was unter dem genannten Schlagwort zu verstehen ist, wie gewisse Ansätze zueinander stehen und wie diese im Gesamtkontext einzuordnen sind.[7] Der Autor ist allgemein der Überzeugung, dass grundsätzlich jegliche Anwendung in der Praxis nur immer dann den notwendigen Erfolg ermöglicht, sofern dieses rahmengebende Wissen beim Anwender besteht. Hierzu soll die Arbeit einen Beitrag im Sinne eines Erkenntnisgewinns liefern. Abgeleitet davon ergeben sich somit die folgenden Forschungsfragen, die im weiteren Verlauf kritisch diskutiert werden:

1. Welche Bedeutung hat das Veränderungsmanagement in der heutigen Zeit?
2. Was ist Agilität dem Grunde nach und welche Ausprägungen bestehen?
3. Welche praktischen Herausforderungen bestehen bei einer agilen Transformation?

---

[6] Bei eingehender Recherche der einschlägigen Literatur zeigt sich, dass ein großer Teil der Autoren einen kritischen Diskurs zur Agilität vermissen lässt. Es wird vielmehr auf den positiven Nutzen hingewiesen und diverse Ansätze werden diskutiert. Die Erkenntnisse bei neutraler Betrachtung der Thematik werden im Folgenden eingehend diskutiert.

[7] Siehe hierzu insbesondere die Ausführungen in Kapitel 3.

Zusammenfassend soll durch die Beantwortung der aufgeführten Forschungsfragen ergründet werden, ob Agilität in Gänze lediglich ein Management-Hype ist oder vielmehr einen echten Mehrwert bieten kann.

Basierend auf den zuvor beschriebenen Herausforderungen bei der Thematisierung der Agilität liegt der vorliegenden Arbeit ein qualitativ-deskriptiver Ansatz zugrunde unter entsprechend kritischer Würdigung. In Hinblick auf die zugrundeliegende Methodik wird eine ausgedehnte Literaturarbeit durchgeführt sowie eine qualitative Analyse der daraus gewonnenen Erkenntnisse. Ausgehend von den aufgeführten Forschungsfragen wird die einschlägige Literatur zunächst klassifiziert und zu Subgebieten gruppiert.[8] Folgend wird die einzubeziehende Literatur selektiert[9] und in Hinblick auf die Forschungsfragen analysiert und einer kritischen Inhaltswürdigung unterzogen. Die Erkenntnisse werden je Kapitel zusammengefasst und schlussendlich insgesamt in Hinblick auf die Forschungsfragen akkumuliert, außerdem wird ein entsprechender Ausblick hierzu gegeben.

1.3 Aufbau und Struktur

In der heutigen Zeit wird „agile" oftmals leider nur als Buzzword[10] benutzt und verleiht demjenigen, der es in seinen Wortschatz mit aufnimmt, eine gesteigerte Aufmerksamkeit. Diese Arbeit soll sich hingegen der Thematik sachlich und strukturiert widmen. Basierend auf der zuvor gezeigten Vorgehensweise und Methodik erfolgt eine Auseinandersetzung zur Thematik vom Allgemeinen zum Speziellen. Daher soll zunächst die Bedeutung des Veränderungsmanagements aufgezeigt sowie diskutiert werden, in welchem Kontext Change und Transformation zueinander stehen (Kapitel 2). Weitergehend soll der Trend zur Agilität sachlich aufgearbeitet werden, indem kritisch diskutiert wird, worin die Ur-

---

[8] Eine Klassifizierung erfolgt beispielsweise in wissenschaftliche Fach- und Lehrbücher, Monographien sowie Sammelwerke, wissenschaftliche Veröffentlichungen in Fachzeitschriften, Research/Working Papers sowie Case Studies, Forschungsberichte/Studien und Praxisbeiträge sowie weitergehende Quellen. Eine Gruppierung erfolgt in der Art, dass die zunächst angeführten Literaturquellen vom Allgemeinen zum Speziellen gruppiert werden, welches sich später in Aufbau und Struktur der Arbeit wiederfindet.

[9] Im Rahmen des Selektionsprozesses werden Literaturquellen anhand ihres Mehrwerts in Bezug auf die Forschungsfrage analysiert. Aufgrund der praktischen Relevanz der Thematik und der breiten Diskussion, insbesondere in der praxisbezogenen Literatur, erfolgt eine bewusste Einbeziehung dieser Quellen und kritische Würdigung ihrer Aussagen und Erkenntnisse im Rahmen der qualitativen Analyse ihrer Inhalte.

[10] Es wird in diesem Falle ganz bewusst der englische Begriff für das deutsche Wort „Schlagwort" verwendet. Während die Definition von Schlagwort in einem kurzen Wort oder prägnanten Phrase zur Hebung der Beachtung des Ausdrucks liegt und somit vielmehr neutraler Natur ist, so ist der englische Begriff im deutschsprachigen Managementkontext vielmehr negativ verankert, da oftmals interesseweckende, aber gleichsam inhaltsleere Worthülsen damit verbunden werden.

sprünge der Agilität bestehen, was Agilität ist und auf welchen Grundlagen diese fußt sowie welche Ansätze als Instrumente zur praktischen Umsetzung bestehen (Kapitel 3). Schlussendlich soll ein Bezug zur Praxis und zu inhärenten Herausforderungen bei der agilen Transformation erstellt (Kapitel 4) und ein Fazit gezogen sowie ein Ausblick gegeben werden (Kapitel 5).

2 Bedeutung des Veränderungsmanagements

Im folgenden Kapitel wird die Bedeutung von Veränderungen in unserer heutigen Zeit diskutiert. Hierfür wird zunächst erörtert, wie stetiger Wandel sowie eine zunehmende Veränderungsgeschwindigkeit als Treiber eben jener Veränderung dienen. In diesem Kontext wird „VUCA" als Ausdruck einer Welt des Wandels und der Umgang hiermit weitergehend beleuchtet. Darauf aufbauend werden die Begriffe „Change Management" sowie „Transformation" diskutiert, voneinander abgegrenzt und somit gleichsam eine definitorische Grundlage für die weitergehende Arbeit geschaffen.

2.1 Treiber von Veränderungen in Organisationen heute

2.1.1 Stetiger Wandel und zunehmende Geschwindigkeit

In unserem heutigen Zeitalter ist der Wandel unser stetiger Begleiter. Veränderung gab es aber schon immer. Sie ist die Basis der Weiterentwicklung. Der Unterschied von früher zu heute liegt jedoch in der Kombination: Zum einen besteht ein sich stetig vollziehender Wandel; zum anderen hat die Veränderungsgeschwindigkeit – unabhängig ob in Gesellschaft, Politik oder in Unternehmen – in der jüngsten Vergangenheit dramatisch zugenommen.[11] Dabei können verschiedene Treiber angeführt werden.

Der technologische Wandel und die Digitalisierung[12] gelten hierbei als die Treiber der Veränderungsgeschwindigkeit.[13] Die Vernetzung sowie die Integration digitaler Lösungen in unseren Alltag – unabhängig ob im privaten oder im beruflichen Umfeld – ermöglicht es, in kürzester Zeit verbesserte Technologien einem großen Markt zur Verfügung zu stellen und damit unsere Reaktionen hierauf herauszufordern. Es entsteht somit auch ein Druck, angemessen auf den technologischen Wandel zu reagieren, sodass z.B. Unternehmen

---

[11] Vgl. auch Lauer (2014), S. 3, 16; Frei (2018), S. 4; Steinhoff (2018), S. 3f.; Güttel/Link (2019), S. 180f.; Güttel/Wiesinger (2019), S. 138f. Die Notwendigkeit der stetigen Veränderung wird auch durch den Begriff des sogenannten „Red Queen Syndrome" subsumiert. Dieser Begriff geht zurück auf das Zitat der roten Königin gegenüber Alice aus dem Buch „Alice hinter den Spiegeln" von Lewis Carroll: *„Hierzulande musst du so schnell rennen, wie du kannst, wenn du am gleichen Fleck bleiben willst"*. Vgl. zum „Red Queen Syndrome" weitergehend Scheller (2017), S. 39f.

[12] Digitalisierung gilt als Sammelbegriff für eine Vielzahl von Einzelthemen wie z.B. Internet der Dinge, Industrie 4.0, Cloud Computing, Big Data, etc. Dabei kann Digitalisierung als Prozess der Umwandlung von analoge in digitale Strukturen verstanden werden. Vgl. hierzu auch weitergehend die Ausführungen bei Häusling/Kahl (2017a), S. 17f.; Lasnia/Notowny (2018), S. 21f. Diese sehen Agilisierung hierbei als Möglichkeit des Umgangs mit der Digitalisierung. Dies wird in den folgenden Kapiteln weitergehend diskutiert.

[13] Vgl. auch Siedl (2018), S. 74, der von einem exponentiellen technologischen Fortschritt sowie von einem anrollenden digitalen Tsunami spricht. Ebenso vgl. Weiler/Savelsberg/Dornhof (2018), S. 13f.

am Markt nur noch bestehen bleiben können, wenn sie die neuesten technologischen Errungenschaften den Konsumenten auch in ihren Produkten zur Verfügung stellen können. Organisationen müssen sich auf immer kürzere Zyklen einstellen. Veränderung hat somit nicht mehr die Eigenschaft eines in regelmäßigen Abständen auftretenden Phänomens, mit dem situativ umzugehen ist und eine lediglich punktuelle Konfrontation besteht. Veränderung entwickelt sich wegen des technologischen Wandels und der Digitalisierung zu einem Dauerzustand.[14] Es gilt mit dieser und der darin liegenden Geschwindigkeit umzugehen und Antworten zu finden, um die teilweise herausfordernden Effekte in positive Resultate umzuwandeln.[15]

Zudem erhöht sich auch die Informationsdichte, die zu einer gesteigerten Dynamik und Komplexität beiträgt. Dies gilt als weiterer Treiber des Wandels. Informationen werden in einer digitalisierten Welt einem breiteren Publikum leichter zugänglich gemacht. Gleichzeitig sehen sich die unterschiedlichen Akteure aufgrund der Informationsdichte und den vielen Variablen einer vernetzen Welt und deren Interdependenzen mit einer zunehmenden Komplexität konfrontiert und müssen Wege finden, hiermit umzugehen. Schnelllebigkeit und die damit verbundenen Risiken treiben dabei gleichermaßen den Wandel und erfordern Lösungsansätze.[16]

Die aufgeführte erhöhte Informationsdichte unterstützt wiederum ein anderes Kundenverhalten. Der Zugang zu Informationen wird dem Verbraucher durch die digitale Vernetzung erleichtert. Informationen können schneller und leichter geteilt und verglichen werden.[17] Die Marktkenntnisse können somit – bei richtiger Anwendung – gesteigert werden, was wiederum einen Verhandlungsvorteil darstellt.[18] Gleichzeitig können die Kundenwünsche jedoch auch schneller variieren. Wenn der Kunde nun durch erhöhte Informationsdichte Zugang zu allen möglichen Informationen erhält, können seine Wünsche und Bedürfnisse

---

[14] Natürlich ist dabei zu berücksichtigen, dass unterschiedliche Branchen den Auswirkungen der Digitalisierung auch in einem unterschiedlichen Ausmaß unterliegen. Generell gilt jedoch festzuhalten, dass der Trend zur Digitalisierung wohl nunmehr in fast jedem Bereich angekommen ist, respektive anzunehmen ist, dass dies in Kürze so sein wird.

[15] Vgl. Lasnia/Nowotny (2018), S. 20–23.

[16] Vgl. Häusling/Kahl (2017a), S. 19.

[17] Informationen werden über das Internet z.B. über Foren oder Blogs geteilt. Kurznachrichtendienste und Social Media verstärken dies noch.

[18] Das Selbstbewusstsein in Verhandlungssituationen ist bei eingehend informierten Kundengruppen entsprechend ein höheres. Vgl. hierzu auch ebenso Weiler/Savelsberg/Dornhof (2018), S. 13, die von zunehmend anspruchsvolleren Kunden sprechen.

viel schneller schwanken und sich Ansprüche und Vorstellungen gegenüber Produkten viel schneller ändern.[19]

Schlussendlich ist als Treiber auch eine zunehmend niedrigere Markteintrittshürde[20] und eine damit einhergehende höhere Wettbewerbsintensität zu nennen. Neue Wettbewerber können durch Vernetzung sowie digitale Produkte und Dienstleistungen bestehende Märkte und Prinzipien aufbrechen und neue zukunftsfähigere Strategien und damit einen schnelleren Wandel bei bestehenden Unternehmen erfordern.[21]

Dies alles führt dazu, dass sich Geschäftsmodelle, Parameter und die vorhandenen Prozesse anpassen müssen, um dem stetigen Wandel und der erhöhten Geschwindigkeit nachzukommen. Es muss somit ein Umdenken in Unternehmen vollzogen werden.[22]

Der Aufbau und die begleitenden Prozesse innerhalb von Unternehmen waren in der Vergangenheit davon geprägt, wie es auch in ihrem Inneren aussah und was deren Herzstück war: Die stetig laufende, effiziente Maschine. Dieser Vergleich eines Unternehmens mit einer Maschine kann gut zur Erläuterung genutzt werden. Sollte eine Veränderung im Unternehmen notwendig sein, um auf eine Marktbewegung oder eine allgemein geänderte Umwelt zu reagieren, wurde in das komplexe Innenleben der Maschine eingegriffen und es wurden aufwändig die maschinellen Prozesse der aktuellen Notwendigkeit angepasst. Die Problematik in Bezug auf die aktuelle Umwelt in unserem heutigen Zeitalter – in diesem Bild bleibend – ist, dass sich die Umwelt schon maßgeblich weiterentwickelt haben wird, bevor wir die neuen Prozesse zwecks Anpassung entwickelt und dann auch

---

[19] Vgl. Häusling/Kahl (2017a), S. 19f.

[20] Dies gilt natürlich nicht pauschal für alle Bereiche. Aber es sei nur auf den Finanzdienstleistungssektor hingewiesen, der durch eine umfassende Regulierung dem Grunde nach eine Branche darstellt, die eine zunächst hohe Markteintrittshöhe aufweist. Jedoch steht gerade diese Branche unter starkem Druck durch findige FinTechs, die Wege gefunden haben, ihre Lösungen für Kundengruppen anzubieten und damit sogar großen Unternehmen gefährlich werden.

[21] Vgl. Häusling/Kahl (2017a), S. 20. Es geht aber nicht nur darum, dass neue Wettbewerber in bestehende Märkte vordringen. So können durch digitale Technologien auch vorher als unrentabel angesehene Märkte neu aufleben.

[22] Vgl. hierzu auch die Ausführungen bei Frei (2018), 4f. STEINHOFF führt zurecht an, dass in der jüngsten Vergangenheit Unternehmen, die zuvor noch sehr erfolgreich am Markt agiert haben, in einem atemberaubenden Tempo in der Bedeutungslosigkeit verschwunden sind; vgl. Steinhoff (2018), S. 3. Siehe weitergehend auch den ausführlichen Diskurs bei LAUER zu externen und internen Treibern des Wandels, dessen tiefergehende Behandlung im Rahmen der vorliegenden Arbeit zu weit gehen würde, jedoch auf unterschiedliche, äußerst interessante Nuancen hinweist; vgl. Lauer (2014), S. 13–26.

tatsächlich angepasst haben, und damit die entstandene neue Maschine den Bedarf der Umwelt schon nicht mehr widerspiegelt.[23]

Insgesamt gilt somit, dass nicht versucht werden soll, den stetigen Wandel und die zunehmende Veränderungsgeschwindigkeit zu verändern. Es gilt den Wandel zu antizipieren, die Geschwindigkeit zu akzeptieren und insgesamt beides für das eigene Unternehmen positiv zu nutzen.[24]

2.1.2 Management im Wandel – VUCA als Ausdruck einer neuen Welt

Wie gezeigt wurde, ist in der heutigen Zeit der Wandel bei gleichzeitig erhöhtem Veränderungstempo unser stetiger Begleiter. Unternehmen sehen sich mit dieser neuen Umwelt konfrontiert und müssen sich darauf einstellen. Wie bereits ausgeführt wurde, ist dies nicht negativ zu sehen, sondern bietet vielmehr eine Vielzahl von Chancen für Unternehmen. Allerdings müssen sich Unternehmen dieser vielschichtigen Herausforderung stellen und akzeptieren, dass es keine einfache Lösung gibt. Um jedoch dieses Managementproblem zu lösen, muss zunächst erkannt werden, was diese neue Welt ausmacht.

Erfolg und Scheitern liegen heutzutage sehr eng beieinander. Durch den technologischen Fortschritt, die Digitalisierung, erhöhte Informationsdichte, kürzere Lebenszyklen durch sich stetig verändernde Kundenbedürfnisse und angespannte Wettbewerbsverhältnisse hängt der Erfolg und auch das Fortbestehenden eines Unternehmens oft von Parametern ab, die nicht mehr im klassischen Sinne kontrolliert werden können. Ein einziger Fehler innerhalb eines Produkts kann bereits massive Konsequenzen auf das Unternehmen haben.[25] Gleichzeitig wird eine langfristige strategische Planung kaum mehr möglich. Die Parameter sind hierfür oftmals zu volatil.[26]

---

[23] Vgl. Aghina/De Smet/Weerda (2016), S. 11.

[24] Vgl. die Ausführungen bei Siedl (2018), S. 74. Siehe hierzu ebenfalls KOPRAX/MARIC/WINTER/ZIERLER, die von der Notwendigkeit von dynamischen Unternehmen sprechen und mahnen, dass Unternehmen heutzutage flexibel auf Umwelteinflüsse reagieren müssen – und damit nicht nur reaktiv, sondern proaktiv –, um am Markt bestand zu haben; vgl. Koprax/Maric/Winter/Zierler (2017), S. 31–38.

[25] Beispielhaft seien die Herausforderungen von Samsung in ihrer Mobilfunksparte zu nennen. Aufgrund des Drucks, schnell Innovationen und neue Produkte zu liefern, wurden Produkte in Umlauf gebracht, deren Reifegrad als noch nicht ausreichend bezeichnet werden kann. Z.B. hatten Akkus massive technische Probleme, sodass zeitweise ganze Baureihen von Mobilfunkgeräten der Marke Samsung aus Sicherheitsgründen Einschränkungen beim Transport in Flugzeugen unterlagen. Eine neue Mobilfunktelefonreihe mit klappbaren Displays musste kurzerhand vor Verkaufsstart wieder zurückgezogen werden, da erhebliche Mängel festgestellt wurden. Diese Vorfälle haben zu massiven Kursverlusten bei Samsung sowie zu Anspannungen in Hinblick auf den positiven Markennamen beim Verbraucher geführt.

[26] Vgl. hierzu Scheller (2017), S. 20; Güttel/Link (2019), S. 180f.

Doch wie soll nun diese neue Welt beschrieben werden? Und viel wichtiger: wie werden hierbei Herausforderungen gemeistert? In der Literatur hat sich der Begriff der „VUCA-Welt“ gefestigt. Der englische Begriff steht dabei für:

- **V**olatility (deutsch: Volatilität),
- **U**ncertainty (deutsch: Unsicherheit),
- **C**omplexity (deutsch: Komplexität) und
- **A**mbiguity (deutsch: Ambiguität oder Mehrdeutigkeit).

Kurzum kann gesagt werden, dass das zuvor bekannte Aktion-Reaktion-Verhältnis in seiner ganzen Klarheit, basierend auf festen Regeln, Gewissheiten und klar zu erkennenden Zusammenhängen in dieser Form nicht mehr existiert.[27]

Volatilität bezeichnet einen instabilen und damit einen nicht vorhersagbaren oder gar berechenbaren Zustand. Dies spiegelt sich z.B. auch am Ausmaß von Kursschwankungen wider. Konnten zuvor Veränderungen noch beobachtet und analysiert werden und sodann Lösungen für eine sich verändernde Umwelt ermittelt und als Gegenpol eingesetzt werden, so ist dies heutzutage nur noch in begrenztem Umfang möglich. Die Veränderungen kommen zu schnell und wandeln sich in sich selber oftmals. Es muss daher flexibel und schnell reagiert werden.[28] Dies bedeutet nicht, dass eine strategische Planung oder Planung an sich nicht mehr notwendig ist. Es geht vielmehr darum, dass Pläne konstant mit der derzeitig vorliegenden Umwelt überprüft und stetig angepasst werden müssen.

Unsicherheit spiegelt hingegen unseren Umgang mit der damit einhergehenden Unkenntnis wider. Durch eine volatile Umwelt besteht auch oftmals Ungewissheit, was in der Zukunft noch kommen wird, und Unklarheit, wie damit umzugehen ist. Entscheidungen unter Unsicherheit zu treffen bedeutet, dass sich der Entscheider bewusst sein muss, dass er die optimale Handlungsweise in der vorliegenden Situation oftmals nicht kennt. Er muss auf Basis seiner Erfahrung und den derzeitigen Informationen Entscheidungen treffen; und sich gleichsam bewusst sein, dass er diese Entscheidungen aufgrund der Unsicherheit in einem weiteren Schritt ggfs. anpassen oder gar widerrufen muss. Dies ist somit ein völlig neues Konzept der Führung. Der allwissende Entscheider als Kopf und Lei-

---

[27] Vgl. Scheller (2017), S. 20; Weber/Fischer/Eireiner (2017), S. 27; Habighorst (2018), S. 49; Lasnia/Nowotny (2018), S. 36; Sauter/Sauter/Wolfig (2018), S. 4f.

[28] Vgl. Scheller (2017), 20f.; Weber/Fischer/Eireiner (2017), S. 27f.; Lasnia/Nowotny (2018), S. 36.

ter des Unternehmens kann in einer VUCA-Welt nicht mehr existieren, Verantwortungen müssen somit ggfs. auch an andere Ebenen delegiert werden. Gleichzeitig sei darauf hingewiesen, dass Unsicherheit bei Menschen dazu führen kann, in eine Stagnation zu verfallen.[29] Sie haben Angst zu entscheiden oder allgemein zu handeln, da für sie die Zukunft ungewiss ist. Hier gewinnt das Konzept der kleinen, aufeinander aufbauenden Schritte und den somit durchzuführenden kleinen Entscheidungen an Stellenwert.[30] Dies kann zum Aufbruch des Dilemmas der Unsicherheit führen.

Von ***Komplexität*** wird gesprochen, wenn viele Parameter auf verschiedenste Art und Weise miteinander interagieren und somit ein verflochtenes Interaktionssystem entsteht, welches in sich nicht berechenbar und dadurch nicht beherrschbar ist.[31] Es kann auch ganz einfach von einer Kette von Überraschungen gesprochen werden.[32] Komplexe Systeme lassen sich somit zwar beobachten und analysieren, aber nicht umfänglich kontrollieren oder punktgenau steuern. Durch entsprechende Maßnahmen können Parameter so gesetzt werden, dass komplexe Systeme eine höhere Wahrscheinlichkeit besitzen in einem Zielkorridor, aber nicht an einen bestimmten Zielpunkt zu enden.[33] Daraus folgt, dass Komplexität nicht mit Chaos gleichzusetzen ist: Mit Komplexität kann umgegangen wer-

---

29 Vgl. Scheller (2017), S. 21; Lasnia/Nowotny (2018), S. 36; Hofert/Thonet (2019), S. 93–95.

30 Zu diesem Konzept des iterativ-inkrementellen Vorgehens siehe die ausführlichen Ausarbeitungen in Kapitel 3.

31 Vgl. Scheller (2017), S, 22f.; Lasnia/Nowotny (2018), S. 36.

32 Es ist darauf hinzuweisen, dass hierbei der Begriff „kompliziert" von „komplex" abzugrenzen ist. Von kompliziert wird gesprochen, wenn ein gewisses Maß an Unwissenheit besteht, grundsätzlich aber ein Aufbau und/oder ein Verhalten erklärbar und replizierbar ist. Mit ausreichendem Wissen ist also eine komplizierte Situation beherrschbar. Beispielhaft wird deshalb bei mechanischen Uhren in Bezug auf die dem Uhrwerk hinzugefügten besonderen Funktionen auch von Komplikationen gesprochen. Diese Komplikationen erhöhen den Wert der Uhr, da sie zugleich den Schwierigkeitsgrad für den Uhrmacher erhöhen. Für den versierten Uhrmacher sind diese Komplikationen, basierend auf seinem umfassenden Wissen, jedoch im Gegensatz zum Laien beherrschbar. Vgl. weitergehende Ausführungen sowie Beispiele auch bei Vieweg (2015), S. 13–15; Scheller (2017), S. 32f.; Sauter/Sauter/Wolfig (2018), S. 6f.

33 Vgl. ebenfalls Gloger/Margetich (2018), S. 16. Beispielhaft sei hier ein Mannschaftsspiel wie Feldhockey oder Rugby angeführt. Die Mannschaft kann mit ihrem Trainer vor einem Spiel gewisse Parameter wie Trainingsstand der Spieler, Wissen über die gegnerische Taktik oder Teamgeist setzen und somit einen Zielkorridor (Spielsieg) definieren. Das eigentliche Spiel kann aber aufgrund unzähliger Parameter nicht vorhergesagt werden, da unerwartete Faktoren wie Verletzungen, plötzliche Wetterumschwünge oder unerwartete taktische Veränderungen beim Gegenspieler nicht vollends geplant werden können.

den.[34] Es bedarf des Bewusstseins, dass eine komplexe Welt vorliegt, die ein angepasstes Vorgehen notwendig macht.

Schlussendlich bewirkt ***Ambiguität oder Mehrdeutigkeit***, dass Sachverhalte oder bestehende Grundsätze nicht mehr eindeutig zu interpretieren sind. Eine Widersprüchlichkeit und damit eine Ungewissheit, wie mit einer Sache umzugehen ist, führt dazu, dass eine klare Bewertungssicherheit fehlt. So verlangen Kunden beispielhaft eine immer höhere Qualität, wollen aber auch, dass das Produkt zu einem geringeren Preis angeboten wird.[35]

Insgesamt gilt festzuhalten, dass die VUCA-Welt sowie ihre Bestandteile einen veränderten situativen Kontext beschreiben, in dem sich Unternehmen in der heutigen Zeit bewegen. Eine veränderte Umwelt mit veränderten Herausforderungen und inhärenten Fragestellungen bedarf angepasster Antworten und Lösungskonzepte sowie Vorgehensweisen, diese umzusetzen.[36] Unsicherheit und Komplexität erscheinen hierbei die Kerntreiber für ein verändertes Handeln zu sein. Gleichsam muss auch eruiert werden, was Veränderung dem Grunde nach ist und ausmacht. Auch diese Frage wird im Weiteren diskutiert.

Es gilt jedoch auch festzuhalten, dass die Herausforderungen der neuen Zeit nicht negativ konnotiert werden sollten. Es gilt sich auf die positiven Aspekte und Möglichkeiten zu konzentrieren. So hält LALOUX passend fest:

„Wir leben in einer außergewöhnlichen Zeit – oft verwirrend, aber voller Möglichkeiten."[37]

2.2 Definitionen und Abgrenzungen im Kontext der Veränderung

2.2.1 Change Management

Nachdem bereits festgehalten wurde, dass der Wandel ein stetiger Begleiter ist, der in seinen Umfang und seiner Geschwindigkeit jüngst noch weiter zugenommen hat, gilt nun

[34] Es bestehen verschiedene Modelle und Handlungsstrategien zum Umgang mit Komplexität wie z.B. das Cynefin-Modell oder die Stacey-Matrix. Vgl. hierzu weitergehend Rubin (2014), S. 39f.; Scheller (2017) S. 23–32. Im weiteren Verlauf wird hierzu im Rahmen der Diskussion zur Agilität weitergehend Bezug genommen und soll daher an dieser Stelle nicht weiter vertieft werden. Siehe hierzu insbesondere Kapitel 3.

[35] Vgl. Scheller (2017), S. 33f.; Lasnia/Nowotny (2018), S. 38.

[36] LASNIA/NOWOTNY sprechen als Antwort zu „VUCA" von „VOPA" und meinen damit eine Fokussierung auf Vernetzung, Offenheit, Partizipation und Agilität. Vgl. weitergehend Lasnia/Nowotny (2018), S. 40f. Siehe ebenfalls SCHELLER, der Agilität als Antwort zu „VUCA" sieht; vgl. Scheller (2017), S. 42f.

[37] Laloux (2016), S. 159.

zu klären, was „Veränderung" überhaupt ist und wie diese auch noch „gemanagt"[38] werden kann. Es verwundert hingegen kaum, dass Literatur und Managementpraxis mit eben jenem Management von Veränderungen eine Thematik in verstärktem Ausmaße thematisiert und Lösungskonzepte sowie Vorgehensmodelle bereithält.[39] Hierbei hat sich der Begriff des „Change Management" eingebürgert, der auch im Folgenden Verwendung finden soll.

Eine einheitliche Definition, was Change Management umfasst, besteht seitens der Literatur nicht. Es sind aber viele Ähnlichkeiten sowie größere Schnittmengen zu erkennen, um somit eine definitorische Grundlage für die vorliegende Arbeit zu bieten. Dabei gilt ganz vereinfacht festzuhalten, dass es beim Change Management darum geht, eine optimierte Steuerung sowie einen optimierten Wandlungsprozess von einem Ausgangspunkt zu einem Ziel zu ermöglichen. Dabei ist es zunächst irrelevant, was die inhaltliche Definition des tatsächlichen Ziels ist. Genauso ist es zunächst irrelevant, wie Methoden zur Umsetzung des Veränderungsprozesses entwickelt werden. Change Management ist auch nicht auf ein spezielles Methodenkonzept beschränkt.[40] Es geht ferner, in Negativabgrenzung zur strategischen Unternehmensführung, auch nicht darum, dass eine optimale Anpassung an die externe Umwelt geschieht. Change Management ist in erster Linie eine Aufgabe, die sich auf die Mitglieder der sich wandelnden Organisationen bezieht. Es geht damit um die Findung einer optimalen Strategie sowie deren Umsetzung innerhalb von Organisationen, um dadurch von einem Ausgangszustand in einen Zielzustand zu gelangen. Nur in der Kombination von Strategie und Umsetzung kann somit ein Change-Prozess erfolgreich sein.[41]

Basierend hierauf zeigt sich, dass es beim Change Management nicht um rein mechanische Prozesse geht. Ein erfolgreicher Wandel in Organisationen bedarf der aktiven Unterstützung durch die in der Organisation befindlichen Menschen, da es um deren Bedürfnis-

[38] Es wird in diesem Zuge bewusst das eingedeutschte Wort verwendet, da die deutschen Begriffe für Management wie „Organisation" oder „Durchführung" nicht den entsprechenden Kontext vermitteln.

[39] Vgl. Kraus/Becker-Kolle/Fischer (2010), S. 14. Zu den Ursprüngen sowie der Entwicklung des Change Managements im weiteren zeitlichen Verlauf vgl. die weitergehenden Ausführungen bei Kraus/Becker-Kolle/Fischer (2010), S. 15.

[40] Vgl. hierzu insbesondere Kraus/Becker-Kolle/Fischer (2010), S. 15.

[41] Vgl. hierzu die Ausführungen bei Lauer (2014), S. 4. In Bezug auf Kombination von Strategie und Umsetzung führt dieser ebenfalls an, dass Strategie folglich eine notwendige, aber keine hinreichende Bedingung für den Erfolg des Change-Prozesses darstellt. Vgl. weitergehend Kraus/Becker-Kolle/Fischer (2010), S. 14, sowie 28–30, die zurecht anführen, dass Change Management auch nicht mit Organisationsentwicklung gleichzusetzen ist. Letztere ist vielmehr ein Teilelement des Ersteren

se, Ängste, Vorstellungen, Erfahrungen, Emotionen, charakterliche Ausprägung, Zukunftsängste, etc. geht. Soziale Strukturen und psychologische Hintergründe definieren die Basis, in der die Veränderung stattfindet. Und dies ist zugleich eingebettet in komplexe, sich dynamisch verändernde Unternehmensumwelten, wie sie bereits zuvor ausführlich dargestellt wurden.[42]

Es gilt jedoch auch festzuhalten, dass es bei Change Management um die Veränderung eines Zustands, basierend auf einem bestehenden Zustand, geht und somit im besten Falle um einen Optimierungsprozess. Beispielhaft müssen bestehende Produkte, Prozesse oder Dienstleistungen aufgrund von Umwelteinflüssen – dies kann z.B. durch die Regulatorik oder auch geänderte Kundenbedürfnisse geschehen – in ihrer Art angepasst und damit optimiert werden. Folgend beispielhaft:

1) eine Unternehmenssoftware wird aufgrund neuer rechtlicher Vorgaben zu einem neuen notwendigen Reporting gegenüber dem Regulator aktualisiert und ergänzt;[43] oder
2) die Produktionsmaschinen müssen neu ausgerichtet und teilweise ersetzt werden, da die derzeitigen Produkte neuen Kundenbedürfnissen angepasst werden müssen;[44] oder
3) aufgrund der Digitalisierung werden die ehemals papierbasierten Prozesse bei der Kundenneuannahme auf schnellere digitale Prozesse umgestellt, somit Kosten eingespart[45] und der Kundenneuannahmeprozess beschleunigt.

Hier werden die Kerntreiber eines erfolgreichen Change-Prozesses wieder ersichtlich. Eine gelungene Strategie des Wandels zu einem Zielpunkt gilt als Ausgangslage. Zum Gelingen des Wandels trägt aber insbesondere die Umsetzung im Prozess bei, der wiederum nach innen gerichtet ist und die Parameter der Unternehmenskultur im Wandel berücksichtigen muss.

---

42 Vgl. Lauer (2014), S. 4f.

43 Z.B. bedarf das neue deutsche „Gesetz zur Bekämpfung der Steuerumgehung und zur Änderung weiterer steuerlicher Vorschriften (Steuerumgehungsbekämpfungsgesetz – StUmgBG)" eine Anpassung innerhalb des Kernbankensystems einer Bank.

44 Z.B. indem ein Automobilhersteller eine neue Version seines Mittelklasse-PKWs mit neuen, moderneren Funktionen oder verbrauchsärmerer Motorisierung an den Markt bringen möchte.

45 Z.B. in Form von Personalabbau aufgrund weniger notwendiger Arbeitsschritte im Prozess oder der Einsparung von Papierformularen und Transportwegen.

Der Auslöser des Wandels kann unterschiedlich gelagert sein. Im besten Falle ist dieser proaktiv veranlasst, wie es zum Beispiel bei Mergers & Acquisitions (M&A) der Fall ist, da diese vom ausgehenden Unternehmen bewusst forciert werden und entsprechend gewollt sind. Der Wandel kann jedoch auch reaktiver Natur sein, wie es bei den genannten Beispielen der Kundenreaktion oder der Reaktion auf rechtliche Änderungen der Fall ist. Im schlimmsten Falle kann der Change-Prozess krisenhafte Züge annehmen.[46]

Unabhängig davon, ob eine Veränderung nun einen proaktiven oder einen reaktiven Charakter aufweist, gilt allerdings: Menschen mögen zumeist keine Veränderung! Es ist jedoch die Veränderung, die unser stetiger Begleiter ist und uns ebenfalls weiterentwickelt.[47] Der Umstand, sich auf neue Begebenheiten einzulassen, das Vertraute zu verlassen, aus der Komfortzone zu gehen und sich mit Neuem zu beschäftigen, ist für die meisten Menschen jedoch primär negativ behaftet, da Veränderung oft mit Ungewissheit einhergeht. Dieser psychologische Faktor lässt sich jedoch nur schwer ändern.[48] Transparenz über und Kommunikation zur Veränderung können hilfreiche Instrumente darstellen, die Ängste im Kontext der Veränderung lassen sich dadurch aber nicht gänzlich nehmen. Dies muss im Rahmen einer Veränderung stets berücksichtigt werden. Bezugnehmend auf die Auslöser des Wandels muss zudem festgehalten werden, dass zunächst jede Organisation, die sich mit einer Veränderung konfrontiert sieht, analysieren muss, eben welcher Auslöser für eben jene Veränderung vorliegt und welche Prägnanz der Veränderungsbedarf hat. Darauf aufbauend kann dann – unter Berücksichtigung der Veränderungsbereitschaft der Organisation – das Konzept für den Change-Prozess gewählt werden.[49]

Ein Change-Prozess wird zumeist als ein terminiertes Ereignis angesehen. Dies bedeutet, dass es einen Anfangszeitpunkt – aufgrund eines entsprechenden Auslösers des Wandels – sowie einen Endzeitpunkt – an dem das Ziel der Veränderung erreicht wird – hat. Damit hat ein klassischer Change-Prozess zunächst einen projekthaften Charakter. Be-

---

[46] Vgl. Lauer (2014), S. 6f. Weitergehend zur Abgrenzung des reaktiven Umgangs mit Veränderungen vgl. Kraus/Becker-Kolle/Fischer (2010), S. 14. Diese grenzen Change Management hierbei kritisch von eben jenem reaktiven Krisenmanagement ab. Vertiefend zu den Gründen der Notwendigkeit eines strukturieren Change-Prozesses vgl. die Ausführungen bei Kraus/Becker-Kolle/Fischer (2010), S. 16.

[47] So ist laut LOEBBERT Veränderung „*kein Selbstzweck, sondern Weg und Mittel, Ziele zu erreichen und Zwecke zu verwirklichen*“; Loebbert (2015), S. 2.

[48] Vgl. hierzu auch die Ausführung bei Hartmann (2017), S. 2–4. Eine weitergehende Vertiefung, insbesondere im psychologischen Kontext der Angst, würde im Rahmen dieser Arbeit zu weit führen, sodass an dieser Stelle hiervon abzusehen sei.

[49] Vgl. zu den unterschiedlichen Arten von Change-Prozessen sowie den Treibern zum Begleiten von Organisationsveränderungen insbesondere Kraus/Becker-Kolle/Fischer (2010), S. 21–38.

zugnehmend auf die Thematik des stetigen Wandels und der bereits diskutierten VUCA-Welt[50] wird jedoch auch vermehrt von permanenter oder stetiger Veränderung gesprochen sowie dem Umgang mit diesem Phänomen und einer damit einhergehenden zunehmenden Prägnanz des Change Managements.[51]

Wie aufgezeigt wurde, ist der Mensch im Change Management zentraler Faktor im Wandel und somit auch Ausgangspunkt für mögliche Methoden, den Wandel durchzuführen. LAUER führt an, dass die zentralen Ansatzpunkte im Change Management auf 1) Individuen, 2) Unternehmensstrukturen und 3) Unternehmenskultur liegen.[52]

In der Literatur wurden zahlreiche Methoden oder Modelle entwickelt, um den Umgang mit Veränderung zu strukturieren und somit einen erfolgreichen Change-Prozess zu ermöglichen.[53] Als bekannte Ansätze sind hier beispielhaft das Verhaltensmuster bei Veränderungen nach KREUTZER, das 3-Phasen-Modell von LEWIN oder das 8-Stufen-Modell nach KOTTER genannt.[54] Diese Modelle können je nach Ausprägung hilfreich sein, die Komplexität einer Veränderung zu entwirren, Schritte und Maßnahmen zu strukturieren und partiell den Erfolg des Wandels zu unterstützen.

Schlussendlich bleibt festzuhalten, dass Unternehmen die Herausforderungen, die Veränderungen mit sich bringen, annehmen müssen. Dies ist aufgrund des dynamischen Umfelds, in dem sich Unternehmen heutzutage bewegen, ganz besonders bedeutsam. Wichtig hierbei ist, dass Unternehmen diesen Umstand erkennen, die Herausforderungen ak-

---

50 Siehe hierzu Kapitel 2.1.2.

51 Vgl. Kraus/Becker-Kolle/Fischer (2010), S. 19f. Siehe hierzu auch die dortigen kritischen Ausführungen der Autoren in Hinblick auf die Möglichkeiten einer Organisation, den Veränderungsumfang aufzunehmen und ordentlich zu verarbeiten. Die Autoren sprechen hier auch von „Veränderungsmanie".

52 Vgl. Lauer (2014), S. 7f. Zur Thematik der Unternehmenskultur weitergehend vgl. ebenfalls Kraus/Becker-Kolle/Fischer (2010), S. 140–156. Eine Kernthematik in Bezug auf die Thematik der Individuen liegt auch im Umgang bzw. der Führung der von der Veränderung Betroffenen. Vgl. hierzu weitergehend insbesondere Kraus/Becker-Kolle/Fischer (2010), S. 39f.; Güttel/Kratochvil (2019), S. 103–113; Güttel/Link (2019), S. 185–191; sowie zur Führung in schwierigen Situation vgl. Güttel/Pichler(2019), S. 130–135.

53 Analysen zeigen, dass eine Vielzahl von Veränderungen scheitern, respektive Unternehmen große Schwierigkeiten haben, die Ziele einer Veränderung im Rahmen eines geordneten Change-Prozesses auch durchzuführen. Vgl. hierzu Loebbert (2015), S. 3; Frei (2018), S. 4; Güttel/Link (2019), S. 181. Zu Hemmnissen des Wandels weitergehend vgl. auch Lauer (2014), S. 29–42.

54 Vgl. weitergehend zu den unterschiedlichen Modellen Scheller (2017), S. 287–291; Frei (2018), S. 5–8; Kreutzer (2018), S. 70–76; Güttel/Link (2019), S. 188–190; Muchna (2019), S. 23–26. Vgl. ebenfalls die Phasen einer Veränderung bei Kraus/Becker-Kolle/Fischer (2010), S. 116–118; sowie ähnlich die psychologischen Phasen der Veränderung bei Loebbert (2015), S. 40–42.

zeptieren und sodann dem Wandel durch ein strukturiertes und professionelles Vorgehen begegnen. Damit gewinnt nicht nur die Thematik des Change Managements an Bedeutung.[55] Es zeigt sich auch, dass Veränderung und der professionelle Umgang damit elementare und kontinuierliche Bestandteile der heutigen (Unternehmens-)Welt sind.

2.2.2 Transformation

Eine „Transformation“ eines Unternehmens ist vom klassischen Change-Prozess, wie er im vorangegangenen Kapitel dargestellt wurde, zu unterscheiden. Eine wirkliche Transformation umfasst zumeist in Hinblick auf die Wertschöpfungskette der Organisation sämtliche Produkte und/oder Dienstleistungen, in Hinblick auf die Aufbauorganisation und den Betriebsablauf sämtliche organisationsspezifischen Strukturen[56] sowie Prozesse und in Hinblick auf die Unternehmenskultur die inhärenten Werte sowie den Sinn der Organisation. Allerdings gilt auch festzuhalten, dass keine allgemeingültige Definition des Begriffs der Transformation besteht. Jede involvierte Person wird ein anderes Verständnis von Umfang und Ausprägung einer Transformation haben.[57] Einzig allgemeingültig gilt, dass eine Transformation eine umfassendere Veränderungsstufe und -bereitwilligkeit umfasst als der normale Change-Prozess. Es geht nicht darum, eine bestehende Situation, ein bestehendes Produkt oder eine bestehende Dienstleistung einer neuen Begebenheit oder Umweltsituation[58] anzupassen und somit zu verändern. Bei einer Transformation geht es vielmehr darum gänzlich neu zu denken, sich gänzlich neu zu erfinden.[59]

Beispielhaft sei hierfür ein Beispiel aus der Automobilbranche genutzt: Ein Unternehmen, welches als Produzent von Automobilen am Markt agiert, sieht sich mit stetiger Verände-

---

[55] Vgl. kritisch hierzu Hartmann (2017), S. 30. Dieser führt an, dass es keines Change Managements bedarf, sofern Unternehmenslenker Führung tatsächlich beherrschen. Dies ist vordergründig gesehen richtig, erscheint jedoch in Anbetracht der heutigen komplexen Welt als zu kurz gegriffen.

[56] Somit sind die hierarchischen Strukturen innerhalb eines Unternehmens unter Einbeziehungen von *reporting lines* sowie Abteilungs- oder Teamzusammenstellungen anzupassen.

[57] Vgl. hierzu die Ausführungen bei Bilert (2019), o.S.

[58] Beispielhaft zu nennen seien hier regulatorische Neuerungen, die es bedingen, einen Prozess den neuen Regularien anzupassen, um diese auch in Zukunft zu erfüllen.

[59] Bezugnehmend dazu lehnt sich diese vorliegende Sichtweise auf die Transformation stärker der Begrifflichkeit der „Disruption“ an. Gegensätzlich zur Ansicht und definitorischen Grundlage der vorliegenden Arbeit vgl. Czekala (2018), S. 23. Dieser verwendet den Begriff der Transformation als Umgestaltung eines Objekts von einem Zustand A zu einem Zustand B und ähnelt somit der Definition der vorliegenden Arbeit in Bezug auf die Veränderung. CZEKALA spricht hingegen von Transition bei einem gänzlich neuem Zustand. Es gilt festzuhalten, dass diese definitorische Grundlage nicht den Ansichten des Autors der vorliegenden Arbeit entspricht. Gleichsam gilt jedoch auch festzuhalten, dass diese natürlich nicht falsch ist, nur weil geänderte Begriffsdefinitionen verwendet werden. Umso wichtiger ist die Klarstellung der eigenen Definition bei der Konzeption der weiteren Ausarbeitung.

rung konfrontiert. Zum Beispiel müssen seine Produkte – also die Automobile – an neue regulatorische Vorgaben stetig angepasst werden, sodass die entsprechende *„license to operate"* bestehen bleibt und die Automobile weiterhin den Bedingungen für einen Markteintritt und Verkauf überhaupt bestehen können.[60] Weitergehend führen Anpassungen am produzierten Automobil, die auf Verbraucherwünschen basieren, zu stetigen Anpassungen und Weiterentwicklungen am Produkt an sich. In beiden Fällen sind klassische Change Management-Prozesse notwendig um mit diesen Begebenheiten umzugehen.

Von einer Transformation kann allerdings dann gesprochen werden, wenn der Automobilproduzent seine gänzliche Sichtweise auf den Markt, die Bedürfnisse der Kunden und Interessenten neu betrachtet und daraufhin das gesamte Unternehmensziel und die darin eingebetteten Konzepte überdenkt. So kann der ehemalige Automobilproduzent zum Beispiel erkennen, dass aufgrund der Digitalisierung, veränderter Kundenwünsche und einer anderen zukünftigen Kundenklientel, politischen Strömungen oder veränderten Ressourcensituationen in der Zukunft ein kompletter Wandel hin zu einem Mobilitätsdienstleister für die Weiterentwicklung des Herstellers notwendig erscheint. Es geht damit nicht mehr um die bloße Produktion neuer fahrender Vehikel und des Verkaufs dieser, es geht um die Bereitstellung von Mobilität in sämtlichen Konstellationen. Hierfür kann ein Strang die eigene Produktion und der Verkauf von Automobilen sein. Die höhere Angebotsinstanz ist jedoch vielmehr die Bereitstellung der uneingeschränkten Mobilität für den Endkunden und dies unabhängig, ob mit den zuvor hergestellten Automobilen oder anderweitigen Produkten und/oder Dienstleistungen. Es wird vielmehr generell die Thematik der Mobilität einbezogen und Produkte, wie die optimierte Bereitstellung des öffentlichen Personennahverkehrs, z.B. durch digitale Informationsplattformen zur Vernetzung der einzelnen kommunalen Angebote, Car Sharing-Konzepte, oder auch alternative Fortbewegungsmittel, wie möglicherweise Fahrräder, E-Scooter, o.ä., einbezogen. Es geschieht also eine Transformation vom Autobauer zum Mobilitätsdienstleister – der vielleicht auch sogar noch ganz klassisch eigene Automobile produziert.[61]

Ein solcher Schritt ist eine umfassende Transformation, da dies nicht nur alle Bereiche wie oben beschrieben umfasst, sondern insbesondere auch Sinn und Zweck der Unter-

[60] Regulatorische Bedingungen reichen von den Anfängen, als die Automobilproduzenten Sicherheitsgurte zwingend zum Schutz der Insassen verbauen mussten, bis hin zur heutigen Erfüllung von Abgasnormen o.ä.

[61] Vgl. hierzu auch Sistig (2017), o.S.

nehmung neu ausrichtet. Es wird nicht etwas Bestehendes verändert, es wird etwas gänzlich Neues gemacht.

Anhand dieses einfachen Beispiels wird klar, was die Transformation vom Change Management unterscheidet. Gleichzeitig setzt sich aber auch eine ganz elementare Fragestellung fest: Wenn eine Transformation ein Schritt hin zu etwas gänzlich Neuem ist, wie kann in diesem Falle ein optimaler Weg aussehen und wie sollen die entsprechenden Herausforderungen gemeistert werden?

Im Regelfall kann auf klassische Beratungsansätze zurückgegriffen werden, die durch mehrmalige vergleichsweise Anwendung und geformt in standardisierte Konzepte einer Organisation in Veränderung Abhilfe leisten können. Es stellt sich jedoch die praktische Frage, wer bereits eine vollständige und echte Transformation in Gänze miterlebt hat und hier Beratungsleistungen, geschweige denn standardisierte und erprobte Konzepte vorweisen kann. Wie BILERT zurecht festhält: Wohl niemand. Es braucht vielmehr veränderungserprobte Experten, die das notwendige Wissen um Veränderungsthematiken mitbringen sowie den wichtigen Instrumentenbaukasten beherrschen, die aber gleichsam neugierig und offen sind und wissen, dass sie keine finalen Antworten geben können, sondern lediglich Denkanstöße und strukturierte Begleitung.[62]

2.3 Zusammenfassung

Die Ausführungen dieses Kapitels haben gezeigt, dass durch den stetigen Wandel, die zunehmende Veränderungsgeschwindigkeit und eine neue Definition unserer Welt i.S. einer VUCA-Welt dem Veränderungsmanagement eine gehobene Bedeutung zukommt. Es geht nicht mehr nur darum, punktuell aufkommende notwendige Veränderungen erfolgreich durchzuführen. Solche, nur periodisch aufkommenden, Veränderungsnotwendigkeiten sind heute vielmehr die Ausnahme als die Regel. Unsere Umwelt ist vom stetigen Wandel und somit auch von stetiger Veränderung geprägt und mit diesem Umstand müssen Unternehmen lernen umzugehen. Dabei ist die Veränderung – auch in dieser konstanten Art – nicht negativ zu sehen. Veränderung sollte vielmehr positiv als Chance der Weiterentwicklung gesehen werden. Die Chance, neue Märkte und Kundengruppen zu erschließen und sich in einer komplexen Welt basierend auf geeigneten Maßnahmen zu behaupten und zu verbessern. Dies zeigt auch, dass ein professioneller Umgang mit

[62] Vgl. Bilert (2019), o.S. Dieser spricht von der notwendigen Demut, die ein Berater in dieser Rolle mitbringen muss, um dem Kunden in der Transformation tatsächlich ein geeigneter Helfer zu sein.

Veränderung notwendig ist. Definitorisch müssen die Veränderungsprozesse innerhalb des „Change Managements" von denen der „Transformation" abgegrenzt werden. Geht es beim Change Management um eine Veränderung von einem Ausgangszustand in einen Zielzustand auf einem vielmehr linearen Weg, handelt es sich bei einer Transformation wahrhaftig um eine Umwandlung hin zu etwas komplett Neuem. Aus diesem Grund wird auch eher von einer digitalen Transformation oder einer agilen Transformation gesprochen, da es hier vielmehr um eine durchgreifende Umwandlung eines Unternehmens geht, die zumeist alle Bereiche und Prozesse des Unternehmens umfasst und gleichsam Auswirkungen auf Produkte und Dienstleistungen hat. Basierend auf eben diesen Ausführungen sowie den definitorischen Grundlagen dieses Kapitels wird im Folgenden ein Bereich einer Transformation weitergehend analysiert und kritisch diskutiert: Die Agilität.

3 Der Trend zur Agilität

Im Folgenden wird erläutert, wofür der Begriff der Agilität steht und worin die Ursprünge der Agilität liegen. Ausgehend von dem Agile Manifesto – als einem wichtigen Ankerpunkt in der Diskussion der Agilität – werden Werte, Prinzipien sowie Techniken aufgezeigt, eine definitorische Grundlage für den weiteren Diskurs der vorliegenden Arbeit geschaffen und ferner verschiedene agile Ansätze kritisch diskutiert.

3.1 Methode oder Mode – eine anfängliche Einordnung

Auch Agilität ist eines dieser Managementwörter, die heutzutage in aller Munde sind. Wie sehr Agilität und entsprechende Arbeitsweisen auf dem Vormarsch sind, lässt sich schon dadurch zeigen, dass „agiles Arbeiten" heutzutage schon fast mit „zeitgemäßen Arbeiten" gleichgesetzt wird.[63]

Die Literatur zum Kontext Agilität ist zumeist – wohl auch durchaus unbeabsichtigt – durch extreme Muster und Ansichten gekennzeichnet. So werden oftmals per se alle vorherigen Verfahrensweisen und Ansätze pauschal mit „traditionell" und damit nicht mehr für eine moderne Zeit angemessen abgetan.[64] Des Weiteren muss festgehalten werden, dass Agilität an sich bereits einen psychologischen Effekt in Organisationen und bei den die Organisation bildenden Menschen hat. Mit Agilität wird oftmals Schnelligkeit, Flexibilität, Effizienz und ganz allgemein eine positive Veränderung assoziiert. Wenn nun die Frage gestellt werden sollte, ob eine Organisation in Gänze oder die jeweiligen Mitarbeiter im Einzelnen nicht agil sein wollen, wird dies schon wohl rein psychologisch kaum jemand verneinen können.[65]

Was hinter dem Begriff der Agilität steckt und welche Ausprägungen dieser besitzt, um weitergehend die Frage der Agilität sachlich zu diskutieren, scheint den meisten involvierten Personen jedoch unklar oder es scheint oftmals nur ein Teilverständnis hierfür vorzuliegen. Wie auch die weiteren Ausführungen zeigen werden, ist Agilität keine einfache neue Modeerscheinung.[66] Es ist aber gleichsam darauf hinzuweisen, dass Agilität an sich keine Theorie darstellt. Es handelt sich bei Agilität vielmehr um eine Methode, mit den

[63] Vgl. Hillmer (2019), o.S. Ähnlich ebenso hierzu Gloger/Margetich (2018), S. 5.

[64] Vgl. auch die kritischen Ausführungen zu derzeitigen Entwicklungen bei Kühl (2016a), S. 58.

[65] Vgl. ebenfalls die Ausführungen bei Meyer (2014), S. VIIIf.; Kohnke/Wieser (2019), S. 84.

[66] Vgl. ebenso Gloger/Margetich (2018), S. 5, 223. Diese sprechen auch von Agilität als Haltung.

Herausforderungen einer komplexen Umwelt umzugehen. Kritische Stimmen in der einschlägigen Literatur führen an, dass es der Agilität an einer theoretischen Fundierung mangelt.[67] Einer generellen Theorielosigkeit der Agilität und damit einer Konzentration auf eine Akkumulation von Werkzeugen und ideologischer Ansichten ist jedoch eindringlich zu widersprechen. Wie in den weiteren Ausführungen zu erkennen sein wird, umfasst Agilität eine angepasste Denkweise, z.B. in Bezug auf selbstorganisierte Teams,[68] Motivationsstrukturen der Individuen in Organisationen, etc. Dies basiert wiederum auf einer Vielzahl anerkannter theoretischer Grundkonzeptionen.[69] Subsumierend und als Basis für den weiteren Diskurs ist somit explizit festzuhalten, dass Agilität keine Theorie ist, sondern vielmehr eine Methode oder Konzeption, deren Bestandteile theoretisch fundiert sind.[70] Was es mit dem Ursprung der Agilität auf sich hat, was alles hinter diesem Begriff steckt und warum es gerade keine (jüngere) Modeerscheinung ist, wird im weiteren Verlauf dieses Kapitels kritisch diskutiert.

3.2 Entstehung der Agilität und Bedürfnis nach Veränderung

Der Ursprung der Agilität ist nicht in einer wissenschaftlichen Disziplin oder Denkweise zu sehen. Das Bedürfnis nach einer veränderten Vorgehensweise, um die Herausforderungen der aktuellen Umwelt, geprägt durch Unsicherheit und Komplexität, zu meistern, ist unabhängig seitens vieler Disziplinen entstanden. Gleichzeitig sind Ideen und Lösungskonzepte entstanden, die jedoch in einer Gesamtbetrachtung erstaunliche Überschneidungen aufweisen. Somit hat Agilität weder den einen Entstehungszeitpunkt, noch den

---

67 Vgl. beispielhaft Hasenzagl/Link (2017), S. 48–52.

68 Zu beachten ist, dass selbstorganisierte Organisations- und Arbeitsformen keine gänzlich neue Entwicklung darstellen. Es erscheint aber so, dass aufgrund des zunehmenden Komplexitätsgrads Selbststeuerung von Teams eine besondere Prägnanz aufweist; vgl. ebenfalls Schumacher/Wimmer (2019), S. 12–14. Ähnlich hierzu KÜHL, der kritisch anführt, dass es Hierarchien geben wird, solange es Organisationen gibt; aber gleichsam ausführt, dass laterale Führung durchaus eine zunehmende Bedeutung gewinnt; vgl. Kühl (2016b), S. 251f.

69 Beispielhaft sei an dieser Stelle zur Thematik der Motivation auf die ökonomischen Theorien und hierbei insbesondere auf die Stewardship-Theorie in Abgrenzung zur Agency-Theorie hingewiesen; vgl. Donaldson/Davis (1991), S. 49–64. Weitergehend seien beispielhaft auch die VIE-Theorie nach PORTER/LAWLER als spezielle Motivationstheorie im Bereich der Prozesstheorien oder die Zwei-Faktoren-Theorie nach HERZBERG/MAUSER/SNYDERMAN im Bereich der Inhaltstheorien genannt; vgl. zusammenfassend Weßels (2012), S. 80–113. Vgl. ebenfalls die Ausführungen zur intrinsischen Motivation und Leistung bei Güttel/Kratochvil (2019), S. 115–118.

70 Grundlegend geht Agilität mit der Denkweise einher, Unternehmen nicht mehr rein als mechanistisch-rationales Konstrukt zu sehen, sondern vielmehr als soziales System; vgl. u.a. Frei (2018), S. 18–21.

einen Treiber aus einer Disziplin heraus. Agilität ist vielmehr als Strömung zu bezeichnen, die sich innerhalb multipler Disziplinen gebildet hat.[71]

Es ist jedoch darauf hinzuweisen, dass einzelne Disziplinen einen anderen Eindruck vermitteln. Auch wenn dies oftmals vereinfacht so angegeben wird, ist Agilität dem Ursprung nach eben nicht dem Themenkomplex des Projektmanagements[72] zuzuordnen. Unternehmen standen vor der Herausforderung, dass die seit langem erfolgreich angewendeten traditionellen Methoden, Projekte durchzuführen, bei einer zunehmenden Komplexität und Unsicherheit, sowohl durch allgemeine Umwelteinflüsse als auch durch nicht vollends zu fixierende Kundenwünsche, nicht mehr zum gewünschten Erfolg geführt haben. Bei einer solchen Projektausgangslage war der Bedarf nach Veränderung sowie einer damit einhergehenden anderen Vorgehensweise groß. In der Agilität bzw. hier der agilen Projektmanagementmethodik wurde die Lösung gesucht und partiell gefunden.[73] Dies bedeutet jedoch keinesfalls, dass hier der Ursprung der Agilität liegt.

Als weiteres Beispiel für den Ursprung der Agilität wird oftmals auch der Themenkomplex des Human Resource Managements sowie die Reaktion auf veränderte Menschenbilder und entsprechende Bedürfnisse im Management der Personen angeführt.[74] Die Generation Y, also die Generation, die im Zeitraum der frühen 1980er bis hin zu den späten 1990er geboren wurde,[75] ist durch eine andere Wahrnehmung sowie Werte- und Geisteshaltung geprägt. Im Gegensatz zu ihrer Vorgängergeneration – der Generation X[76] – die geprägt war von Schocks und Konsolidierung, entzieht sich die Generation Y im arbeits-

---

[71] Vgl. ähnlich Scheller (2017), S. 44. Ähnlich, aber insgesamt kritischer zur Entwicklung hierzu beispielhaft Kühl (2016a), S. 58. Dieser führt an, dass die multiplen Veränderungsthematiken derzeit – und hierbei ist die Agilität eingeschlossen – nichts gänzlich Neues darstellen, sondern es sich vielmehr um eine Entwicklung handelt, die bereits seit vielen Jahren zu erkennen ist. Vgl. ebenfalls ähnlich Schumacher/Wimmer (2019), S. 12f. Die darin liegende Kritik, dass Agilität etwas vollends Neues ist, ist zu unterstützen.

[72] Zur vertiefenden Frage, was unter „Projektmanagement" genau zu verstehen ist, sei auf den kompakten Überblick bei Kusay-Merkle (2018), S. 9–15, verwiesen. Tiefergehend zur Definition, Organisation und den Methoden vgl. Kraus/Westermann (2019), S. 1–91.

[73] Vgl. zu agilem Projektmanagement auch Lauer (2014), S. 198–201; Preußig (2015), S. 6–16, 33–43; Bekker (2018), S. 288–293. Böhm hält hierbei auch treffend fest, dass Agilität dem Grunde nach keine Methode ist und somit auch keine Projektmanagementmethode sein kann; vgl. Böhm (2019), S. 87. Kritisch hierzu zu sehen sind die Ausführungen von Brandes/Gemmer/Koschek/Schültken, die beim agilen Ansatz „Scrum", welcher in Kapitel 3.5.6 weitergehend diskutiert wird, von einem Projektmanagement-Framework sprechen; vgl. Brandes/Gemmer/Koschek/Schültken (2014), S. 87.

[74] Zur theoretischen Fundierung sei zusammenfassend hierzu verwiesen auf Weßels (2012), S. 80–87.

[75] Diese wird oft auch als „Millenials" bezeichnet.

[76] Oftmals auch „Generation Golf" genannt.

und organisationsspezifischen Kontext den zuvor jahrzehntelang wirksamen Anreizen zur Steuerung von Primärfokussierung auf extrinsische Anreize und klassischen Hierarchie-Denkweisen. Es erfolgt vielmehr eine verstärkte Konzentration auf den Sinn und Zweck der erbrachten Arbeitsleistung im Gesamtkontext des Daseins, die Verbindung zur Arbeitskultur, intrinsischer Steuerung, der Beachtung menschlich tieferer Bedürfnisse und dem größeren Einklang mit dem sozialen und kulturellem Umfeld.[77] Agilität hielt in diesem Kontext Einzug in diese Disziplin, da der Fokus hier auf werteorientierte Produktion, teambasierende Zusammenarbeit sowie Selbstorganisation und Eigenverantwortung gelegt wurde. Aber auch hier liegt nicht der alleinige Ursprung der Agilität.

Die zuvor genannten Disziplinen sind nur beispielhaft genannt, um zu zeigen, dass Agilität nicht den einen Ursprung besitzt. Gleichsam kann auch keine einzelne Disziplin für sich den Anspruch heranziehen, die Agilität „erfunden" zu haben oder andere Disziplinen belehren, was Agilität eigentlich ist – natürlich dabei immer auf Fokussierung auf die eigene Disziplin. Agilität entstammt einem inhärenten Bedürfnis, eine Veränderung in der Vorgehensweise zu forcieren, da die Umweltbedingungen dies erfordern.[78] Dieses Bedürfnis besteht unabhängig der wissenschaftlichen Disziplin. Daher ist der Weg der Agilität auch erst am Anfang.

Ganz beispielhaft kann Agilität mit der 68er-Bewegung verglichen werden. Um dies vorab klar zustellen: Natürlich hat Agilität inhaltlich nichts mit der sozialen Bewegung der 1960er Jahre zu tun. Aber strukturell können interessante Vergleiche herangezogen werden. So waren die Beweggründe der international stattfindenden Proteste der 68er-Bewegung national unterschiedlich gelagert. Während es in den Vereinigten Staaten von Amerika primär um die Rassendiskriminierung und den Vietnamkrieg ging, waren in anderen Ländern allgemeine Kapitalismuskritik oder Stärkung der Arbeitnehmerrechte im Vordergrund. So unterschiedlich die Proteste in ihrer individuellen lokalen Zielsetzung auch waren, vereinte sie doch das Gesamtziel, eine soziale Veränderung sowie eine politisch neue

[77] Vgl. Brandes/Gemmer/Koschek/Schültken (2014), S. 18–20. Zu diesbezüglichen organisationspsychologischen Ansätzen sowie verhaltenswissenschaftlichen und ökonomischen Theorien vgl. vertiefend auch Weßels (2012), S. 80–113. Zu Agilität und „New Work" weitergehend vgl. Hofert (2018a), S. 3f. Zum Prinzip der intrinsischen Motivation ebenfalls Gianella/Gianella/Koch/Krötlinger/Schulz (2019), S. 24f.

[78] SCHELLER weist in diesem Zuge auch auf das Gesetz von ASHBY sowie den Umstand hin, dass Agilität als Antwort auf Komplexität zu sehen ist. Denn „*wenn eine Organisation gesteuert oder verändert werden soll, so muss dies – eine Organisation ist ein komplexes System – durch Komplexität auf mindestens gleichem Niveau erfolgen*"; Scheller (2017), S. 33. Vgl. weitergehend auch Scheller (2017), S. 349.

Denkweise zu forcieren. All dies wurde in den folgenden Jahren basierend auf diesen Protesten und dem nachgelagerten intensiven Diskurs schrittweise umgesetzt.

Übertragend auf die Agilität kann damit festgehalten werden, dass wir uns gerade erst am Anfang der Bewegung befinden. Sozusagen in einer Findungsphase und einem Diskurs der involvierten Disziplinen, was Agilität eigentlich ist und wie der weitere Weg beschritten werden soll. Genau dies macht die Agilität so interessant. Wir stehen noch gänzlich am Anfang und müssen uns dies fortwährend vor Augen führen.

3.3 Grundlagen der Agilität

Bei der kritischen Diskussion des Trends hin zu agilen Organisationen ist die Frage nach dem Ursprung und den Kernideen der Agilität entscheidend. Im Folgenden soll daher aufgezeigt werden, wie sich diese Strömung manifestiert hat und welche Werte und Prinzipien sie verfolgt. Ferner soll darauf aufbauend die eigene definitorische Grundlage der Agilität kurz erläutert werden.

3.3.1 Agile Manifesto und die Werte der Agilität

Die Manifestierung der Agilität als neuer Trend oder neue Methode, um den Herausforderungen unserer heutigen Welt zu begegnen,[79] ist mit dem beginnenden 21. Jahrhundert in Verbindung zu bringen.[80] Aufgrund der bestehenden komplexen Herausforderungen in der Praxis, denen mit den klassischen Vorgehensweisen nur bedingt erfolgreich begegnet werden konnte, kam ein inhärenter Druck und gleichsam Wille nach einer neuen Sichtweise und einer angepassten Vorgehensweise auf, insbesondere im Bereich der Entwicklung von Softwarelösungen. So trafen sich am Rande einer Konferenz eine Gruppe von 17 Experten aus dem IT-Bereich,[81] um zu eruieren, wie bestehende Konzepte angepasst werden müssten, um zukünftig weiterhin erfolgreich agieren zu können.[82] Das Ergebnis

---

[79] Es sei auf den kritischen Diskurs in Kapitel 2 mit besonderem Blick auf die „VUCA-Welt" hingewiesen.

[80] Zu Recht weisen WEBER/FISCHER/EIREINER darauf hin, dass Agilität an sich bereits seit vielen Jahren in unterschiedlichen Facetten bestand. Vgl. die zusammenfassende Darstellung bei Weber/Fischer/Eireiner (2017), S. 30f. Ähnlich vgl. Hofert (2018a), S. 6–8. In dieser Arbeit soll jedoch insbesondere auf die akkumulierende Strömung der letzten Jahre eingegangen werden. Eine weitergehende Vertiefung, in welchen Nuancen bereits zuvor agile Ausprägungen bestanden, soll daher unterbleiben; gleichsam soll aber komplettierend hierauf eindeutig hingewiesen werden. Siehe hierzu ebenfalls die angelehnte Diskussion zur Definition in Kapitel 3.3.4.

[81] Folgend die Unterzeichner des Agile Manifesto: Kent Beck, Mike Beedle, Arie van Bennekum, Alistair Cockburn, Ward Cunningham, Martin Fowler, James Grenning, Jim Highsmith, Andrew Hunt, Ron Jeffries, Jon Kern, Brian Marick, Robert C. Martin, Steve Mellor, Ken Schwaber, Jeff Sutherland, Dave Thomas.

[82] Vgl. Brandes/Gemmer/Koschek/Schültken (2014), S. 74.

dieser Gruppe wurde bekannt als das „Manifesto for Agile Software Development", oder kurz: „Agile Manifesto". Es gilt auch als Geburtsstunde des Labels „Agile" für eine diesbezüglich begründete Art des Umgangs mit Veränderungsthemen.[83]

Das Agile Manifesto wurde bis heute in 68 Sprachen übersetzt und lautet in seiner offiziellen deutschen Übersetzung wie folgt:

> „*Wir erschließen bessere Wege, Software zu entwickeln, indem wir es selbst tun und anderen dabei helfen. Durch diese Tätigkeit haben wir diese Werte zu schätzen gelernt:*
>
> ***Individuen und Interaktionen** mehr als Prozesse und Werkzeuge*
> ***Funktionierende Software** mehr als umfassende Dokumentation*
> ***Zusammenarbeit mit dem Kunden** mehr als Vertragsverhandlung*
> ***Reagieren auf Veränderung** mehr als das Befolgen eines Plans*
>
> *Das heißt, obwohl wir die Werte auf der rechten Seite wichtig finden, schätzen wir die Werte auf der linken Seite höher ein.*"[84]

Die aufgeführten vier Kernthesen werden auch als Werte der Agilität bezeichnet.[85] Diese Werte bilden die Grundlage der Strömung der Agilität und sind damit ein Fundament für alle sich weitergehend ergebenden Ansätze (o.ä.). Agilität ist dabei weder Prozess noch Verfahrensweise, sondern ist vielmehr als ein werteorientierter Denkansatz zu verstehen.[86] Dabei sei darauf hingewiesen, dass das Agile Manifesto drei ergänzende interessante Erkenntnisse beinhaltet.

---

[83] Vgl. Verheyen (2013), S. 18.

[84] Agile Manifesto (2001), o.S. Im Original sind die hier fettgedruckten Wörter in größerer Schrift aufgeführt. Dies wurde seitens des Autors der vorliegenden Arbeit einzig für einen besseren Lesefluss angepasst. Vgl. auch die weitergehende Auseinandersetzung mit den Werten der Agilität bei Gloger/Margetich (2018), S. 6–10.

[85] Hinzuweisen gilt darauf, dass auch unabhängig vom Agile Manifesto teilweise von agilen Werten in der einschlägigen Literatur gesprochen wird; vgl. beispielhaft Hofert (2018a), S. 10f. Hierbei gibt es jedoch Schnittmengen und zur Komplexitätsreduktion wird in der vorliegenden Arbeit auf das Agile Manifesto Bezug genommen.

[86] Vgl. Verheyen (2013), S. 19; Böhm (2019), S. 17. Weitergehend führt VERHEYEN daher auch passend an, dass Agilität weder geplant noch verordnet werden kann. Agilität hat auch keinen fixen Zeitraum; es besteht als Denkansatz ohne Grenzen; vgl. Verheyen (2013), S. 26.

Erstens, der Ursprung des Manifests ist die Softwareentwicklung. Die Unterzeichner des Dokuments sind im IT-Bereich beheimatet oder haben damit sehr enge Verbindungen. Der Druck der Veränderung der bestehenden Denkweise sowie des Vorgehens und damit ein konkretisierender Schritt zur Veränderung ist in der IT zu verorten. Dies bedeutet jedoch nicht, dass Agilität gleichsam eine Thematik ist, die sich auf die IT-Sphäre beschränkt, gar zu einem einfachen „IT-Trend“ degradiert werden kann und folglich in anderen Bereichen keinerlei Bedeutung hat. Wer dieser Anschauung ohne kritischen Diskurs folgt, begeht einen fatalen Fehler. Vielmehr kann die Manifestation der Agilität eben durch diese Softwareentwickler als einer der Auslöser für eine weitergehend vertiefende Behandlung gesehen werden. Die nachträgliche Skalierung begründet sich aber einzig darauf, dass Agilität eben auch in anderen Bereichen von besonderer Prägnanz ist.

Zweitens, das Agile Manifesto geht von Wertepaaren aus. Zu einer vollen Entfaltung sowie einschlägigen Wirkung benötigt ein Wertepaar beide inhärenten Bestandteile seiner selbst. Die Reaktion auf Veränderung benötigt auch immer eine Planung und eine gewisse Sicherheit durch die Befolgung aller involvierten Elemente der aktuellen Planung. Allerdings geht es bei der Optimierung des Wertepaars darum, auf welchen Teil der Fokus gelegt werden soll. Basierend auf dieser Erkenntnis legt das Agile Manifesto seine Ansichten hierzu fest.[87] Es tituliert vorangegangene Konzepte somit nicht als falsch, es optimiert nur den Schwerpunkt. Dies ist eine bemerkenswerte Erkenntnis und es finden sich wohl nicht viele Beispiele im akademischen Diskurs, bei denen ähnlich vorgegangen wird.

Drittens, in Bezug auf die Wertepaare lassen sich zwei Komponenten erkennen: Kollaborativ-menschlich vs. prozessual-mechanisch. Die Agilität legt ihren Fokus auf die kollaborativ-menschliche Interaktion. Natürlich wird – wie bereits zuvor beschrieben – der prozessual-mechanischen Komponente ein Wert eingestanden. So wird der Sinn und Zweck z.B. von klareren Prozessen oder einer verständlichen vertraglichen Grundlage ein Wert zuteil.[88] Allerdings ist innerhalb der Agilität der Faktor Mensch eine bei weitem bedeutsamere Komponente. In einer stetig komplexer werdenden Welt ist eben der Mensch und dessen Kollaboration mit anderen Menschen derjenige Faktor, der den Unterschied macht und somit die bestehenden Herausforderungen meistern kann. Basierend auf dem Agile Manifesto haben die Unterzeichner weitergehend Prinzipien festgehalten, die das Manifest untermauern und folgend dargestellt werden.

---

[87] Vgl. vertiefend Brandes/Gemmer/Koschek/Schültken (2014), S. 74–80; Preußig (2015), S. 17–23.

[88] Vgl. ähnliche Überlegungen hierzu bei Brandes/Gemmer/Koschek/Schültken (2014), S. 74.

3.3.2 Prinzipien der Agilität

Die Autoren und Unterzeichner des Agile Manifestos haben fortschreitend 12 Prinzipien festgehalten, die neben den Werten eine weitere Konkretisierung für eine agile Denk- und Handlungsweise darstellen und gleichsam als handlungsleitend für die Zusammenarbeit in agilen Teams gelten.[89] Diese Prinzipien zeigt überblicksartig die folgende Übersicht.

1.	**Kundenfokus**
	Unsere höchste Priorität ist es, den Kunden durch frühe und kontinuierliche Auslieferung wertvoller Software zufrieden zu stellen.
2.	**Veränderungen**
	Heisse Anforderungsänderungen selbst spät in der Entwicklung willkommen. Agile Prozesse nutzen Veränderungen zum Wettbewerbsvorteil des Kunden.
3.	**Regelmäßige Ergebnislieferung**
	Liefere funktionierende Software regelmäßig innerhalb weniger Wochen oder Monate und bevorzuge dabei die kürzere Zeitspanne.
4.	**Teamarbeit**
	Fachexperten und Entwickler müssen während des Projektes täglich zusammenarbeiten.
5.	**Vertrauen**
	Errichte Projekte rund um motivierte Individuen. Gib ihnen das Umfeld und die Unterstützung, die sie benötigen und vertraue darauf, dass sie die Aufgabe erledigen.
6.	**Kommunikation**
	Die effizienteste und effektivste Methode, Informationen an und innerhalb eines Entwicklungsteams zu übermitteln, ist im Gespräch von Angesicht zu Angesicht.
7.	**Fortschritt**
	Funktionierende Software ist das wichtigste Fortschrittsmaß.
8.	**Nachhaltige Entwicklung**
	Agile Prozesse fördern nachhaltige Entwicklung. Die Auftraggeber, Entwickler und Benutzer sollten ein gleichmäßiges Tempo auf unbegrenzte Zeit halten können.
9.	**Exzellenz**
	Ständiges Augenmerk auf technische Exzellenz und gutes Design fördert Agilität.
10.	**Einfachheit**
	Einfachheit – die Kunst, die Menge nicht getaner Arbeit zu maximieren – ist essenziell.
11.	**Eigenverantwortung**
	Die besten Architekturen, Anforderungen und Entwürfe entstehen durch selbstorganisierte Teams.
12.	**Kontinuierliche Reflexion**
	In regelmäßigen Abständen reflektiert das Team, wie es effektiver werden kann und passt sein Verhalten entsprechend an.

Tabelle 1: Prinzipien der Agilität[90]

[89] Vgl. ebenfalls Gloger/Margetich (2018), S. 7; Böhm (2019), S. 19. Daneben gibt es – wie bei den agilen Werten – auch in der Literatur agile Prinzipien unabhängig des Agile Manifestos, wobei auch an dieser Stelle aus Komplexitätsreduktion hierauf nicht weitergehend eingegangen werden soll. Vgl. weitergehend Rubin (2014), S. 63–94; Hofert (2018a), S. 12–14.

[90] Quelle: In Anlehnung an Agile Manifesto (2001), o.S. Sowie die weitergehenden Ausführungen und Diskussionen z.B. bei Komus/Kamlowski (2014), S. 21–23; Meyer (2014), S. 50; Böhm (2019), S. 19–21. MEYER gruppiert die agilen Prinzipien ferner in organisationale sowie technische Prinzipien und diskutiert diese kritisch; vgl. weitergehend Meyer (2014), S. 51–78.

Wie bereits im vorangegangenen Kapitel aufgezeigt, manifestieren die Prinzipien die kollaborativ-menschliche Komponente weitergehend. Es zeigt sich, dass eine auf Vertrauen und Fokussierung gerichtete Interaktion der im Prozess involvierten Personen der Kern agilen Denkens und Handelns ist.[91] Zudem bilden die Prinzipien eine Brücke zwischen den fundamentalen Werten sowie den – im weiteren Verlauf aufgeführten – Techniken der Agilität.[92]

3.3.3 Techniken der Agilität

Die werteorientierte Denkweise der Agilität, bei der die teambezogene Zusammenarbeit über die Prinzipien konkretisiert wird, findet schlussendlich in gewissen Techniken Anwendung, die ebenfalls grundlegend für eine agile Denk- und Handlungsweise stehen. An dieser Stelle sollen nur wenige Beispiele für agile Techniken aufgeführt werden, die Kernelemente agilen Arbeitens darstellen: Kleine Arbeitseinheiten, transparente Visualisierung und stetige Kommunikation.

Um komplexe Herausforderungen angehen und meistern zu können, ist es elementar, kleinere Arbeitseinheiten bilden zu können, die in einem Team gemeinsam in einer bestimmten definierten Zeit eigenständig gelöst werden können. Es ist eine große Herausforderung und Kunst, aus einem großen, komplexen Problem eines Kunden kleinere Arbeitseinheiten zu bilden, in der Praxis wird von der Zerschneidung in Teilschritte gesprochen. Allerdings zeigt sich bei gewisser Übung, dass jegliche Problemstellung in kleinere Arbeitseinheiten zerlegbar ist. Diese Technik ist ein elementarer Teil der Agilität.[93]

Da Transparenz ein Kernelement der Agilität ist, gilt als weitere Technik der Agilität die einfache Visualisierung der laufenden Arbeit, z.B. durch Task-Boards. Diese stellen für alle Interessenten offen und klar verständlich dar, woran ein Team gerade arbeitet und wie der Status der Fertigstellung ist. Auch Probleme im Prozess – in der Praxis oft als *impediments* oder *blocking issues* bezeichnet – werden ersichtlich. So wird gleichzeitig dem Team eine Hilfestellung für eine schnelle Lösung ermöglicht.[94]

---

[91] Die Denkweise begründet sich theoretisch in Bezug auf die Ökonomik insbesondere in der (modifizierten) Stewardship-Theorie innerhalb der ökonomischen Theorien. Vgl. hierzu zusammenfassend Weßels (2012), S. 107–113.

[92] Vgl. ebenfalls Böhm (2019), S. 19.

[93] Vgl. Böhm (2019), S. 24.

[94] Vgl. Rubin (2014), S. 398f.

Stetige Kommunikation ist die hier zuletzt aufgeführte Technik, die besondere Erwähnung finden soll.[95] Diese wird sowohl durch Raumkonzepte, die den Austausch fördern, die Reallokation der Teammitglieder in einen gemeinsamen Arbeitsraum und/oder durch stetige Austauschplattformen, wie gemeinsame Tagesstarts, bei denen alle Teammitglieder die Herausforderungen des kommenden Tages teilen und bei Bedarf um Hilfestellung bitten können, ermöglicht.[96] Auch diese Technik unterstützt die Agilität entsprechend.

Die drei hier aufgeführten Techniken sind natürlich nur Beispiele für eine Vielzahl weiterer Techniken, die eine agile Denk- und Arbeitsweise fördern.[97] Gleichsam finden sie sich auch – in teilweise angepasster Form – in allen agilen Ansätzen wieder, die im Kontext der Agilität entwickelt wurden.[98]

3.3.4 Die „Drei F" als definitorische Grundlage für Agilität

Nachdem zuvor festgehalten wurde, dass Agilität als wesentlicher Faktor im Umgang mit einer zunehmend komplexen Umwelt angeführt werden kann und weitergehend die Werte, Prinzipien sowie beispielhafte inhärente Techniken diskutiert wurden, ist eine Definition der Agilität noch ausstehend. Genau diese Definition ist gleichsam elementar zur weiteren Behandlung der Thematik wie komplex in ihrer Fixierung. Eine einheitliche Definition der Agilität besteht seitens dieser vergleichsweise jungen Strömung nicht. Je nach Blickwinkel legt die einschlägige akademische Literatur unterschiedliche Schwerpunkte in eine eigene Definition.[99]

FÖRSTER/WENDLER haben eindrucksvoll umfassend die Entwicklung des Agilitätsbegriffes sowie verschiedene Definitionen zusammengetragen – unabhängig von der jüngsten Akkumulation der Agilität durch das Agile Manifesto – und führen an, dass sich trotz der Thematisierung der Agilität seit bereits vielen Jahren in zahlreichen unterschiedlichen wissenschaftlichen Disziplinen keine einheitliche definitorische Grundlage gebildet hat. Der Agilitätsbegriff und damit eine klare Definition entwickelt sich vielmehr und gewinnt je nach Sichtweise eine differenzierte Nuance der Auslegung. Unterschiedliche Charakteristika der Agilität führen zu einer unterschiedlichen definitorischen Grundlage. Dies führt

---

95 RUBIN verweist auf die Bedeutsamkeit der Kommunikation und verbindet dies mit unterschiedlichen Kommunikations- und Transparenzmitteln; vgl. Rubin (2014), S. 398–403.

96 Vgl. Meyer (2014), S. 8, 10f. Vgl. zu Tagesstarts ebenfalls weitergehend Rubin (2014), S. 396f.

97 Vgl. beispielhaft Meyer (2014), S. 8–13; Böhm (2019), S. 22–25.

98 Siehe hierzu weitergehend das folgende Kapitel 3.5 zu Beispielen von agilen Ansätzen in der Praxis und deren Unterschiede.

99 Zur Vielseitigkeit des Begriffs der Agilität vgl. ebenfalls Weiler/Savelsberg/Dornhof (2018), S. 15.

bei der Festlegung, was Agilität ist, gleichsam zu einer Stärke wie einer Schwäche des Konzepts.[100]

Auch WEBER/FISCHER/EIREINER halten fest, dass kein einheitliches Verständnis besteht, was genau Agilität ist. Gleichsam führen sie aber auch an, dass es gewisse Schnittmengen innerhalb der verschiedenen Definitionen gibt, die als Kennzeichen der Agilität dienen.[101]

Basierend auf dieser Erkenntnis soll die vorliegende Arbeit dennoch auf einer eigenen definitorischen Grundlage der Agilität beruhen, um ein Fundament für den weiteren kritischen Diskurs zu bilden. Dabei gilt festzuhalten, dass Agilität aus Sicht des Autors der vorliegenden Arbeit auf den „Drei F" fußt: ***Fokus***, ***Flexibilität*** und ***Freiheit***.[102]

Als erste Säule der Agilität gilt der ***Fokus***. Dabei ist die Fokussierung auf den Kunden gemeint. Der Kunde sowie das Kundeninteresse stehen im Mittelpunkt des Handelns. Als ein wichtiger Faktor der heutigen Umwelt gilt die Komplexität,[103] sodass die Interessen des Kunden sowohl für den (potenziellen) Produzenten/Anbieter als auch für ihn selbst teilweise unklar und noch nicht vollends bestimmbar sind. Somit ist es notwendig, in einer gemeinsamen Kunde-Produzenten-Konstellation in einem iterativen Prozess das Produkt zu erstellen, wodurch automatisch der Kunde und eine gefestigte Kundenbeziehung in den Mittelpunkt rücken.

Als zweite Säule der Agilität gilt die ***Flexibilität***. Ein weiterer wichtiger Faktor der heutigen Umwelt ist neben der Komplexität die Unsicherheit. In einer Situation der Irrelevanz langfristiger Detailplanung aufgrund sich wechselnder Umweltbedingungen erhält die Reaktion auf Veränderung durch ausgeprägte Flexibilität im Handeln einen hohen Stellenwert. Daher ist es von Bedeutung, Produkte in einem inkrementellen Prozess zu erstellen, sodass

---

[100] Vgl. ausführlich hierzu Förster/Wendler (2012), S. 1–13. Hinzuweisen ist insbesondere auf die umfassende Gegenüberstellung verschiedener Definitionen der Agilität in der bis dahin bekannten einschlägigen akademischen Literatur im Anhang der genannten Autoren; vgl. Förster/Wendler (2012), S. VII-IX. Ähnlich zur Geschichte der Agilität Hofert (2018a), S. 6–8.

[101] Vgl. hierzu weitergehend Weber/Fischer/Eireiner (2017), S. 28–30. Vgl. weitergehend auch beispielhaft die Charakteristika bei Verheyen (2013), S. 19–22.

[102] Ähnlich hierzu ARETZ/FÜRST/HASEBROOK/NEUMANN, die von konsequenter Kundenorientierung, flexiblen Strukturen und Eigenverantwortung, neuem Mindset sowie Sinnstiftung sprechen vgl. Aretz/Fürst/Hasebrook/Neumann (2018), o.S.

[103] Siehe hierzu insbesondere die Ausführungen in Kapitel 2.

auf Veränderungen schnell reagiert werden kann und notwendige Anpassungen vorgenommen werden können.[104]

Als dritte Säule der Agilität gilt die ***Freiheit***. Darunter wird die Komponente der menschlichen Interaktion subsumiert. Dies bedeutet, dass ein wesentlicher Faktor in der heutigen Zeit ein selbstbestimmtes Handeln von Individuen – auch beim Produktionsprozess innerhalb von Teams – ist, um den Treibern einer neuen Generation nachzukommen. Dies beinhaltet die Themenbereiche der selbstorganisierten Teams, offene und transparente Kommunikation, flache Hierarchien, sowie viele weitere Komponenten. Freiheit kommt aber mit Eigenverantwortung, was bedeutet, dass die involvierten Personen auch die Verantwortung für ihr Handeln übernehmen müssen. Somit ist Freiheit gewissermaßen eine Herausforderung im Kontext der zunehmenden Eigenverantwortung.[105]

Für die vorliegende Arbeit soll damit Agilität vereinfacht mit dem „Drei F"-Ansatz definiert werden. Dieser stellt nach Ansicht des Autors eine sogleich einfache wie auch umfassende definitorische Grundlage dieses komplexen Begriffs dar und bildet ein Fundament für den weiteren kritischen Diskurs. Ebenso zeigt die definitorische Grundlage in Verbindung mit der Erkenntnis aus dem vorangegangenen Kapitel 2 – insbesondere zu Komplexität und „VUCA-Welt" – die Notwendigkeit der Thematisierung der Agilität und deren Prägnanz. Passend fassen GLOGER/MARGETICH dies zusammen, indem sie anführen:

„Am mechanistischen Weltbild simpler Ursache-Wirkungs-Zusammenhänge festzuhalten, ist in einer Welt der chaotisch-komplexen Strukturen kaum erfolgsversprechend. ‚Agilität' ist ein Weg, dieser Komplexität zu begegnen."[106]

Folgend wird daher hierauf aufbauend der Diskurs vertieft, wie Agilität zu anderen Methoden steht, was Agilität weitergehend ausmacht und welche weitergehenden Herausforderungen bestehen.

---

[104] SCHELLER geht hier noch weiter, indem er festhält: *„Agilität bedeutet daher ‚Anpassen durch schnelles Lernen'"*; Scheller (2017), S. 53. Dem ist grundsätzlich zuzustimmen. Die reine Fokussierung hierauf würde jedoch zu kurz greifen.

[105] Siehe hierzu auch der kritische Diskurs zu Motivation und Eigenverantwortung sowie des diesbezüglichen theoretischen Konzepts der modifizierten Stewardship-Theorie bei Weßels (2012), S. 80–96, 111–113.

[106] Gloger/Margetich (2018), S. 16.

3.4 Agilität als das neue Lean – Gemeinsamkeiten und Unterschiede

Basierend auf den gesammelten Erkenntnissen der letzten Abschnitte stellt sich nun die Frage, was Agilität von dem seit längerem bekannten Lean Management unterscheidet, welches zuletzt in den Unternehmen als die neue heilsbringende Managementmethode angepriesen und oftmals implementiert wurde.[107]

Bei Lean Management handelt es sich um eine Methode, deren Fokus auf der Vorgehensweise zur Optimierung von (Produktions-)Prozessen liegt, um dadurch ein feststehendes Produkt oder eine feststehende Dienstleistung optimal herzustellen. Insbesondere unter der Prämisse einer knappen Ressourcenverfügbarkeit ist eine optimierte Mittelnutzung – also ein „schlanker" Einsatz der verfügbaren Produktionsfaktoren[108] durch verbesserte Prozesse – wesentlich. Der Ursprung der Methode liegt daher auch im Industriesektor und fand zunächst dort erfolgreiche Anwendung.[109] Die Vorzüge wurden jedoch auch in anderen Sektoren erkannt und folgend so erfolgreich übertragen, dass Lean Management insbesondere seit den 1990er Jahren in nahezu allen Bereichen in Unternehmen Anwendung gefunden hat.[110] Dabei ist es wichtig festzuhalten, dass sich Lean Management auf feste, nicht im Laufe der Produktion veränderbare Produkte oder Dienstleistungen konzentriert und hierbei optimale Anwendung findet. Beispielhaft sei – den Ursprüngen entsprechend – die Automobilproduktion angeführt. Das Endprodukt steht fest: ein Automobil mit definierten Spezifika. Lean Management hilft hier den Produktionsprozess zu optimieren, indem der Ressourceneinsatz verbessert und Durchlaufzeiten verkürzt werden.[111] Um dieses durchzuführen, ist es auch bei Lean Management elementar, iterativ vorzugehen und mit dem Nutzer oder Kunden zusammenzuarbeiten. Auch kleine Teams mit hoher

---

[107] Vgl. Kraus/Becker-Kolle/Fischer (2010), S. 31. Kritisch zu Lean Management sind HASENZAGL/LINK, die diese Methode (wie auch andere Methoden) als erfolglos bezeichnen vgl. Hasenzagl/Link (2017), S. 51. Diese Sichtweise erscheint u.a. aber auf Basis der weitergehenden Diskussion als nicht nachvollziehbar.

[108] Hierbei wird auch von „Lean Production" gesprochen. Vgl. beispielhaft Kraus/Becker-Kolle/Fischer (2010), S. 31; Komus/Kamlowski (2014), S. 9.

[109] Vgl. Kraus/Becker-Kolle/Fischer (2010), S. 30–34. Umfassend zum „Lean Thinking" und den darin begründeten Prinzipien insbesondere die Ausführungen bei Womack/Jones (2004), S. 23–40. Ebenso zusammenfassend Komus/Kamlowski (2014), S. 9–15. Für einen Überblick zu den Wurzeln von Lean Management vgl. Habighorst (2018), S. 9f.

[110] Zur Entwicklung des Ansatzes sowie dessen Erfolge vgl. vertiefend Womack/Jones (2004), S. 351–366.

[111] Um die „Lean-Kultur" richtig zu verinnerlichen, kommt es insbesondere auf die innere Haltung zu Optimierung und Vermeidung von Verschwendung an. So stehen verkürzte Durchlaufzeiten im Produktionsprozess im Mittelpunkt. Es geht also nicht darum, primär Kosten einzusparen. Es geht darum Zeiten einzusparen, um eine höhere Produktivität zu erreichen. Die Kostenreduktion ist ein – durchaus präferierter – Nebeneffekt. Vgl. hierzu insbesondere Habighorst (2018), S. 13, 26f.

Eigenverantwortlichkeit und eine transparente Kommunikation unterstützen den Optimierungsprozess.

Es stellt sich daher die Frage, was Lean Management von Agilität unterscheidet, da sowohl die Prinzipien als auch Techniken gewisse Ähnlichkeiten aufweisen. Die Denkweise ist grundsätzlich ähnlich, allerdings ist das Anwendungsgebiet der divergierende Faktor.

Agilität findet Anwendung bei der Herstellung eines Produkts oder einer Dienstleistung unter Unsicherheit – basierend auf stetiger Veränderung – und nicht vollends klarem Zielbild. Dies bedeutet, dass dem Nutzer und/oder Kunden der Endzustand des Produkts oder der Dienstleistung noch nicht final klar ist, da einzelne Produktaspekte erst noch zu erarbeiten sind. Beispielhaft handelt es sich somit entweder um ein Produkt, welches gemeinsam mit dem Kunden noch vor einer unveränderlichen Massenproduktion entwickelt wird (z.B. der Prototyp eines neuen Automobils), oder um ein Produkt, welches im Laufe des Produktionsprozesses noch Anpassungen durch neue Funktionen ermöglicht (z.B. die Navigationssoftware eines neuen Automobils).

Kurzum helfen Lean Management und Agilität somit Unternehmen, basierend auf einer ähnlichen Denkweise, aber auf unterschiedlichen Anwendungsgebieten: Lean Management optimiert und stabilisiert Organisationen, Agilität räumt Hindernisse beim Entstehen innovativer Lösungen in einer sich verändernden, unsicheren und komplexen Welt aus dem Weg.[112] Somit ist Agilität auch nicht das neue Lean oder gar das bessere Konzept.[113] Agilität ist einfach ein weiterer Schritt, um die mannigfaltigen Herausforderungen von Unternehmen in einem anderweitigen Anwendungsgebiet anzugehen und zu meistern.[114]

---

[112] Vgl. Verheyen (2013), S. 33–35. Siehe hierzu auch die dort beschriebene tabellarische Gegenüberstellung der Leitgedanken von Lean Management und Agilität im Überblick. Kritisch anzumerken sind die Schlussfolgerungen von HABIGHORST, der agil und lean gleichsetzt. Vgl. hierzu Habighorst (2018), S. 48. Wie gezeigt wurde, ist von dieser stark vereinfachten Aussage bei genauer Betrachtung eindeutig Abstand zu nehmen.

[113] Es ist jedoch anzuführen, dass, wie angeführt, Lean Management vielmehr durch industrielle Prozesse geprägt ist, Agilität jedoch bei flexibler Produktion innovativer Produkte/Dienstleistungen Anwendung findet. Innovationstätigkeit verlangt aber gleichsam autonome Persönlichkeiten und geht oftmals nicht mit starren Strukturen eines Konzerns in Einklang. Da die Innovationskraft und der Wille zur stetigen Veränderung in der heutigen Welt bei Unternehmen jedoch einen erhöhten Stellenwert genießen muss, um zukünftig weiter bestehen zu können, ist Agilität für viele Unternehmen von gehobenen Interesse. Damit ist Agilität nicht als per se wichtiger als „lean" zu sehen, jedoch von zunehmender Bedeutung.

[114] SCHELLER bezeichnet hierbei Lean Management auch als „Vater der Agilität"; vgl. Scheller (2017), S. 46.

Agilität kommt daher insbesondere immer dann zum Einsatz, wenn der Kunde noch nicht weiß, was er will. Dann hilft Lean nicht, es werden agile Ansätze benötigt.

3.5 Agile Ansätze in der praktischen Umsetzung

In der jüngsten Zeit sind multiple Ansätze entwickelt worden, die alle mit den grundlegenden Werten sowie Prinzipien der Agilität konform gehen und teilweise auch Ähnlichkeiten in den jeweiligen Techniken besitzen. Wie zu sehen sein wird, sind manche agile Ansätze bereits vor der Manifestierung des Begriffs der Agilität durch das Agile Manifesto entstanden. Partiell sind Entwickler auch am Entstehen eben jenes Manifests beteiligt gewesen. Daher handelt es sich nicht um einen sukzessiven Aufbau – vom Manifest abgeleitete Ansätze – sondern zeigt vielmehr, dass die Agilität eine sich entwickelnde Strömung darstellt. Bei den im Folgenden dargestellten agilen Ansätzen handelt es sich um eine überblicksartige Akkumulation der am häufigsten anzutreffenden Ansätze in der Praxis sowie einer kurzen Beschreibung der wesentlichen Ausgestaltungsmerkmale, Ziele sowie inhärente Besonderheiten. Ein Fokus erfolgt vor allem auf die dargestellten Ansätze, da diese eine besondere Bedeutung in der Praxis aufweisen.

AGILER ANSATZ	ENTWICKLER
Extreme Programming	Beck/Cunningham/Jeffries (1997)
Crystal	Cockburn (o.J.)
Lean Start-up	Ries (2011)
Design Thinking	Winograd/Leifer/Kelley (1991) IDEO (2004)
Kanban	Ohno (1947) Anderson (2011)
Scrum	Takeuchi/Nonaka (1986) Schwaber/Sutherland (1995)

Tabelle 2: Übersicht agiler Ansätze und deren Entwickler[115]

3.5.1 Extreme Programming

Extreme Programming gilt als erster der agilen Ansätze und entstand in den späten 1990er Jahren. Der Ansatz stammt, wie der Name es bereits vermuten lässt, aus dem Bereich der Softwareentwicklung und wurde 1997 von KENT BECK, WARD CUNNINGHAM und RON JEFFRIES im Rahmen des Projekts „Chrysler Comprehensive Compensation (C3)" entwickelt.[116] Der grundsätzliche Ansatz bei Extreme Programming liegt darin, dass

[115] Quelle: Eigene Zusammenfassung basierend auf den weiteren Ausführungen.

[116] Alle drei Entwickler sind ebenfalls Unterzeichner des Agile Manifestos; vgl. Agile Manifesto (2001), o.S.

in kleinen, selbstorganisierten Teams von Softwareentwicklern eine technische Funktionalität in engem Austausch mit den Vertretern der Kundenseite eigenständig entwickelt wird. Dabei schließen sich immer zwei Entwickler zu einem Tandem zusammen und programmieren gemeinsam einen Teil der späteren Funktionalität.[117] Bei diesem Tandem schreibt ein Entwickler den Code, der andere Entwickler kontrolliert und hält die Auswirkungen des Codes auf das Gesamtprodukt im Auge. Die Rollenverteilung wechselt dabei ständig. Ein weiteres Augenmerk liegt auf der Simplifizierung des Codes. Das Team soll ein möglichst einfaches Design wählen, ohne nicht benötigte Codezeilen, die das Gesamtprodukt lediglich schwerer nachvollziehbar und damit kompliziert machen würden. Daher achtet das Team bei jeder neuen Programmierung auf eine mögliche Simplifizierung des erstellten Codes und passt diesen – sofern notwendig – an.[118]

Somit zeigt sich, dass Extreme Programming die Werte und Prinzipien der Agilität bereits in sich trägt. Auch wenn hier eine Konzentration auf die Softwareentwicklung erfolgt, sind doch die inhärenten Denkweisen und generellen Ansätze von Extreme Programming in den weiteren agilen Ansätzen aufgenommen und skaliert worden.

3.5.2 Crystal

Crystal ist zunächst kein einzelner agiler Ansatz, sondern steht für eine Familie von agilen Ansätzen, deren Grundprinzipien allgemeingültig sind und sich je nach Komplexität und Risikoumfang in Subfamilien aufteilen.[119] Der Ansatz wurde von ALISTAIR COCKBURN entwickelt.[120] Crystal orientiert sich dabei an der Ausgestaltung des jeweils vorliegenden Projekts und passt im Rahmen der Crystal-Familie die zu verwendende Methodik an. Gemäß den inhärenten Überlegungen von Crystal scheitern Projekte zumeist an einer unklaren Kommunikation. Daher ist ein wichtiger Bestandteil innerhalb von Crystal der perfekt laufende Fluss der Informationen zwischen den an der Arbeit beteiligten Personen sowie die Schaffung eines entsprechend positiven Umfelds. MEYER spricht in diesem Zuge von

---

[117] Hierbei wird von *pair programming* gesprochen, welches auch in anderen Bereichen zum Einsatz kommt, hier aber als ein elementarer Bestandteil des Extreme Programming besteht. WILLIAMS/KESSLER sprechen bei *pair programming* (in Anlehnung an einen Artikel von FULGHUM aus dem Jahre 1988) auch von einer Arbeitsweise, deren Bestandteile bereits im Kindergarten erlernt wurde, da sie einem natürlichen Verhaltensmuster zum Umgang miteinander entspringen; vgl. Williams/Kessler (1999), S. 1–13.

[118] Vgl. auch Williams/Kessler (1999), S. 1–13; Abrahamsson/Salo/Ronkainen/Warsta (2002), S. 18–27; Meyer (2014), S. 137–139.

[119] Hierbei sind die Abstufungen innerhalb der Crystal-Familie jeweils farbcodiert und können in Bezug auf die Projektgröße (von klein zu groß) wie folgt aufgeführt werden: Crystal Clear, Crystal Yellow, Crystal Orange, Crystal Red. Vgl. Abrahamsson/Salo/Ronkainen/Warsta (2002), S. 37.

[120] Auch dieser Entwickler ist gleichsam Unterzeichner des Agile Manifesto; vgl. Agile Manifesto (2001), o.S.

osmotischer Kommunikation.[121] Neben diesem Grundsatz kommen auch weitere Werte und Prinzipien der Agilität, wie z.B. laufende Entwicklung und Lieferung von Funktionalitäten, Selbstreflektion, Fokussierung sowie Kundennähe zur Anwendung Grundsätzlich wird Crystal aber – z.B. im Vergleich mit Extreme Programming – als weniger dogmatisch und formalistisch beschrieben, da sich die Bestandteile von Crystal innerhalb der Familie je nach Projektgröße anpassen können.[122] Negativ zu Crystal anzuführen ist, dass Veränderungen, die über diesen agilen Ansatz gesteuert werden sollen gemäß den strikten Voraussetzungen im Bereich Kommunikation so bearbeitet werden müssen, dass alle involvierten Personen örtlich verbunden arbeiten. Dies schränkt die Nutzung, insbesondere in heutigen vernetzten und globalisierten Teams, ein.[123]

Wie bereits bei Extreme Programming erfolgt auch bei Crystal eine Konzentration auf agile Arbeitsweisen im Bereich der Softwareentwicklung. Dadurch bleibt die Skalierung dieses agilen Ansatzes auf eben jenen Bereich größtenteils beschränkt.

3.5.3 Lean Start-Up

Lean Start-Up ist ein agiler Ansatz, der zunächst aufgrund der Begrifflichkeit an Lean Management erinnert. Und tatsächlich geht es darum, einen Entwicklungsprozess zu optimieren und vordergründig unnötige Schritte (zunächst) zu vermeiden.[124]

Lean Start-Up wurde von ERIC RIES im Jahre 2011 entwickelt. Dabei kann festgehalten werden, dass Lean Start-Up eine entwicklungsorientierte Innovationsmethode ist, bei der es darum geht, ein Produkt oder eine Dienstleistung möglichst schnell auf dem Markt – sozusagen als Beta-Version[125] – zu platzieren, um im Anschluss daran über eingeholtes Feedback der Kunden Informationen zu möglichen Produktverbesserungen zu erhalten.[126] Grundsätzliche Schritte, die aus der traditionellen Entwicklung bekannt sind und insbesondere eine eingehende Design- und Test-Phase beinhalten, werden somit verkürzt,

121 Vgl. Meyer (2014), S. 141.

122 Vgl. Abrahamsson/Salo/Ronkainen/Warsta (2002), S. 36–46; Meyer (2014), S. 141–143.

123 Vgl. hierzu die Ausführung bei Abrahamsson/Salo/Ronkainen/Warsta (2002), S. 46.

124 Vgl. Meyer (2014), S. 134f. Vgl. zudem weitergehend zu den Wurzeln von Lean Start-up ebenfalls Ries (2014), S. 25–30.

125 Als Beta-Version bezeichnet man ein Produkt, welches (nahezu) alle Funktionalitäten des Endprodukts aufweist, jedoch noch nicht final sämtliche Testzyklen durchlaufen hat und somit noch Fehler beinhalten kann.

126 Vgl. zusammenfassend Eckert (2017), S. 5; Scheller (2017), S. 261–270; Hoffmann/Roock (2018), S. 174f.; Sauter/Sauter/Wolfig (2018), S. 51f. Zu den grundlegenden fünf Prinzipien von Lean Start-up vgl. Ries (2014), S. 15.

respektive partiell übersprungen. Dadurch wird der gesamte Entwicklungsprozess beschleunigt, da – aus Entwicklersicht – nicht primär notwendige Schritte zur Marktreife minimiert werden.[127] Kritisch anzumerken gilt, dass im Gegenzug kundenseitig die Akzeptanz bestehen muss, sich auf diesen Prozess einzulassen, anfängliche Fehler zu akzeptieren, ein nicht vollkommendes Produkt zu billigen und auf Nachbesserungen des Produkts zu hoffen, um den gewünschten Nutzwert eines Endprodukts zu einem späteren Zeitpunkt zu erlangen. Im Gegenzug erhalten die Kunden das Produkt ggfs. mit eingeschränkten Funktionalitäten oder (geringfügigen) Fehlern, die sich aber nicht grundsätzlich auf das Produkt negativ auswirken, zu einem früheren Zeitpunkt. Gleichsam sind sie darauf angewiesen, dass Nachbesserungen tatsächlich stattfinden oder dass eine ausgedehnte Kulanz seitens des Herstellers beim Erkennen von Fehlern in der Testphase besteht. Dies stellt natürlich kundenseitig ein gewisses Risiko dar.

Die Begrifflichkeit dieses agilen Ansatzes beinhaltet jedoch auch gleichermaßen seine inhärente Herausforderung. Die beschriebene Vorgehensweise ist insbesondere in kleinen Teams mit informellen Strukturen eine Möglichkeit, neue Produkte oder Dienstleistungen zu entwickeln. In größeren Unternehmen kommt es hingegen zu Herausforderungen, da sich hier in der Praxis das Vorgehen über Beta-Version – oder es könnte auch einfach vom *trial-and-error*-Vorgehen und -Problemlösungsansatz gesprochen werden – nur schwerlich durchsetzen lässt.[128]

3.5.4 Design Thinking

Design Thinking ist ein agiler Ansatz, der seinen Ursprung in der kreativen Zusammenarbeit zwischen Designern und Ingenieuren hat und von TERRY WINOGRAD, LARRY LEIFER und DAVID KELLEY in den frühen 1990er Jahren entwickelt wurde. Für besondere Aufmerksamkeit sorgte im Jahre 2004 eine Veröffentlichung des Beratungsunternehmens IDEO, dessen Gründer DAVID KELLEY ist, welche den Ansatz weiterentwickelt und zum zur Zeit bekannten Ansatz maßgeblich geformt hat.[129]

---

[127] Zu den Schritten zusammenfassend siehe ebenfalls Hoffmann/Roock (2018), S. 176–182.

[128] Vgl. Sauter/Sauter/Wolfig (2018), S. 52f. Vgl. ebenfalls Eckert (2017), S. 1–3, der die Herausforderungen von etablierten Unternehmen zu jungen Wachstumsunternehmen im Rahmen der Anwendung von Lean Start-up weitergehend kritisch diskutiert. Es sei jedoch auch darauf hingewiesen, dass die aufgeführten Grundüberlegungen auch in abgewandelter Form bereits angewendet werden. So werden vermehrt Produkte möglichst schnell auf den Markt gebracht und Testphasen verkürzt, um bei auftretenden praktischen Herausforderungen mit Updates zu reagieren und entsprechend nachzusteuern. Dies ist zum einen jedoch nur bei softwarebasierten Produkten möglich und umfasst zum anderen erhöhte Risiken für den Anbieter.

[129] Vgl. Schallmo (2017), S. 1–5; Hoffmann/Roock (2018), S. 161f.

Für Design Thinking gibt es keine allgemeingültige Definition, es kann jedoch wie folgt zusammengefasst werden: Design Thinking ist eine systematische Innovationsmethode, bei der erfinderisches Denken mit radikaler Kunden- und Nutzenorientierung verschmolzen wird. Ziel ist es, für bestehende Probleme neue, kreative Lösungen in einem multidisziplinär besetzten Team zu finden. Dabei geht Design Thinking strukturiert und iterativ vor.[130]

Wie aufgezeigt wurde, ist der Ansatz insbesondere durch die Faktoren „Kundennähe“ und „Kundenintegration“[131] in Verbindung mit einer experimentellen Vorgehensweise geprägt und sticht somit im Vergleich zu anderen agilen Ansätzen hervor. Beispielhaft versucht ein Produktteam eine professionelle Lösung für einen Kunden zu finden, um ein komplexes Problem zu beheben oder auch sich gegenüberstehende Bedürfnisse von Kundengruppen im Rahmen einer gemeinsamen Lösungsidee zusammenzuführen, ohne einseitig einen Interessenhalter auszuschließen. Dies geschieht in der Art, dass das Produktteam zunächst die Kundenbedürfnisse, die teils diffus und schwer artikulierbar erscheinen, analysiert, um die eigentlichen Hintergründe zu verstehen und darauf aufbauend eine Lösung zu ermitteln. Dabei dient der Kunde als Informationsgeber und das Produktteam kann sich zur Lösungsfindung ergänzender Experten bedienen. Das Produktteam beobachtet und analysiert dabei zunächst primär, was die Problematik und das eigentliche Bedürfnis ist, um darauf aufbauend eine Lösung oder Lösungsoptionen zu erstellen und diese dem Kunden zu präsentieren. Durch diesen Ansatz des Beobachtens und Hinterfragens kann das Produktteam viel weitgehender an die Herausforderung herangehen und oftmals unerwartet kreative und andersgelagerte Lösungen und Produkte generieren. Durch einen iterativen Prozess und das Entwickeln von Prototypen, die direkten Realitätstests unterzogen werden, sowie der generellen Lösungsoffenheit bei der Entwicklung, führt Design Thinking zu entsprechend kreativen, aber auch handfesten Lösungen. Durch Design Thinking wird der Erfindergeist innerhalb des Produktteams sowie eine generelle Erfinderkultur geprägt.[132]

---

130 Die vorliegende definitorische Grundlage fußt auf Komponenten von mehreren Theorien innerhalb der einschlägigen Literatur. Für einen Überblick hierzu vgl. Schallmo (2017), S. 13f. Vgl. zudem die Ausführungen bei Eckert (2017), S. 23f. Zu den einzelnen Schritten innerhalb des Design Thinking-Prozesses vgl. vertiefend die Ausführungen und Beispiele bei Hoffmann/Roock (2018), S. 162–174 sowie überblicksartig auch Hofert/Thonet (2019), S. 174f.

131 Zum Konzept der *„Co-Creation“* vgl. weitergehend Brandes/Gemmer/Koschek/Schültken (2014), S. 54.

132 Vgl. Brandes/Gemmer/Koschek/Schültken (2014), S. 61f.

Design Thinking beinhaltet insbesondere die folgenden Prinzipien, die den Ansatz gleichsam prägen:[133]

1. WAS – Kreativität des Menschen
   Design Thinking ist ein kreativer Prozess und braucht daher die Kreativität des Menschen. Erst wenn über diesen Prozess ein Lösungsansatz gefunden wurde, wird eine technische Realisierung geprüft.
2. WER – Multidisziplinäre Teams
   Um ein Optimum an kreativer Leistung zu entfalten, braucht es multidisziplinäre Teams, die ihre Erfahrungen, Ideen und Konzepte in die Lösungsfindung einbringen. Auch bei Design Thinking kommen hierfür kleine selbstorganisierte Teams zum Einsatz.
3. WIE – Iterativer Prozess
   Design Thinking erfolgt – wie aus anderen agilen Ansätzen bereits bekannt – ebenfalls als iterativer Prozess. Die Erkenntnisse aus der Entwicklung verschiedener Prototypen werden immer wieder für die kommende Iteration als Erfahrungswert eingebracht.[134]
4. WO – Kreatives Umfeld
   Wie angeführt, ist Design Thinking vor allem auch ein kreativer Prozess. Zur Förderung der Kreativität wird ein ebenso kreatives Umfeld benötigt. Dies ermöglicht, Ideen schnell spielerisch zu testen und Erfahrungen zu sammeln.

Auch wenn Design Thinking vor allem in der Produktwelt als agiler Ansatz Anwendung findet, kann das Konzept auch auf andere Bereiche übertragen werden. Zu nennen ist hier zum Beispiel die Prozessoptimierung. So führen BRANDES/GEMMER/ KOSCHEK/ SCHÜLTKEN ein Beispiel an, wie der Prozess der Abfertigung des Security-Checks an Flughäfen durch Design Thinking bei diametral unterschiedlichen Interessen der Prozessbeteiligten[135] zu einem Erfolg führen kann.[136]

---

[133] Vgl. ausführlich für die folgenden Ausführungen Schallmo (2017), S. 14–22. Vgl. ähnlich hierzu Sauter/Sauter/Wolfig (2018), S. 47.

[134] Vgl. hierzu auch die anschauliche Darstellung der sechs Schritte des iterativen Design Thinking-Prozesses bei Sauter/Sauter/Wolfig (2018), S. 48.

[135] Als Prozessbeteiligte sind hier das Sicherheitsfachpersonal, welches eine sorgfältige und ruhige Kontrolle der Gäste sicherstellen will, sowie die Reisenden, die eine schnelle und unkomplizierte Abfertigung wünschen, zu nennen.

[136] Vgl. Brandes/Gemmer/Koschek/Schültken (2014), S. 56f.

3.5.5 Kanban

Die Ursprünge von Kanban liegen in Japan und dem Automobilsektor, in dem der Ansatz bereits ab dem Jahre 1947 große Erfolge verzeichnen konnte und schrittweise einen regelrechten Siegeszug im Bereich der industriellen Produktion vollzog.[137] Die weitere Revolutionierung des Ansatzes und der breite Einsatz in Unternehmen ist DAVID ANDERSON zu verdanken, der, durch seine praktischen Erfahrungen und der Adjustierung des Ansatzes für die Softwareentwicklung, die Methodik einem weiteren Anwenderkreis – außerhalb der klassischen, produzierenden Industrie – bereitgestellt hat. Während TAIICHI OHNO als Vater der Methodik steht,[138] begründete DAVID ANDERSON sozusagen die Skalierung auch in andere Bereiche des unternehmerischen Handelns. Von Bedeutung dabei ist, dass Kanban als Ansatz für den Umgang mit Veränderungsthemen insbesondere dann von Wert ist, wenn eine schnelle Entwicklung von Produkten bei knappen Kapazitäten gewährleistet werden soll und somit eine transparent nachvollziehbare Visibilität von Prioritäten im Prozess notwendig wird. Dabei ist es begleitend elementar, dass das Team, welches seine Arbeitsschritte nach Kanban organisiert, als Einheit möglichst eingespielt ist und somit in der Lage ist, sich weitgehend selbst zu organisieren. Sollten Arbeitsschritte nicht in kleine Teilschritte[139] zerlegbar sein und insbesondere eine hohe Abhängigkeit von team-externen Faktoren[140] bestehen, erscheint diese Methode als suboptimal.[141]

Zur Unterstützung des Prozesses in Kanban findet das sogenannte Kanban-Board Anwendung. Der Arbeitsprozess wird, wie bereits aufgezeigt, in einzelne Arbeitsschritte zerlegt. Je Arbeitsschritt wird eine Spalte innerhalb des Kanban-Boards angelegt. Darauffolgend werden Arbeitspakete definiert und folgend auf einzelnen Karten festgehalten. Eine Karte enthält dabei alle Informationen, die benötigt werden, um die jeweilige Aufgabe zu erfüllen. Folgend wird nun der Arbeitsprozess über die einzelnen Karten visualisiert. Hier-

---

137 Vgl. auch zur Unterscheidung von „kanban“ und „Kanban“ die kurzen Ausführungen bei Leopold/Kaltenecker (2015), S. 12–14. Auf diese weitergehende Vertiefung soll im Rahmen der vorliegenden Arbeit jedoch nicht weiter eingegangen werden.

138 Zur Entstehung von Kanban vgl. ebenfalls Anderson (2011), S. 9.

139 Zu beachten gilt, dass es einer tiefergehenden Analyse bedarf, wie eine Zerlegung in Teilschritte auch für ein komplexes Produkt oder Projekt möglich ist. Grundsätzlich sind die meisten Arbeitsschritte bei genauerer Analyse zerlegbar. Kritisch anzumerken gilt jedoch auch, dass multiple Kanban-Boards und eine damit einhergehende Notwendigkeit der Koordination aller Teilbereiche ggfs. zu einem umgekehrten Effekt in Hinblick auf die Komplexitätserleichterung und Beschleunigung des Produktionsprozesses führen kann.

140 Hier kann beispielhaft eine hierarchische Struktur, die jeden einzelnen Arbeitsschritt zunächst abnehmen muss, bevor es zu einer weiteren Bearbeitung kommen kann, genannt werden.

141 Für was Kanban grundsätzlich steht vgl. einleitend ebenfalls Leopold/Kaltenecker (2015), S. 5f.; Böhm (2019), S. 33f.

für verteilen die Teammitglieder die Karten, je nach derzeitigem Stand. Dabei durchläuft ein Arbeitspaket auf einer Karte den gesamten Arbeitsprozess, visualisiert sozusagen von links nach rechts in einem Fluss durch das Kanban-Board.[142] Da die Karten durch das Kanban-Board sozusagen „gezogen" werden, wird hierbei auch von einem *Pull*-System gesprochen.[143]

Die Besonderheit beim Kanban-Board ist neben der Visualisierung (und somit der Schaffung von Transparenz der Arbeitsbelastung im Team), dass gleichzeitig für jeden einzelnen Arbeitsschritt, definiert durch die jeweilige Spalte, ein Limit, das sogenannte *Work-in-Progress* (WiP)-Limit, definiert wird. Wird das Limit erreicht, also die maximale Anzahl von Karten innerhalb einer Spalte, so kann erst eine neue Aufgabe innerhalb dieses Arbeitsschrittes aufgenommen werden, sofern eine andere Aufgabe abgeschlossen und in die nächste Spalte mit einem neuen Aufgabenschritt gezogen wird. Dadurch wird ermöglicht, dass Engpässe transparent aufgeführt werden, die Teams sich besser organisieren können und die Auslastung für einen Dritten ersichtlich und nachvollziehbar ist.[144]

Dieser ganze Prozess ist ein sich stetig wiederholender Prozess. Aufgabenpakete und die entsprechenden Karten sind somit ständig im Fluss. Stehen Kapazitäten im ersten Arbeitsschritt (der ersten Spalte) zur Verfügung, sind also weniger Karten in der Spalte anzufinden als es das WiP-Limit zulässt, können neue Aufgaben von Dritten aufgenommen und bearbeitet werden.[145]

Kanban ist kein Ansatz, der einzig mit Agilität in Verbindung gebracht werden kann, vielmehr hat Kanban seinen Ursprung aus dem Lean Management-Gedanken.[146] Allerdings kann Kanban auch in die Sammlung der agilen Ansätze übernommen werden, da, wie bereits aufgezeigt wurde, Komponenten existieren, die mit Agilität in Verbindung gebracht werden. Zu nennen sind hier selbstorganisierte Teams, Flexibilität sowie Kundennähe.[147]

---

[142] Vgl. überblicksartig Anderson (2011), S. 14–20. Vgl. auch Sauter/Sauter/Wolfig (2018), S. 41f. Zur Entwicklung eines Kanban-Boards weitergehend und vertiefend vgl. Anderson (2011), S. 73–86.

[143] Vgl. Anderson (2011), S. 15.

[144] Vgl. Anderson (2011), S. 15–17, 121–130; ebenfalls Brandes/Gemmer/Koschek/Schültken (2014), S. 93; Rubin (2014), S. 82–88; Leopold/Kaltenecker (2015), S. 18–20; Hofert/Thonet (2019), S. 172f.

[145] Vgl. ebenso Sauter/Sauter/Wolfig (2018), S. 42.

[146] Vgl. Brandes/Gemmer/Koschek/Schültken (2014), S. 93.

[147] Vgl. zu den theoretischen Grundkonzeptionen zusammenfassend Weßels (2012), S. 80–113.

Zudem sei darauf hingewiesen, dass Kanban und Kaizen in Unternehmen zumeist in perfekter Symbiose zueinander eingesetzt werden. Dabei hat Kaizen ebenfalls seinen Ursprung in Japan und bedeutet wörtlich übersetzt „Veränderung zum Besseren", gemeint ist ein kontinuierlicher Verbesserungsansatz im täglichen Arbeitsablauf.[148] Für eine erfolgreiche Umsetzung von Kaizen ist es von Bedeutung, den fundamentalen Denkansatz dieser Philosophie in Gänze im Unternehmen zu integrieren. Unter anderem zu beachten gilt, dass das Unternehmen die Strategie verfolgt, die produzierten Produkte und/oder Dienstleistungen in höchster Qualitätsstufe anzubieten und diese daher stetig überwacht und verbessert. Verbesserungen werden hierbei insbesondere auch durch einen stetigen Diskurs mit den im Produktionsprozess involvierten Personen – also der Belegschaft – erzielt, da eine offene Kollaboration forciert wird.[149] Somit sind Kaizen und Kanban im Grunde zwei unanim anzuwendende konzeptionelle Wege zum Umgang mit Veränderung und deren Optimierung in Unternehmen.

3.5.6 Scrum

Scrum ist der wohl derzeit bekannteste agile Ansatz. Dabei konzentriert sich Scrum auf die Entwicklung innovativer Produkte und Dienstleistungen.[150] Die Ursprünge dieses Ansatzes liegen in einem Artikel von TAKEUCHI/NONAKA, der bereits im Jahre 1986 veröffentlicht wurde. Hierin beschreiben die beiden Autoren einen teambasierten Ansatz, der bei der Produktentwicklung in Unternehmen wie Honda und Canon Anwendung gefunden hat, und dessen Erfolge.[151] Die im Artikel verwendete Wortschöpfung „Scrum"[152] stammt dabei aus dem Rugby und beinhaltet zwei wichtige Komponenten: Zum einen ist Rugby an sich ein Teamsport und trägt somit den Gedanken selbstorganisierter Teams in sich. Zum anderen beschreibt Scrum – oder im Deutschen das „angeordnete Gedränge" – eine im Rugby übliche Methode, nach einen kleinerem Regelverstoß, unerlaubten Vorwärtsspiel

---

148 Vgl. Anderson (2011), S. 57; Brandes/Gemmer/Koschek/Schültken (2014), S. 93. Hierbei stehen sich die zwei Konzepte – Innovation und kontinuierliche Verbesserung – gegenüber. Bei der Innovation erfolgt ein Prozess nach der Suche des einen Moments, mit der einen Idee, die einen Sprung, z.B. in der technologischen Entwicklung hervorruft, und eine anschließende Ressourcenkonzentration auf die Implementierung und Vermarktung ermöglicht. Beim Prozess der kontinuierlichen Verbesserung erfolgt vielmehr ein stetiger Ressourceneinsatz und damit einhergehend ein stetiger Prozess der Verbesserung bestehender Produkte, um eben jenes Produkt (kundenfokussiert) zu optimieren.

149 Zur Vertiefung von Kaizen und der Kultur kontinuierlicher Verbesserung vgl. Anderson (2011), S. 57–68.

150 Vgl. Rubin (2014), S. 33.

151 Vgl. Takeuchi/Nonaka (1986), S. 137–146.

152 Interessant zu beachten gilt, dass TAKEUCHI/NONAKA gerade nicht von „lean" gesprochen haben, auch wenn viele Konzepte und Ideen in ihrem Artikel mit Lean Management kompatibel sind. Sie wollten explizit eine Fokussierung auf teambasierte Innovationsentwicklung und eben nicht auf prozessuale Optimierung; vgl. hierzu ebenfalls die Ausführungen bei Verheyen (2013), S. 40f.

oder Aus des Balls das Spiel wieder aufzunehmen.[153] Dabei treffen die Spieler in Reihen aufeinander, um den Ball zu erlangen, ihn nach hinten durchzuführen und den Angriffszug weiterzuführen. Dieses umschreibt viele inhärente Eigenschaften von Scrum sehr passend. Das Team agiert als eine in sich verschmolzene Instanz, als eine Einheit, um dem Ziel des Ballerhalts nachzukommen. Das Ziel ist weitergehend klar, aber der Weg dorthin ist unsicher. Es kann nicht im vornherein bestimmt werden, welchen Weg der Ball nimmt, um somit den nächsten Angriffszug zu planen. Es existieren zu viele Parameter, um eine seriöse Vorhersage treffen zu können. Das Team muss sich situativ auf die Begebenheiten einstellen.

In den 1990er Jahren griffen SCHWABER und SUTHERLAND diesen Ansatz auf und entwickelten insbesondere in Hinblick auf eine iterativ-inkrementelle Vorgehensweise in der Softwareentwicklung Scrum weiter und schufen schlussendlich das Scrum-Framework[154].[155] Auch wenn Scrum und das Scrum-Framework seine Wurzeln somit in der Entwicklung von Softwareprodukten haben, lassen sich die Konzepte und Ideen auch auf andere Bereiche übertragen.[156] Des Weiteren muss festgehalten werden, dass es sich bei Scrum um ein Framework, also eine rahmengebende Anleitung, handelt und nicht um eine starre Methodologie. Scrum umfasst eine vergleichsweise nur minimalistische Darstellung von Prinzipien und Praktiken, die den Ansatz ausmachen. Die Autoren des Scrum-Frameworks sehen in starren Methodologien hingegen eine Verhinderung von Kreativität und Flexibilität, die ebengrade gefördert werden soll, und gleichsam eine Blendung des Anwenders, da sie den Eindruck vermitteln, bei strikter Anwendung verpflich-

---

[153] Vgl. Verheyen (2013), S. 38f.; Brandes/Gemmer/Koschek/Schültken (2014), S. 87; Rubin (2014), S. 35.

[154] Bei SCHWABER/SUTHERLAND findet die Begrifflichkeit des Scrum-Guides Anwendung. Dies zeigt bereits, dass es sich nicht um ein fixes, allumfassendes Regelwerk handelt, sondern vielmehr um eine Richtschnur für den Anwender. Da es gemäß dem Autor der vorliegenden Arbeit aber eindrücklicher als Rahmenwerk zu bezeichnen ist, also des Festhaltens an gewissen Prinzipien und Praktiken, die innerhalb gewisser Grenzen flexibel zu handhaben sind, aber auch die Grenzen als Maßgabe Prägnanz haben, wird folgend der Begriff des Scrum-Frameworks verwendet.

[155] Vgl. hierzu insbesondere Schwaber (1995), S. 1–23. Das Scrum-Framework wird stetig überarbeitet und ist mittlerweile in über 30 verschiedenen Sprachen veröffentlicht. Es liegt derzeit in der Version von 2017 vor. Vgl. hierzu Schwaber/Sutherland (2017), S. 1–22. Beide Entwickler sind ebenfalls Unterzeichner des Agile Manifesto; vgl. Agile Manifesto (2001), o.S.

[156] Vgl. Verheyen (2013), S. 39–41; Rubin (2014), S. 35f.

tender Prozesse und Verfahren einen garantierten Erfolg zu erlangen.[157] Das Scrum-Framework soll Nutzer gerade dazu anleiten, die Praktiken auf die eigene Organisation angepasst zu adaptieren. Dadurch entstehen gleichsam unterschiedliche Ausprägungen von Scrum je nach Organisation, die zum Teil einzigartig, über eine gleiche Denkweise jedoch ebenfalls verbunden sind.[158]

RUBIN verwendet für die Erläuterung, wie Scrum sich von anderen Ansätzen abgrenzt, die folgende, einfache Metapher: Bei einem Haus stellt das Scrum-Framework Fundament und Wände des Gebäudes dar. Es bildet gleichzeitig die Grenzen sowie den statischen Halt, sodass das Haus den notwendigen Schutz vor der Umwelt ermöglicht. Die Ausgestaltung des Inneren, also Möbel, Wandfarbe oder Beleuchtung, kann jeder jedoch individuell wählen und somit seinen Vorlieben anpassen.[159]

Nachdem aufgezeigt wurde, dass Scrum auf einem minimalistischem Set von Prinzipien und Praktiken besteht, stellt sich folgend die Frage, was unter „Prinzipien" und „Praktiken" in diesem Kontext zu verstehen ist.

Bei Prinzipien orientiert sich Scrum an der Kombination aus den agilen Werten sowie den agilen Prinzipien, die bereits in Kapitel 3.3.2 und Kapitel 3.3.3 eingehend erläutert wurden. Scrum teilt die bestehende Arbeit in Zyklen oder eben Iterationen ein, um auf Veränderlichkeit und Unsicherheit reagieren zu können. Scrum schafft innerhalb der Iteration Inkremente, also Arbeitsergebnisse, die für den Kunden irgendeinen greifbaren Nutzen und damit Wert schaffen. Gleichzeitig ist Scrum durch den stetigen Austausch nach den Iterationen auf Basis der geschaffenen Inkremente mit dem Kunden sehr nahe am Kundeninteresse und steht notwendigen Veränderungen positiv gegenüber, da eine Reaktion

[157] Vgl. ebenfalls die Ausführungen bei Verheyen (2013), S. 44–46. Kritisch hierzu zu sehen sind hingegen die Ausführungen bei Sauter/Sauter/Wolfig (2018), S. 35. Diese beschränken Scrum auf den Tenor der Projektmanagementmethode und haben nach Ansicht des Autors der vorliegenden Arbeit nicht erkannt, dass es sich hier nicht um eine Fokussierung auf die Vollendung eines Projekts geht, sondern vielmehr um die stetige Optimierung eines Produkts.

[158] Vgl. Rubin (2014), S. 47. PREUẞIG verwendet hierfür die Bezeichnung des „Scrum But"; vgl. Preußig (2015), S. 153–159.

[159] Vgl. hierzu Rubin (2014), S. 47.

hierauf größtenteils problemlos darstellbar ist.[160] Es lebt damit die agilen Werte und agilen Prinzipien. Scrum basiert auf der empirischen Prozesssteuerung. Dieses bedeutet schlichtweg, „*dass Wissen aus Erfahrung gewonnen wird und Entscheidungen auf Basis des Bekannten getroffen werden*"[161]. Daher bestehen die Grundsäulen von Scrum auch in der Transparenz, der regelmäßigen Überprüfung und der darauf basierenden Anpassung.[162]

Scrum umfasst ferner gewisse Praktiken, die im Rahmen dieses Ansatzes aus den zuvor genannten Prinzipien entstehen. Die Scrum-Praktiken umfassen hierbei a) Rollen, b) Ereignisse sowie c) Artefakte.[163] Für einen anschaulichen Überblick sei auf Abbildung 1 verwiesen.

Abbildung 1: Überblick der Scrum-Praktiken[164]

---

[160] Vgl. Rubin (2014), S. 54, 66–69. Dieser führt zur inkrementellen Entwicklung jedoch auch zurecht kritisch an, dass die Gefahr bei Konzentration auf lediglich die nächsten Schritte besteht, das große Ganze aus den Augen zu verlieren. Im Gegensatz zum traditionellen Ansatz der Entwicklung ermöglichen die vielen Möglichkeiten des Austausches mit den Stakeholdern (Checkpoints) jedoch auch eine Risikominimierung; vgl. Rubin (2014), S. 100f.

[161] Schwaber/Sutherland (2017), S. 4. Vgl. hierzu ebenfalls Böhm (2019), S. 31.

[162] Vgl. Rubin (2014), S. 69f.; Schwaber/Sutherland (2017), S. 4f.

[163] Hinzuweisen ist auf SCHELLER, der einen umfassenderen Ansatz von „Praktiken" aufzeigt; vgl. Scheller (2017), S. 250f.

[164] Quelle: In Anlehnung an Rubin (2014), S. 48.

Im Folgenden sollen die Praktiken kumulativ diskutiert werden, um sich auf eine möglichst prägnante Darstellung zu konzentrieren. Dabei erfolgt eine strukturierte Diskussion anhand der drei Rollen, die das Scrum-Team ausmachen und durch individuelle Beiträge, die die Produktentwicklung zu einem Erfolg führen: Product Owner, Development-Team und Scrum Master.[165] Innerhalb unterschiedlicher Ereignisse und mithilfe von unterschiedlichen Artefakten tragen die Rollen somit zu einem Erfolgsprozess bei.[166]

Der Product Owner ist für den Gesamterfolg des Produktes, welches entwickelt und gepflegt werden soll, verantwortlich und bringt die Unternehmens- sowie Geschäftsbereichsperspektive in das Team ein. Er entwickelt die Produktvision basierend auf den Wünschen der Stakeholder[167], die ein Interesse an dem Produkt haben.[168] Um die Interessen der Stakeholder zu bündeln und in eine Rangfolge zu setzen, bedient sich der Product Owner eines sogenannten Product Backlogs.[169] In diesem werden für alle Beteiligten transparent aufgezeigt, welche Funktionalitäten o.ä. das Produkt in weiteren Schritten umfassen soll und in welcher Reihenfolge diese in zukünftigen Prozessschritten, basierend auf dessen Arbeitsaufwand sowie dem Nutzen für die Nutzer, angegangen werden.

---

[165] Dabei gilt darauf zu achten, dass die Rollen durch unterschiedliche Personen wahrgenommen werden sollten, um Rollenkonflikte zu vermeiden; vgl. ebenfalls Preußig (2015), S. 141. Es sei weitergehend darauf hingewiesen, dass bereits an dieser Stelle erkenntlich wird, dass Scrum gemäß des Scrum-Frameworks keine weiteren Managementfunktionen kennt. Dies basiert auch darauf, dass Scrum eine Abkehr von klassischen hierarchischen Strukturen forciert. Ohne eine, den Rahmen dieser Arbeit sprengende weitergehende Diskussion zu führen, sei jedoch seitens des Autors der vorliegenden Arbeit anzuführen, dass Rollen wie beispielhaft die eines Ressourcenmanagers oder sogar die eines Projektmanagers auch unter Berücksichtigung von Scrum sinnvoll erscheinen. Verwiesen sei an dieser Stelle auch auf die transparenten Ausführungen hierzu bei Rubin (2014), S. 265–283.

[166] Die folgenden Ausführungen bilden – wie erwähnt – nur einen kurzen Überblick, der keinen Anspruch auf Vollständigkeit oder tiefergehender Auseinandersetzung beinhaltet. Beides würde den Rahmen der vorliegenden Arbeit sprengen. Für eine Vertiefung der Scrum-Rollen sei beispielhaft verwiesen auf Rubin (2014), S. 203–252; Schwaber/Sutherland (2017), S. 4–9. Für Scrum-Aktivitäten vgl. ferner Rubin (2014), S. 95–113, 377–436; sowie für Scrum-Artefakte vgl. Rubin (2014), S. 55, 137–155, 385–388.

[167] Die Stakeholder umfassen je nach Produkt sowohl interne als auch externe Kunden und/oder Anwender des Produkts, als auch weitergehende interne Stakeholder, wie z.B. Compliance, Audit oder Legal, die auf Einhaltung von (internen) Regelungen bei der Produktentwicklung achten.

[168] Vgl. Rubin (2014), S. 49; Preußig (2015), S. 143; Schwaber/Sutherland (2017), S. 6; Böhm (2019), S. 39. Entsprechend ist der Product Owner insbesondere für das Stakeholdermanagement zuständig und muss – neben seinem umfassenden Fachwissen zum Produkt – eine hohe soziale Kompetenz aufweisen, um die teilweise divergierenden und multiplen Interessen der Stakeholder zu vereinen und eine Rangfolge abzubilden, die sicherlich in der gewählten Art nicht allen Beteiligten gefällt. Vgl. zu den Fähigkeiten eines Product Owners vertiefend insbesondere Rubin (2014), S. 210–212.

[169] Vgl. Schwaber/Sutherland (2017), S. 6. Vgl. tiefergehend zu u.a. den Merkmalen und der Pflege des Product Backlogs Rubin (2014), S. 137–155.

Der Product Owner fokussiert somit auf Basis seines strategischen Produktwissens und seiner Vision für das Produkt das „Was“ und „Warum“.[170]

Das Development-Team agiert als ein sich selbstorganisierendes Team aus Individuen, die unterschiedliche Geschicke vereinen,[171] um gemeinsam[172] ein hochwertiges Produkt zu erstellen, zu pflegen und weiterzuentwickeln. Dabei besteht ein Development-Team typischerweise aus fünf bis neun Personen, um als kleine, handlungsfähige Einheit ohne administrative Hürden schnell und eigenständig auf sich verändernde Umweltsituationen reagieren zu können.[173] Bei der Produktentwicklung geht das Development-Team iterativ-inkrementell vor. Dies bedeutet, dass in kurzen Zyklen – sogenannten Sprints – Produkte entwickelt werden, die für sich einen Nutzen erzielen und an einen Kunden tendenziell ausgeliefert werden könnten.[174] Um dies zu erreichen, nutzt das Development-Team zur Bearbeitung der Themen innerhalb eines Sprints ein sogenanntes Sprint Backlog, welches Komponenten aus dem Product Backlog enthält, die laut Einschätzung des Teams im kommenden Sprint erzielt werden können. Bei der Sprintplanung wird ein Sprintziel definiert, welches dem Product Owner mitgeteilt wird. Um auf Hindernisse während des Sprints schnell reagieren zu können und eine optimale Ressourcenallokation zu ermöglichen, stimmt sich das Development-Team in täglichen, kurzen Abstimmungsmeetings, sogenannten Daily Stand-Ups, ab und fördert somit auch die Transparenz innerhalb des Teams. Der Weg des Erreichens des Sprintziels ist jedoch allgemein dem Development Team überlassen. Somit fokussiert sich das Development Team auf das „Wie“.[175] Die Ergebnisse des Sprints werden den Stakeholdern zusammen mit dem Product Owner am

---

[170] Vgl. Verheyen (2013), S. 48; Scheller (2017), S. 272. GLOGER/MARGETICH sprechen hier auch vom „Entscheidungsfeld der Wertschöpfung“ des Product Owners; vgl. Gloger/Margetich (2018), S. 216.

[171] Ein Development-Team besteht aus unterschiedlichen Persönlichkeiten, die unterschiedliche Fähigkeiten einbringen. So kann ein Team aus Business-Analysten, Entwicklern, Testern, Designern, o.ä. bestehen. Die Besonderheit liegt darin, dass das Team an seiner jeweiligen T-förmigen Fähigkeitsausgestaltung arbeitet. Dies bedeutet, dass jedes Teammitglied eine seiner Disziplin zugehörige Spezialfunktion besitzt, es sich aber auch Fähigkeiten außerhalb des Kernbereichs aneignet. Der Sinn dieser Vorgehensweise liegt darin, dass dadurch tendenziell jedes Teammitglied alle bei der Produktentwicklung anfallenden Arbeiten übernehmen kann. Vgl. hierzu weitergehend Rubin (2014), S. 241–243.

[172] RUBIN spricht hier auch passend von einer Musketier-Einstellung innerhalb des Teams nach dem Grundsatz *„Einer für alle und alle für einen“*; vgl. Rubin (2014), S. 243.

[173] Vgl. Rubin (2014), S. 50; Preußig (2015), S. 144–146; Schwaber/Sutherland (2017), S. 7; Böhm (2019), S. 37. Weitergehend für Gründe für kleine Teams siehe Rubin (2014), S. 246f.

[174] Zu Sprints und den inhärenten Sprint-Ereignissen wie Planning, Daily Stand-Ups, Review und Retro weitergehend vgl. Rubin (2014), S. 377–436.

[175] Vgl. ebenfalls die Ausführungen bei Verheyen (2013), S. 49; Scheller (2017), S. 273. GLOGER/MARGETICH sprechen hier vom „Entscheidungsfeld des Entwicklungsprozesses“ des Development Teams; vgl. Gloger/Margetich (2018), S. 216. Zur Technik des Daily Stand-Ups vgl. ausführlich Böhm (2019), S. 56–58.

Ende in einem sogenannten Review präsentiert.[176] Da die Entwicklung der Kompetenzen innerhalb des Teams sowie des Teams an sich seitens Scrum erhebliche Faktoren für eine gelungene Produktentwicklung darstellen, findet am Ende eines Sprints ebenfalls eine sogenannte Retrospective statt, bei dem sich das Development-Team – zusammen mit dem Scrum Master – mit möglichen Verbesserungen in Bezug auf die Zusammenarbeit beschäftigt.[177]

Der Scrum Master unterstützt die im Prozess Beteiligten, die Theorie von Scrum zu verstehen und sich dadurch an die Prinzipien und Praktiken zu halten. Er macht dies zum einen, indem er Interaktionen innerhalb Scrum faszilitiert, auf Einhaltung der Regeln achtet und Hindernisse im Prozess beseitigt. Zum anderen agiert er aber auch als Trainer[178] für den Product Owner, das Development-Team und die gesamte Organisation, um das Verständnis und den Reifegrad zu erhöhen.[179]

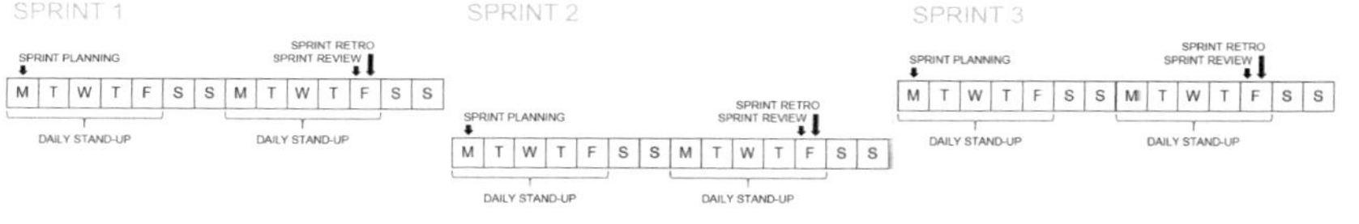

Abbildung 2: Beispielhafter Überblick der Ereignisse anhand eines 2-wöchigen Sprints[180]

In Anbetracht der bereits zuvor diskutierten agilen Ansätze stellt sich nun jedoch auch die Frage, was der Kernunterschied zu Scrum ist. Wie der Leser erkennen konnte, bestehen

---

176 Zur Review weitergehend vgl. Rubin (2014), S. 405–415; Böhm (2019), S. 58f. Der Scrum Master unterstützt den Product Owner sowie das Development Team hier bei der Durchführung.

177 Vgl. auch hier weitergehend Rubin (2014), S. 417–436; Böhm (2019), S. 59–62. So führt RUBIN zwar an, dass der Product Owner als wichtiges Mitglied der Scrum-Prozesskette auch an der Retrospective teilnehmen sollte, aus praktischer Erfahrung des Autors der vorliegenden Arbeit sei jedoch darauf hingewiesen, dass dieses Vorgehen teils kontraproduktiv für den Entwicklungsprozess sein kann.

178 Hierbei kann von der Tätigkeit des „agilen Coach" gesprochen werden. Vgl. hierzu weitergehend Böhm (2019), S. 38; Fürst/Neumann/Niwar (2019), o.S. Der agile Coach ist keine Rolle innerhalb des Scrum-Frameworks, sondern vielmehr ein Tätigkeitsfeld des Scrum Masters. Wie wichtig diese Trainerfunktion jedoch ist zeigt sich, indem die Notwendigkeit eines agilen Coachs – unabhängig von der Anwendung von Scrum in Unternehmen – bei agil arbeitenden Unternehmen zunehmend gesehen wird, um eine agile Transformation erfolgreich zu gestalten.

179 Vgl. Verheyen (2013), S. 50; Rubin (2014), S. 49f.; Preußig (2015), S. 142f.; Scheller (2017), S. 272f.; Schwaber/Sutherland (2017), S. 8f.; Böhm (2019), S. 38. GLOGER/MARGETICH sprechen vom „Entscheidungsfeld der Produktivität" des Scrum Masters. Sie definieren auch den Scrum Master als Führungskraft, die aber nicht disziplinarisch, sondern lateral führt. Vgl. vertiefend Gloger/Margetich (2018), S. 216, 228.

180 Quelle: Eigene Darstellung.

zwischen den Begrifflichkeiten – z.B. bei Kanban und Scrum – doch gewisse Ähnlichkeiten, die auf einer gemeinsamen Grundvorstellung beruhen. Das besondere an Scrum ist wohl vor allem der Ansatz der iterativ-inkrementellen Vorgehensweise bei Fixierung der Anforderungen von außen. Für ein spezielles Zeitfenster, welches durch die Sprintlänge definiert wird, kann das Development-Team in Ruhe und bei voller Konzentration auf das vereinbarte Sprintziel die Produktentwicklung vorantreiben. Es wird sozusagen innerhalb dieses Zeitfensters von äußeren Beeinflussungen abgeschirmt. Durch diese Inseln der Ruhe und Konzentration können Leistungen und sich daraus ergebene Produkte entstehen, die andernfalls nur schwerlich möglich wären. Scrum bietet somit einen Rahmen, gleichsam nah am Kunden und dessen Wünschen zu sein, aber dennoch ohne Störung an einer Lösung zu arbeiten.[181]

Schlussendlich gilt festzuhalten, dass Scrum innerhalb der agilen Ansätze der wohl bekannteste und in der Praxis am meisten verwendete Ansatz ist.[182] Scrum ist heutzutage dabei so bekannt und als agiler Ansatz in Unternehmen verbreitet, dass oftmals sogar Agilität mit Scrum gleichgesetzt wird. Hiervon ist natürlich ausdrücklich Abstand zu nehmen, da es die Agilität und die mannigfaltigen Ausprägungen gar umfassend beschneiden würde. Es zeigt aber, welchen erfolgreichen Pfad der Ansatz bereits in kürzester Zeit eingeschlagen hat. Dies mag mitunter auch an seiner einfachen und klaren Gestaltung basierend auf dem dargestellten minimalistischen Ansatz und Konzentration auf Prinzipien und Praktiken liegen. Gleichsam gilt auch zu konstatieren, dass, auch wenn Scrum ursprünglich innerhalb des Bereichs der Softwareentwicklung entstanden ist und in diesem Bereich weitergehend vorwiegend Anwendung findet, er auch auf andere Bereiche übertragbar ist und hier auch bereits erfolgreiche Anwendung findet.

3.6 Zusammenfassung

Wie die Ausführungen dieses Kapitels eindringlich gezeigt haben, ist Agilität keine Theorie, sondern vielmehr eine Methode und Denkweise, deren inhaltliche Konzepte, wie z.B. Motivation von Individuen, auf theoretischen Grundkonzepten fußen. Es ist außerdem nicht einfach nur eine Mode, der nachzukommen ist, weil diesem Trend gerade jeder folgt. Zum einen bedürfen externe Einflüsse wie eine sich verändernde, stetig komplexer wer-

---

[181] Vgl. Meyer (2014), S. 139.

[182] Vgl. ebenfalls Brandes/Gemmer/Koschek/Schültken (2014), S. 92; Meyer (2014) S. 139. Es sei darauf hinzuweisen, dass auch bestimmte Ansätze der Skalierung von Scrum bestehen. Vgl. beispielhaft Verheyen (2013), S. 85–90; Siedl (2018), S. 73–94; sowie ausführlich unter Abwägung verschiedener Ansätze insbesondere Böhm (2019), S. 97–109. Vgl. kritisch zu diesen Konzepten Scheller (2017), S. 378f.

dende Umwelt ein Umdenken in Bezug auf den Umgang mit diesen Herausforderungen. Zum anderen besteht ein inhärentes Bedürfnis nach einem veränderten Vorgehen, bei dem Agilität – ausgedrückt durch ihre Werte, Prinzipien sowie Techniken – und darauf basierende agile Ansätze Lösungsansätze darstellen können.

Zusammenfassend ist zu sagen, dass es bei der praktischen Anwendung agiler Ansätze auf die Umstände – also das „Wie“ – sowie die Anforderungen – also das „Was“ – ankommt. Basierend darauf eignen sich unterschiedliche agile Ansätze zur Bewältigung der jeweiligen Herausforderung. Die folgende tabellarische Übersicht verdeutlicht dies nochmals anschaulich in Hinblick auf die jeweiligen Kernaussagen.

AGILER ANSATZ	KERNAUSSAGE
Extreme Programming	Erstellung von Inkrementen und anschließende Simplifizierung
Crystal	Osmotische Kommunikation im Sinne eines ständigen und freien Flusses von Informationen zwischen Teammitgliedern
Lean Start-up	Beschleunigung der Entwicklung bei Reduzierung von Zwischenschritten
Design Thinking	Erfindergeist und Kreativität bei radikaler Kundennähe
Kanban	Organisation in Arbeitsschritte und Arbeitspakete sowie Limitierung des WiP bei Schaffung einer nachvollziehbaren Visibilität und Transparenz
Scrum	Fixierung der Anforderungen für konzentrierte Entwicklung innerhalb kurzer Iterationen

Tabelle 3: Überblick der Kernaussagen agiler Ansätze[183]

Dabei ist darauf hinzuweisen, dass in Unternehmen zumeist nicht nur ein agiler Ansatz exklusiv Anwendung findet. Selbst wenn, wie zuvor dargelegt wurde, Scrum als der wohl derzeit am meisten verbreitete agile Ansatz gilt, werden oftmals – je nach Anwendungsbereich entsprechend angepasst – unterschiedliche agile Ansätze eingesetzt. Im Rahmen einer Umfrage während der Innovation Roundtable-Konferenz am 25. September 2019 zum Thema „Agile & Lean at Scale“ unter internationalen Unternehmensvertretern wurde ermittelt, dass zumeist zwei oder sogar mehr agile Ansätze parallel in der Praxis genutzt werden. Auch wenn diese Umfrage natürlich keinen repräsentativen Charakter aufweist, wird eine Tendenz zu multipler Anwendung der agilen Ansätze deutlich.

[183] Quelle: In Anlehnung an die Ausführungen bei Meyer (2014), S. 133–143.

Abbildung 3: Umfrage zur praktischen Anwendung agiler Ansätze[184]

Zu beachten gilt auch hier, dass nicht festgehalten werden kann, dass agile Ansätze grundsätzlich die bessere Wahl sind.[185] Die vor allem im Projektmanagement angewendete traditionelle Methode, die heutzutage oftmals mit dem Attribut „altmodisch“ versehen und in der heutigen Welt als nicht mehr nützlich erachtet wird, hat nicht nur eine Existenzberechtigung.[186] Wie die Stacey-Matrix zeigt,[187] ist diese Methode sogar den agilen Ansätzen vorzuziehen, wenn es gerade nicht um komplizierte, komplexe oder innovative Herausforderungen geht.

---

184 Quelle: Umfrage im Rahmen der Innovation Roundtable-Konferenz vom 25. September 2019 ausgerichtet von Procter&Gamble in Schwalbach am Taunus. Die Abkürzung „DT“ steht hierbei für Design Thinking. „Agile“ steht hierbei für Scrum, wodurch unter Verweis auf die vorherige kritische Diskussion ersichtlich wird, dass Scrum und Agile im praktischen Wortgebrauch häufig analoge Verwendung finden.

185 Daher ist HASENZAGL/LINK in der Art zuzustimmen, dass bloße Verordnung von Agilität wirkungslos ist, sofern nicht anderweitige Organisations- und Weltbilder zum Einsatz kommen; vgl. Hasenzagl/Link (2017), S. 53. Allerdings entspricht es der Meinung des Autors der vorliegenden Arbeit, dass es gerade dazu kommt, indem z.B. von der theoretischen Konzentration auf die (modifizierte) Stewardship-Theorie anstatt den Ausprägungen der Agency-Theorie im Rahmen der Thematisierung von Motivation der Individuen ausgegangen wird. Zuzustimmen ist ferner SCHUMACHER/WIMMER, die anführen, dass Agilität nicht pauschal in Gänze in Organisationen auszurollen ist, sondern kritisch betrachtet werden muss, wo und in welcher Ausprägung Agilität im jeweiligen Organisationskontext einen Sinn ergibt; vgl. Schumacher/Wimmer (2019), S. 16.

186 Zu beachten gilt ferner, dass die traditionelle Methode – auch als Wasserfallmethode bekannt – in den wenigsten Unternehmen in ihrer Reinform vorkommt, sondern zumeist organisationsspezifischen Adjustierungen unterliegt. Ergänzend hierzu sei auch auf KOHNKE/WIESER hingewiesen, die zu Recht darauf hinweisen, dass es auch einen großen Veränderungsbereich und entsprechende Projekte gibt, in denen Agilität keine Rolle spielt. So führen sie z.B. Veränderungen im Rahmen von Reorganisationen oder M&A-Themenstellungen an. Vgl. hierzu Kohnke/Wieser (2019), S. 81. Ebenso BOCK/SCHILLING, die anschaulich zeigen, in welchen Fällen klassische Konzepte, wie Task Force oder Projektteams, und agile Ansätze, hier die „Schwarmzelle“, die bei Daimler Anwendung findet, sinnvoll sind; vgl. Bock/Schilling (2019), S. 20f.

187 Vgl. hierzu weitergehend Scheller (2017), S. 31f.; Sauter/Sauter/Wolfig (2018), S. 7f.

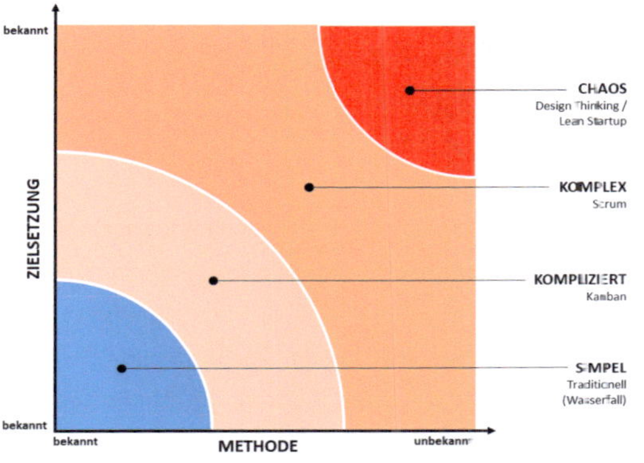

Abbildung 4: Stacey-Matrix[188]

Die Ausführungen dieses Kapitels haben aber insbesondere auch gezeigt, dass es mannigfaltige methodische Varianten in Bezug auf die Agilität gibt, die einen gleichen Grundtenor verfolgen, aber optimiert für unterschiedliche Fragestellungen und Situationen sind. Es gilt zuerst die Erkenntnis zu erlangen, welche Ausgangslage besteht und in welchem Kontext man sich bewegt. Danach kann der optimale (agile) Ansatz gewählt werden, der den optimalen Output generiert.[189]

Zusammenfassend bleibt festzuhalten, dass der Trend der Agilität zwar in aller Munde ist und zunächst wie ein aktueller Management-Hype wirkt, dem nachzukommen ist, um modern und zukunftssicher ausgerichtet zu sein. Allerdings hat der durchgeführte Diskurs ebenfalls die Möglichkeit aufgezeigt, dass bei richtiger Anwendung Agilität einen echten Mehrwert erzeugen kann. Wichtig hierbei ist, dass Agilität – sowohl mit ihren Werten, Prinzipien und Techniken als auch in ihren unterschiedlichen Ausprägungen innerhalb verschiedener Ansätze – dem Grunde nach richtig verstanden sowie verinnerlicht werden muss. Erst dann kann der Umgang mit Agilität im unternehmensspezifischen Kontext diskutiert werden. Hierbei kann Agilität ein Lösungsbeitrag für die derzeit bestehenden

---

188 Quelle: In Anlehnung an Scheller (2017), S. 31.

189 In diesem Sinne zeigt sich, dass auch in diesem Punkt eine grundsätzliche Offenheit vorhanden sein muss und keine stoische Konzentration auf den einen erfolgreichen Ansatz sinnvoll erscheint. Dies bedeutet, dass es für Unternehmen notwendig ist, traditionelle Methoden und Agilität je nach unternehmensspezifischen Kontext miteinander zu verbinden. In der Literatur wird hier auch von Ambidextrie, also der Fähigkeit, dem Grund nach Gegensätzliches optimiert zu vereinen, gesprochen. Vgl. zur Ambidextrie weitergehend beispielhaft Güttel/Konlechner (2019), S. 243–245, 251f.; Konlechner/Güttel (2019), S. 271. Vertiefend für die Ausprägungen der Ambidextrie vgl. Konlechner/Güttel (2019), S. 275–280.

Herausforderungen – bei richtiger und gleichsam bewusster Anwendung – darstellen. Es gilt aber auch festzuhalten, dass Agilität nicht die eine Lösung für die komplexen Herausforderungen der vielgestaltigen Unternehmenskonstrukte in der Praxis sein kann. Agilität ist nicht die Antwort, kann aber ein Lösungsbeitrag sein.

Sollte Agilität als Lösungsbeitrag betrachtet werden, muss eine agile Transformation durchgeführt werden, bei der wichtige Erfolgskomponenten beachtet werden müssen. Welche Komponenten für eine gelungene agile Transformation Beachtung finden müssen, welche Herausforderungen bei einer agilen Transformation bestehen und welche praktischen Erfahrungen derzeit mit diesem Prozess aufkommen, wird im folgenden Kapitel weitergehend diskutiert.

4 Agile Transformation und praktische Herausforderungen

Nachdem in den vorangegangenen Kapiteln unter anderem die spezifischen Grundeigenschaften einer Transformation und folgend die Agilität und deren Bestandteile an sich kritisch diskutiert wurden, erfolgt basierend darauf in diesem Kapitel ein Diskurs über das Spezifikum der agilen Transformation. Zudem werden die Herausforderungen, die in der Praxis bei einem Transformationsprozess aufkommen, beleuchtet und kritisch diskutiert.

4.1 Stufen der agilen Transformation

Im Folgenden wird zunächst diskutiert, welche Kernkomponenten eine agile Transformation umfasst und in welchen Stufen diese ablaufen sollte. Hierbei erfolgt eine Konzentration auf die Stufen „agiles Mindset" sowie „agile Strukturen".[190] In Bezug auf das agile Mindset wird zunächst die definitorische Grundlage in Hinblick auf eine Denklogik analysiert. Es wird sodann diskutiert, warum Denklogiken eine elementare Grundlage darstellen, wie diese beeinflusst werden können und warum dies für eine agile Transformation immanent ist. Des Weiteren werden agile Strukturen als zweite Stufe für eine agile Transformation analysiert. Insgesamt wird fortlaufend kritisch dazu Bezug genommen, welche Herausforderungen bei der praktischen Durchführung hierzu existieren.

4.1.1 Agiles Mindset innerhalb Organisationen

Eingangs stellt sich die Frage, was „Mindset" dem Grund nach überhaupt ist und wie eine definitorische Bestimmung aussieht, um sich folgend der Verbindung mit der Thematik der Agilität zu nähern. Der englische Begriff bedeutet in der formalen Übersetzung zunächst lediglich „Verstand" sowie „Aufstellung", respektive in dessen Kombination die Einstellung des Verstandes. Mindset ist dabei zunächst ein abstrakter Begriff, den es weitergehend zu konkretisieren gilt. Wird sich dem Begriff aus psychologischer und philosophischer Sicht genähert, kann konstatiert werden, dass die Logik eines Individuums sein Handeln auslöst und somit Denken und Handeln miteinander verknüpft sind. Werden weitergehend Komponenten der Systemtheorie mit einbezogen, kann festgehalten werden, dass ein Individuum nicht losgelöst von dem umgebenden System betrachtet werden kann. Dies bedeutet, dass Denken und Handeln des Individuums seitens des Systems beeinflusst

[190] Diese klare Simplifizierung auf zwei Kernkomponenten erfolgt ganz bewusst. Natürlich ist dem Autor der vorliegenden Arbeit bekannt, dass ein Transformationsprozess zu einer agilen Organisation komplexe Komponenten beinhaltet. Um einen Transfer für eine Empfehlung einer Vorgehensweise im Sinne einer Übertragung in die Praxis zu gewährleisten und gleichsam eine Fokussierung aufrechtzuerhalten, wird dieser Ansatz bewusst gewählt.

wird. Da somit das Mindset ebenfalls von seiner Umwelt geprägt wird, kann gleichsam konstatiert werden, dass nicht nur ein Individuum in einem Unternehmen sein eigenes Mindset hat, sondern auch das Unternehmen als soziale Organisationseinheit ein Mindset besitzt. Beide Bereiche beeinflussen sich gegenseitig.[191]

HOFERT hält zusammenfassend in Bezug auf das Mindset folgende Definition fest, die eine gelungene Basis auch für die weitergehenden Ausführungen darstellt:

> *„Das Mindset [ist] die veränderliche Denklogik eines Menschen, die sein Handeln oder Nicht-Handeln auslöst und durch sein Umfeld mitbestimmt wird. Es ist die Einstellung des Verstandes, die dazu führt, dass etwas in einer bestimmten Weise (nicht) aufgenommen, gesehen, gehört, verstanden, gefühlt, analysiert, interpretiert, kommuniziert – und daraus (Nicht-)Handlung abgeleitet wird.“*[192]

Basierend hierauf ist die Spezialform des „agilen Mindset“ nunmehr eine Denklogik, die mit den in Kapitel 3 beschriebenen Werten und Prinzipien der Agilität in Einklang steht.[193] Dies zeigt sich in der Akzeptanz und Umsetzung der inhärenten Bestandteile vieler ebenfalls im genannten Kapitel aufgeführten agilen Ansätze und deren Instrumente wie beispielweise Selbstorganisation, Eigenverantwortung und (intrinsischer) Motivation.[194]

Es stellt sich sodann die Frage, warum die Denklogik im Sinne eines agilen Mindsets von so maßgeblicher Bedeutung ist. In der heutigen durch Komplexität und Unsicherheit geprägten Umwelt ist es elementar, den Herausforderungen unserer Zeit mit Mitteln zu begegnen, die helfen können, diese zu meistern. Sollte das Denken und Handeln jedoch noch von einer Struktur geprägt sein, die eben keine agilen Werte und Prinzipien vertritt, kann ein Aufoktroyieren von agilen Ansätzen ohne Basis in der Denklogik nicht zur gewollten Veränderung führen. Vielmehr kommt es zu einer Ablehnung der innerhalb der agilen Ansätze bestehenden Instrumente, da der Sinn und Zweck nicht mit dem Denken und Handeln im Einklang steht. Eine agile Transformation ohne ein agiles Mindset, also

---

[191] Vgl. hierzu insbesondere die Ausführungen bei Hofert (2018b), S. 3–8.

[192] Hofert (2018b), S. 8.

[193] Siehe hierzu insbesondere Kapitel 3.3.1 und 3.3.2.

[194] Vgl. zu den theoretischen Grundkonzeptionen zusammenfassend Weßels (2012), S. 80–113.

eine angepasste Denklogik innerhalb der zu transformierenden Organisation und deren Individuen, kann somit nur schwerlich den gewünschten Erfolg erzielen.[195]

Wird diese Erkenntnis akzeptiert, stellt sich folgend jedoch die Frage, ob und wie eine Denklogik angepasst werden kann. Um ein agiles Mindset zu erhalten, wird die (intrinsische) Motivation benötigt, sich diesem Thema zu öffnen. Intrinsische Motivation hingegen kann in Anlehnung an das 3K-Modell von KEHR aus der Überschneidung der Sphäre „Zielverfolgung", also einer sachlich-kognitiven Ebene, sowie der Sphäre „Motive", einer vielmehr einstellungsbegründet-affektiven Ebene, entstehen.[196] Während die Zielverfolgung noch recht klar analysiert werden kann, stellt sich die Frage, welche individuellen Motivstrukturen den einzelnen Individuen zugrunde liegen. Zur Erkenntniserlangung kann hier z.B. das „Reiss Motivation Profile" herangezogen werden, welches zu einer sachlichen Analyse der einzelnen Ausprägungen auf Basis von 16 sogenannten Lebensmotiven führt. Ziel ist es, das Gegenüber in seiner Motivstruktur zu erkennen, um die notwendigen Einflussfaktoren und Bedürfnisstrukturen für dessen Handeln zu erfahren.[197] Sind Motive bekannt, können diese durch die entsprechenden Mittel angesteuert werden und in Kombination mit der Zielstruktur zu einer Motivation führen, die sodann wiederum die Denklogik beeinflusst. Allein diese überblicksartige Darstellung zeigt, dass eine Schaffung und Beeinflussung des Mindsets einer komplexen Analyse und Durchführung bedarf. Dies zeigt auch, dass das Thema Mindset, respektive in diesem betrachteten Fall die Schaffung eines agilen Mindsets, kein triviales Thema ist.

Wie HILLMER zurecht anführt, besteht ein hohes Risiko des Scheiterns einer agilen Transformation, sofern auf den Ebenen des Top-Managements, des mittleren Managements

---

195 Erfolge sind dabei natürlich nicht grundsätzlich ausgeschlossen. Diese sind allerdings entweder vielmehr zufälliger Natur oder es liegt doch ein inhärentes, aber vielleicht verborgenes agiles Mindset oder eine angelehnte Betrachtungsweise beim Individuum vor.

196 Vgl. Kehr (2015), S. 103–105. Entgegen KEHR wird in dieser vereinfachten Variante nur von zwei Komponenten gesprochen und die subjektiven Fähigkeiten werden nicht weitergehend thematisiert

197 Zu den einzelnen Lebensmotiven vgl. überblicksartig Gianella/Gianella/Koch/Krötlinger/Schulz (2019), S. 45–77. Zu beachten gilt im Rahmen der intrinsischen Motivation, dass wir alle die gleichen Bereiche – z.B. Anerkennung, Wissen, Gerechtigkeit, Respekt – verfolgen, jedoch die Ausprägung des individuell notwendigen Ausmaßes unterschiedlich ist. Gleichermaßen ist aber auch das persönliche Wertekonstrukt zu beachten. Das Prinzip des "Self-Huggings" besagt, dass wir unser persönliches Wertekonstrukt nicht nur für unsere eigene Person betrachten, sondern dieses auch auf unsere Umgebung übertragen und für das Optimum halten. Es bedarf der Erkenntnis, dass Wertekonstrukte höchst individuell sein können, auch wenn kulturell geprägt gewisse Überschneidungen möglich sind. Vgl. weitergehend Gianella/Gianella/Koch/Krötlinger/Schulz (2019), S. 24–26.

oder auf Teamebene nicht die richtigen Impulse gesetzt werden.[198] Dies bedeutet jedoch nicht, dass eine neue Denklogik einfach nur angewiesen werden kann. Ganz passend führt VERHEYEN hierzu an, dass *„Agility can't be dictated"*[199].

Sollte die Agilität und die damit einhergehenden Änderungen in den Arbeitsweisen einem Team sozusagen verordnet werden, kommt es zu Abwehrreaktionen der involvierten Personen. Die Agilität anzunehmen funktioniert daher nur, wenn eine intrinsische Motivation hierzu besteht.[200] Es gilt zu beachten, dass eine Organisation immer in erster Linie eine Ansammlung von Menschen darstellt, die durch unterschiedliche Ansichten, Emotionen, Hoffnungen sowie Ängste gekennzeichnet ist. Daher ist es von Bedeutung zu verstehen und zu antizipieren, welches Verhalten Veränderungen bei diesen Menschen auslösen, dies betrifft sowohl vorhersehbare Reaktionen, aber auch teilweise irrationale Handlungen.[201]

In Bezug auf das mittlere Management bestehen vor allem Ängste, die eine agile Transformation behindern. So zeugen agile Ansätze insbesondere auch von flachen Hierarchien, die wiederum Ängste eines Macht- oder gar Arbeitsplatzverlustes verursachen. Dabei gilt es ein Verständnis zu schaffen, dass das mittlere Management keineswegs an Gültigkeit verliert, sondern dass ein anderes Verständnis von Führung entsteht. Die Führungskraft an sich definiert nun die Leitplanken und muss das Team unterstützen, selbstorganisiert tätig zu werden.[202] Treffend kann hierzu die Aussage von CARLOS TORRES VILA, dem Executive Chairman der Banco Bilbao Vizcaya Argentaria (BBVA), wie folgt zitiert werden: *„Ein Chef erklärt heute nicht mehr, wie die Dinge gemacht werden müssen. Er gibt die Strategie vor und ermöglicht der Mannschaft dann, die Aufgaben so zu lösen, wie sie es für richtig hält."*[203] Dieser Wandel ist jedoch eine Veränderung, die nicht über Nacht geschieht, sie bedingt ein neues Mindset, respektive in diesem Falle spezieller, einen Kul-

---

198 Vgl. Hillmer (2019), o.S.

199 Verheyen (2013), S. 26.

200 Vgl. Hillmer (2019), o.S.

201 Vgl. hierzu auch Aronowitz/De Smet/McGinty (2016), S. 29.

202 Vgl. Hofner/Fürst/Hollander/Neuberger/Pogadl (2018), o.S.; De Smet/Smith/Tofano (2019), S. 2, 4, 7f.; Hillmer (2019), o.S. Hinzuweisen ist aber in diesem Zuge auch auf die diversen rechtlichen Rahmenbedingungen zur Führungsverantwortung, wie z.B. arbeitsrechtliche Bestimmungen oder kollektivrechtliche Regelungen, die auch bei selbstorganisierten Teams beachten werden müssen und sodann eine Neudefinition der Führungskraft bedürfen. Vgl. hierzu die weitergehenden Ausführungen und Hinweise bei Ritter/Grosenick (2019), S. 31f. Vgl. ebenfalls die Ausführungen zur Notwendigkeit der Anpassung der Leistungsbeurteilung in agilen Organisationen bei Darino/Sieberer/Vos/Williams (2019), S. 2–8.

203 Louven (2019), o.S.

turwandel zur Führung, und benötigt eine entsprechend lange Zeit.[204] Schlussendlich bestehen auch beim Top-Management Ängste, vor allem die Angst vor Machtverlust im Sinne mangelnder Kontrollmöglichkeiten und die Angst vor einer zu großen Transparenz.[205]

Nachdem nun die Erkenntnis besteht, dass die Generierung eines agilen Mindsets kein triviales Thema ist, dass es Hürden beinhaltet und nicht einfach der Organisation sowie den darin befindlichen Individuen aufoktroyiert werden kann, und dass Zeit benötigt wird, zu einem agilen Mindset überhaupt erst einmal zu gelangen, stellt sich die Frage, ob ein agiles Mindset überhaupt als elementar für eine agile Transformation seitens der Praxis gesehen wird und welche weitergehenden Erkenntnisse hieraus gezogen werden können. Die Prägnanz scheint sich beim Blick in jüngste Umfragen bei Unternehmenslenkern und Entscheidern zu bestätigen, bei denen Eigenschaften seitens agil denkender und handelnder Individuen thematisiert wurden. Das folgende Beispiel fungiert hier nur als ein Musterinstrument innerhalb agilitätsbezogener Denkweisen. So erklären 80 Prozent der befragten CEOs in einer Studie, dass sie sich Mitarbeiter in ihren Unternehmen wünschen, die Innovationen selbstständig konsequent vorantreiben. Auf der anderen Seite attestieren nur 40 Prozent der CEOs, dass sie innerhalb ihrer Unternehmen eine Fehlerkultur leben. Dieser Widerspruch hat entsprechende Auswirkungen. Die eigenständige Suche nach Innovationen und neuen Errungenschaften für die Weiterentwicklung geht zwangsweise einher mit der Notwendigkeit, Fehler zu machen und aus ihnen zu lernen.[206] Es spiegelt allerdings auch das noch bestehende Weltbild unserer lokalen Wirtschafts- und Geschäftsstruktur wider, die eine Fehlerkultur nur schwerlich mit der Leistungsorientierung in Einklang bringen kann.[207] Trotz dieser bestehenden inhärenten Herausforderung zeigt sich, dass eine angepasste Denklogik – in dem hier diskutierten Bezug also ein agiles Mindset – erwünscht wird.

Wie prägnant ein agiles Mindset in Kombination mit agiler Transformation seitens der Praxis gesehen wird, zeigt ebenfalls eine Umfrage auf der Innovation Roundtable-

---

[204] Vgl. zu Agilität und Kulturwandel ebenso Scheller (2017), S. 371f.

[205] Vgl. Hofner/Fürst/Hollander/Neuberger/Pogadl (2018), o.S.; Hillmer (2019), o.S.

[206] Der Grundsatz *„fail fast, learn fast“* ist hierbei elementar. Nur wer die Freiheit hat, ohne Konsequenzen scheitern zu dürfen, wird auch den notwendigen Freiraum zur Generierung von Innovationen schaffen. Vgl. ebenfalls Böhm (2019), S. 4.

[207] Vgl. Becker/Huber-Straßer (2019), S. 13f.

Konferenz vom 25. September 2019.[208] Hierbei bestätigen die teilnehmenden Unternehmensvertreter, dass ein nicht vorhandenes agiles Mindset eine der größten Hürden für eine erfolgreiche agile Transformation ist.

Abbildung 5: Umfrage zu den Hürden einer erfolgreichen agilen Transformation[209]

Insgesamt kann festgehalten werden, dass ein agiles Mindset ein elementarer Bestandteil für eine agile Transformation darstellt, die in einem Unternehmen und bei dessen Individuen vorherrschen muss, damit der Transformationsprozess erfolgreich durchgeführt werden kann.[210] Sofern das vorherrschende Denken und Handeln nicht im Gleichklang mit den Werten und Prinzipien der Agilität stehen, haben bloße mechanische Einführungen von agilen Ansätzen und deren Instrumente keinen adäquaten Nährboden, um akzeptiert zu werden. Erfolge im Umgang damit wären somit vielmehr nur zufälliger Natur. Gleich-

[208] Es ist darauf hinzuweisen, dass es sich hierbei natürlich nicht um eine repräsentative Umfrage handelt, sondern vielmehr um eine Bestandsaufnahme innerhalb der Gruppe der Anwesenden, jedoch daraus Tendenzen ableitbar sind.

[209] Quelle: Umfrage im Rahmen der Innovation Roundtable-Konferenz vom 25. September 2019 ausgerichtet von Procter&Gamble in Schwalbach am Taunus. Zu beachten gilt, dass daneben auch der erstgenannte Punkt „*Structural/cultural*" im Grunde einen Fehler aufweist, da eine Veränderung des Mindsets insbesondere eine unternehmenskulturelle Komponente aufweist und partiell dieser Teil der Nennungen mit zum Punkt „Mindset" hinzugezählt werden müsste. Ebenfalls handelt es sich bei Punkt „*Inappropriate leadership and management*" um eine Teilkomponente des Mindsets, da hierbei vor allem auf das fehlende Verständnis hierfür Bezug genommen wurde. Innerhalb der Konferenz wurde auf diesen Punkt verbal hingewiesen und soll auch an dieser Stelle ergänzend angeführt werden, da dadurch die Prägnanz des Mindsets einen noch größeren Stellenwert erhält.

[210] Vgl. ebenfalls Brosseau/Ebrahim/Handscomb/Thaker (2019), S. 10. Die Strategieberatung McKinsey versucht beispielhaft die Einordnung des Reifegrads eines agilen Mindsets innerhalb eines Unternehmens über die Abfrage einfacher Attribute zu erlangen. Die daraus gewonnenen Erkenntnisse können folgend für die Subsumierung organisationsspezifischer Herausforderungen und notwendiger Schritte genutzt werden. Vgl. hierzu Aghina/De Smet/Weerda (2016), S. 16f.

sam gilt festzuhalten, dass die Generierung eines agilen Mindsets kein einfacher und schneller Prozess ist. Menschen müssen langsam an die Thematik herangeführt werden und eigenständig eine Überzeugung erlangen. All dies bedingt die Notwendigkeit von Ressourcen – zeitlicher und monetärer Natur – und einem plakativ angeführten „langen Atem" seitens des Managements. Genau dies steht aber oft diametral der Sichtweise des Managements entgegen und führt dazu, dass die Generierung eines agilen Mindsets oftmals nur tangiert statt fokussiert wird.

4.1.2 Agile Strukturen innerhalb Organisationen

Zunächst muss auch in Bezug auf die Frage nach verschiedenen Strukturen in Organisationen geklärt werden, was „agile Strukturen" von „klassischen Strukturen" abgrenzt. Mit klassischen Strukturen im wirtschaftlichen Kontext der Unternehmung wird die hierarchische Organisationsform herangezogen. In diesem Sinne können hierarchische Systeme dadurch klassifiziert werden, dass gewisse Organisationsmitglieder bestehen, die das Recht und/oder die Pflicht haben darüber zu entscheiden, was wiederum andere Organisationsmitglieder zur Erfüllung des Organisationszwecks und -ziels machen sollen oder dürfen. Die nachrangigen Organisationsmitglieder sind somit den vorrangigen Organisationsmitgliedern weisungsgebunden und agieren damit dem Grunde nach „fremdbestimmt". Durch Hierarchie als Organisationsform sollen ökonomische Vorteile durch eine möglichst einfache Koordinationsform des Konstrukts Unternehmen ermöglicht werden.[211]

Aufgrund der insbesondere in Kapitel 2.1 diskutierten veränderten Umweltbedingungen in Hinblick auf Unsicherheit und Komplexität wird daher oftmals eine anderweitige Struktur zur Bewältigung der inhärenten Herausforderungen angestrebt und hierbei die Agilität sowie in einem weiteren Schritt die Agilisierung der Strukturen innerhalb von Organisationen fokussiert. Dabei gilt jedoch festzuhalten, dass Agilität nicht per se ein Gegenkonzept zur Hierarchie ist. Dies mag zunächst verwundern. So geht es bei der Agilität, wie zuvor eingehend diskutiert wurde, neben der Fokussierung auf den Kunden insbesondere auch um Flexibilität und Freiheit, was konträr zum Konzept der hierarchischen Organisation erscheint. Doch dies ist nur partiell korrekt. Wie KÜHL treffend anführt, wird es immer Hierarchie geben solange es Organisationen – egal in welcher Form – gibt. Es stellt sich

[211] Vgl. Laux/Liermann (2005), S. 100, 103f., 281f.; Happel (2017), S. 7–13. HAPPEL definiert dabei Hierarchie kurz als *„Organisierung von Zusammenarbeit in einer Rangordnung"*; Happel (2017), S. 7.

deswegen die Frage, was Hierarchie in einer neuen Denkweise ist und wie diese mit Agilität in Einklang zu bringen ist.[212]

Agilität umfasst flexible Strukturen in Organisationen – sozusagen agile Strukturen. Dies ist konträr zu starren, hierarchischen Organisationsstrukturen, wie beispielsweise kurz- bis mittelfristig nicht veränderbare Abteilungen. Agilität umfasst größtmögliches freiheitliches Denken und Handeln. Dies spiegelt sich u.a. durch selbstorganisierte Teamstrukturen wider. Hierarchie sollte jedoch nicht einzig auf den Punkt der Aufbau- und Ablauforganisation fokussiert werden. Bei Hierarchie geht es insbesondere auch darum, dass eine Instanz eine Vision und den Sinn und Zweck der Existenz der Organisation in strategische Ziele formuliert.[213] Eine Instanz formuliert vereinfacht gesagt das „Was" der Organisation.[214] Agilität zweifelt nicht an, dass das „Was" ein immanenter, vorgegebener Faktor ist. Im Rahmen der agilen Ansätze wurde angeführt, dass hierfür der Stakeholder (oftmals in Form des Kunden) eine entsprechende Vorgabe macht. Agilität definiert sich aber vielmehr über das „Wie" der Organisation, also die Art und Weise der Erreichung der strategischen Ziele – die Umsetzung. Und dieser Zielerreichungsweg wird nicht vorgegeben.[215]

Genau deswegen würde es zu kurz greifen, Hierarchie lediglich auf den Teilbereich der Aufbau- und Ablauforganisation zu beziehen. Sollte dies der Fall sein, wäre Agilität durchaus das Gegenkonzept zur Hierarchie.[216] Wird Hierarchie aber in einem erweiterten Kontext betrachtet, so ergänzen sich Agilität und Hierarchie vielmehr.[217]

Wenn wir uns nun dem Teilbereich der strukturellen Bereitstellung einer Unternehmung zuwenden, so bestehen verschiedene Konzepte, das „Wie" der Organisation durch agile Strukturen umzusetzen, die in ihren Bandbreiten sehr weit sind. So gehen manche Konzepte von einer vollkommenen Neustrukturierung der gesamten Organisation aus. Dies ist beispielhaft bei Konzepten wie Soziokratie, Holokratie oder TEAL-Organisationen nach

[212] Vgl. Kühl (2016b), S. 251f.

[213] Vgl. hierzu ähnlich Vgl. Laux/Liermann (2005), S. 100, 104; Gerstenlauer (2015), S. 63f.

[214] Aus diesem Grund ist es auch wichtig festzuhalten, dass Agilität nicht die Einführung von „demokratischen Unternehmen" diskutiert. Die Unternehmensleitung – als hierarchische Instanz – gibt das Zielbild vor.

[215] Siehe hierzu auch die Ausführungen bezogen auf den agilen Ansatz Scrum in Kapitel 3.5.6 sowie auch ähnlich hierzu das Selbstverständnis zur Arbeitsweise in der Schwarmorganisation beim Automobilproduzenten Daimler; vgl. Bock/Schilling (2019), S. 19f.

[216] Wie jedoch ebenfalls gezeigt wurde benötigt auch Agilität eine Struktur und einen Rahmen zur Entfaltung.

[217] Vgl. hierzu auch die Ausführungen zur Ambidextrie im vorangegangen Kapitel 3.6 sowie beispielhaft Güttel/Konlechner (2019), S. 243–245, 251f.; Konlechner/Güttel (2019), S. 271.

LALOUX der Fall.[218] Hierbei handelt es sich jedoch um Konzepte, die einen radikalen Wandel sowohl für Mitarbeiter als auch für Führungskräfte, die zuvor klassische Hierarchiestrukturen gewöhnt waren, begründen.[219] Denk- sowie Verhaltensmuster müssen sich gänzlich anpassen, welches wiederum tiefgreifende Auswirkungen auf die Unternehmenskultur hat. Es kann von einem paradigmatischen Wandel im Unternehmen gesprochen werden, der aufgrund seiner Radikalität im Transformationsprozess nicht nur Chancen, sondern auch umfassende Risiken bei der Adaption beinhaltet.[220] Bezugnehmend auf das vorangegangene Kapitel 4.1.1 zeigt sich somit, dass eine Beschäftigung mit der Thematik des agilen Mindsets immanent ist.

Ergänzend sei – insbesondere bezugnehmend auf die Diskussion in Kapitel 3.5.6 zum agilen Ansatz Scrum – als weiteres Beispiel in Bezug auf agile Strukturen auf die Schaffung von selbstorganisierten Teams frei von klassischen Abteilungsstrukturen hingewiesen. Entgegen den zuvor aufgeführten Konzepten, die vielmehr einen weiten, organisationsumfassenden Transformierungsgedanken beinhalten, können auch agile Strukturen geschaffen werden, die in Koexistenz zu klassischen Strukturen wirken.[221] So führen SCHULTZ/WESSENDORF zurecht an, dass insbesondere in Konzernen oftmals eine Notwendigkeit hybrider Organisationsmodelle existieren muss, um die diversen Spezifika dieser Unternehmen abbilden zu können.[222]

---

[218] Vgl. zum Überblick über verschiedene Konzepte insbesondere Laloux (2016), 18f., 38f., 54f.; Scheller (2017), S. 366–369; Kohnke/Wieser (2019), S. 82; Schumacher/Wimmer (2019), S. 14f. Zur Holokratie, die auf ROBERTSON zurück geht, vgl. insbesondere Robertson (2007), S. 8–12; Askin/Petriglieri (2016), S. 9; HolocracyOne (o.J.), S. 3f. SCHUMACHER/WIMMER führen jedoch gleichsam an, dass die Suche nach Selbstorganisation in Unternehmen in Bezug auf Struktur und Arbeitsform keine gänzlich neue Entwicklung ist, die Digitalisierung jedoch Unternehmen in jüngerer Zeit verstärkt dazu treibt, bestehende Konzepte kritisch zu hinterfragen; vgl. Schumacher/Wimmer (2019), 12f. Zum Konzept der Selbstorganisation vgl. beispielhaft Schröder/Oestereich (2019), S. 45–50.

[219] Vgl. kritisch zum Konzept der Holokratie insbesondere im Kontext der Entscheidungsfreiheit und -verantwortung beispielhaft Schumacher/Wimmer (2019), S. 15.

[220] Vgl. hierzu ebenfalls Bauer/Hohl/Zirkler (2019), S. 38, 43. Für eine weitergehende Vertiefung sei verwiesen auf Robertson (2007), S. 1–36. Das Unternehmen Zappos steht sinnbildlich für die Chancen und Risiken, die eine Transformation zur Holokratie beinhaltet. Es ist das bekannteste Unternehmen, das Holokratie als Organisationsform einsetzt. Gleichsam war der transformale Prozess nicht ohne negative Auswirkungen, da insbesondere die Durchführung einzelne kritische Komponenten umfasste. Vgl. hierzu weitergehend Askin/Petriglieri (2016), S. 9f.

[221] Siehe zu unterschiedlichen Konzepten einer agilen Transformation auch das nachfolgende Kapitel 4.2.

[222] Vgl. Schultz/Wessendorf (2019), S. 27f. Ähnliche Hinweise geben auch RITTER/GROSENICK in ihrer Beschreibung des Transformationsprozesses hin zu agilen Strukturen innerhalb des Deutsche Bahn-Konzerns. Vgl. weitergehend Ritter/Grosenick (2019), S. 35f.

Im Allgemeinen sei ergänzend an dieser Stelle darauf hingewiesen, dass es sich bei agilen Strukturen in Organisationen lediglich um Rahmenbedingungen handelt, in denen die Individuen als Teil der Organisation wirken können. Dies bedeutet, sollte sich ein Unternehmen dazu entscheiden, agile Ansätze umzusetzen, müssen bestehende (hierarchische) Strukturen, z.B. in Form von Abteilungen, aufgebrochen werden und die Mitarbeiterrollen sowie begleitenden Unternehmensprozesse angepasst werden. Bezugnehmend auf das Beispiel des agilen Ansatzes Scrum kann dieser natürlich nicht ohne die Schaffung einer agilen Struktur, also der Loslösung des Scrum-Teams aus den alten Abteilungsfunktionen, der HR-bezogenen Schaffung der jeweiligen Rollen zur Abbildung im Unternehmenskontext sowie der Anpassung der Unternehmensprozesse durchgeführt werden. Ohne Struktur, die die Möglichkeiten der agilen Entfaltung zulässt, kann kein noch so agil denkendes Individuum am Ende tatsächlich agil handeln.[223] Daher sind agile Strukturen im Rahmen einer agilen Transformation dem Grunde nach Hygienefaktoren, die vorhanden sein müssen. Je nach Art dieses Hygienefaktors bestimmt sich die Denkweise und die Weite der agilen Transformation innerhalb einer Organisation.[224]

Erfolgreiche, wahre agile Organisationen, die eine Transformation positiv gemeistert haben, zeichnen sich sowohl durch Dynamik als auch Stabilität aus. Dies mag zuerst zu Verwirrung führen, da sich Dynamik und Stabilität doch auszuschließen scheinen. AGHINA/DE SMET/WEERDA führen jedoch an, dass Stabilität ein Kernelement für eine gesunde Organisation ist. Eine Organisation kann nur adaptiv und effizient mit Veränderungen umgehen und diese durch die Transformation hin zu agilen Ansätzen gewinnbringend nutzen, sofern es seine Standardprozesse kennt und dahingehend geordnet und optimiert hat, dass diese ohne Probleme funktionieren und somit Stabilität für die Organisation im

---

[223] Vgl. ähnlich hierzu Schröder/Oestereich (2019), S. 48f. Diese führen an, dass Veränderungen der Strukturen, z.B. im Kontext der Selbstorganisation, immer einen verlässlichen äußeren Rahmen benötigen.

[224] Zu Hygienefaktoren anhand des Beispiel der motivationalen Steuerung von Individuen vgl. weitergehend die Ausführungen bei Weßels (2012), S. 89–96; 111f.

Gesamtkontext liefern.[225] In welcher Art agile Strukturen im Rahmen einer agilen Transformation eingeführt werden können, wird im Folgenden weitergehend aufgezeigt und diskutiert.

4.2 Konzepte der agilen Transformation

Unter der Annahme, dass ein Unternehmen basierend auf einem agilen Mindset dazu bereit ist, eine partielle oder sogar vollständige agile Transformation durchzuführen, stellt sich sodann die Frage, welche Konzepte bei der Vorgehensweise bestehen und welche Chancen und Risiken diese bergen. Im Folgenden sollen beispielhaft vier unterschiedliche Konzepte kurz dargestellt werden: 1) Agile Pilots, 2) Agile Playground, 3) Hybridstrukturen und 4) Agile Volltransformation.

Zunächst sei auf das Konzept „Agile Pilots" eingegangen.[226] Hierbei handelt es sich um eine Vorgehensweise, die sich experimentell und damit vorsichtig der Thematik der Agilität nähert. Die klassisch hierarchisch aufgebaute Organisation wird hierbei nicht unmittelbar geändert. Basierend auf der Erkenntnis, dass Agilität dem Unternehmen einen weitergehenden Nutzen erbringen könnte, deren Auswirkungen im Sinne von Risiken und Chancen auf das eigene Unternehmen jedoch noch zu unklar sind, werden einzelne Themen identifiziert, denen sich durch agile Ansätze in einem abgegrenzten Kontext gewidmet wird.[227] Beispielhaft kann sich eine Bank, die zuvor noch keine tiefergehenden Erfahrungen mit Agilität hatte und aufgrund sehr hierarchischer Strukturen zunächst einmal testen möchte, wie Agilität im unternehmensindividuellen Kontext wirkt, sich dazu entscheiden, die Entwicklung einer neuen Online-Banking-Plattform nach dem agilen Pilotkonzept durchzuführen. Die Bank entscheidet sich ein Entwicklerteam damit zu beauftra-

---

[225] Die Autoren bedienen sich am Beispiel des Smartphones zur anschaulichen Darstellung ihrer Überlegung. Sie führen an, dass Standardprozesse hierbei sinnbildlich die Hardware sowie das Betriebssystem des Smartphones darstellen. Die Hardware besitzt eine stabile Funktion, indem diese für einen längeren Zeitraum unverändert bestehen bleibt und auch nicht einfach verändert werden kann. Das Betriebssystem ist gleichsam als Rückgrat des Smartphones anzusehen und zeugt von Stabilität. Änderungen sind hier zumeist nur in größeren Abständen vorgesehen. Hingegen können die Apps, die das Smartphone nutzen, laufend durch Ergänzung, Löschung, Modifikation oder ähnliches angepasst werden. Somit kann der Nutzer des Smartphones seine wechselnden Bedürfnisse an das Gerät jederzeit schnell und einfach anpassen. Vgl. Aghina/De Smet/Weerda (2016), S. 9–14. Ähnlich hierzu vgl. Comella-Dorca/Kaur/Zaidi (2019), S. 1–5. Vgl. hierzu auch die Verbindung zur Ambidextrie bei Güttel/Konlechner (2019), S. 243–245, 251f.

[226] Es kann gleichermaßen von „Agile Experiments" gesprochen werden. ARETZ/FÜRST/HASEBROOK/NEUMANN führen den Begriff des „Innovationslabors" an. Vgl. Aretz/Fürst/Hasebrook/Neumann (2018), o.S.

[227] Vgl. ähnlich hierzu Aretz/Fürst/Hasebrook/Neumann (2018), o.S.; Brosseau/Ebrahim/Handscomb/Thaker (2019), S. 7.

gen, dieses Produkt nach agilen Ansätzen zu entwickeln. Dadurch kann das Unternehmen zunächst beobachten, wie Agilität auf Produktionsprozesse wirkt, welche Entwicklungen sich im Teamprozess und der Zusammenarbeit der Teammitglieder ergeben, welche Konsequenzen eine weitergehende Skalierung agiler Ansätze auf die Gesamtorganisation und deren Unternehmenskultur ergeben könnten, usw. Somit zeigt sich, dass diese experimentelle Vorgehensweise ein vorteilhaftes Konzept einer agilen Transformation darstellen kann, die sich der noch weitgehend unbekannten Thematik in einem geschützten und abgegrenzten Umfeld nähert.[228] Andererseits kann dieses Konzept nur ein erster Schritt in Hinblick auf eine agile Transformation darstellen, deren Ergebnis dazu führt, wie weitergehend verfahren werden soll. Zudem führt eine solche Experimentierphase gleichermaßen zu einer Verlangsamung des Gesamtprozesses der agilen Transformation, bei Generierung des Nutzens der Erkenntnis und zunehmenden Sicherheit für das Unternehmen.

Abbildung 6: Graphische Darstellung des Konzepts der Agile Pilots[229]

Des Weiteren ist das Konzept des „Agile Playground" zu nennen.[230] Hierbei handelt es sich sozusagen um eine weitere Stufe einer agilen Transformation. Das Unternehmen hat sich dazu entschieden, dass Agilität einen Nutzen erbringen könnte. Allerdings ist sich das Unternehmen gleichsam bewusst, dass eine tiefgreifende und schnelle Transformation der gesamten Organisation im unternehmensindividuellen Kontext nicht erstrebenswert

[228] Vgl. ebenfalls die ähnlichen Ausführungen zur Experimentierphase in diesem Kontext bei Häusling/Kahl (2017b), S. 98–103. Brosseau/Ebrahim/Handscomb/Thaker führen an, dass „Agile Pilots" bei einem kritischen Management sinnvoll erscheint, um die positiven Effekte anschaulich präsentieren und weitergehende Schritte planen zu können; vgl. Brosseau/Ebrahim/Handscomb/Thaker (2019), S. 7.

[229] Quelle: Eigene Darstellung.

[230] Hierfür ist auch der Begriff des „doppelten Betriebssystems" zu finden. Vgl. Aretz/ Fürst/Hasebrook/Neumann (2018), o.S.

ist.[231] Auf der anderen Seite ist es dem Unternehmen jedoch möglich, einen Teilbereich zu identifizieren, der einigermaßen losgelöst vom restlichen Unternehmenskonstrukt agieren kann. Dieser Teilbereich wird sodann virtuell vom Gesamtunternehmen abgespalten und kann nach eigenständigen Überlegungen basierend auf agilen Ansätzen agieren und sich weiterentwickeln. Dadurch entsteht eine Doppelstruktur innerhalb des Unternehmens. Beispielhaft – und im Kontext des vorherigen Beispiels bleibend – kann eine Bank eine Teilung in der Art vornehmen, indem sie sich in eine „agile Zukunftsbank“ und eine „traditionelle Abwicklungsbank“ aufteilt.[232] Während Erstere z.B. mit agilen Ansätzen und der Entwicklung hin zu einer digitalisierten Bank arbeitet, konzentriert sich Zweitere auf den klassischen Bankbetrieb und dessen Produkte. Dieses Konzept bringt den Vorteil mit sich, dass das Unternehmen größere und schnellere Sprünge in der Entwicklung vollziehen kann, als wenn das Gesamtunternehmen hierbei unmittelbar einbezogen werden würde. Auch die Mitarbeiter des Unternehmens haben die Möglichkeit, basierend auf ihren Ansichten und Wünschen, eine Entscheidung zu treffen, welche Arbeitsweise und Fokussierung ihnen unmittelbar zum derzeitigen Zeitpunkt eher liegt. Das Konzept des „agile Playground“ birgt aber auch große Risiken. So kann es in dieser Doppelstruktur zu Unstimmigkeiten zwischen den Bereichen kommen, da sich die jeweiligen Bereiche inhaltlich voneinander entfernen. Auch können zwei diametral unterschiedliche Unternehmenskulturen entstehen, welches die notwendige Zusammenarbeit hindert. Zudem muss beachtet werden, dass zu einem gewissen Zeitpunkt beide Unternehmensbereiche wieder zusammengeführt werden müssen, wenn z.B. der virtuell ausgegründete Teil erfolgreich verläuft und eine Expansion erfordert, bei denen auf die bestehenden Ressourcen innerhalb des Unternehmens zurückgegriffen werden sollen. Insgesamt stellt dieses Konzept zwar auf dem ersten Blick eine gute Möglichkeit für eine agile Transformation dar, beinhaltet jedoch auch umfassende Risiken und zukünftige Herausforderungen, die bei einer Entscheidung hierzu einbezogen werden müssen.[233]

---

231 Dies kann sich beispielhaft darauf beziehen, dass die Unternehmensfluktuation, insbesondere in Bezug auf ungewollte Fluktuation, zu stark bei einer abrupten Vorgehensweise zunehmen würde, oder auch die regulatorischen Rahmenbedingungen dies nicht zulassen würden.

232 Vgl. für das Beispiel Aretz/Fürst/Hasebrook/Neumann (2018), o.S.

233 Vgl. ähnlich hierzu Aretz/Fürst/Hasebrook/Neumann (2018), o.S. Ebenfalls hinzuweisen ist auf die Ausführungen bei Häusling/Kahl, die von der Bewährungsphase innerhalb von Unternehmen sprechen; vgl. Häusing/Kahl (2017b), S. 103–106.

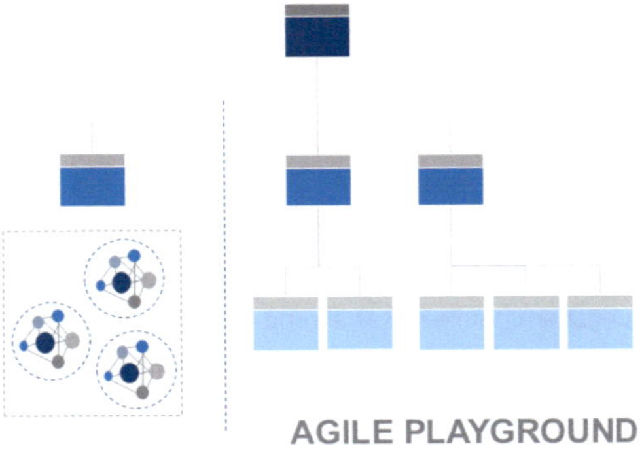

Abbildung 7: Graphische Darstellung des Konzepts des Agile Playgrounds[234]

Als drittes Konzept sind die „Hybridstrukturen“ zu nennen. Dieses Konzept basiert zumeist auf den Erkenntnissen der „Agile Pilots“, da mit agilen Ansätzen in dieser Form bereits erste Experimente innerhalb der Organisation durchgeführt worden sind. Bei Hybridstrukturen handelt sich im Grunde um eine nächste Stufe im Sinne einer schrittweisen Agilisierung unterschiedlicher Bereiche, Abteilungen und/oder Teams, die jeweils sowohl vom Mindset als auch von der Arbeitsweise bereit sind, agile Ansätze zu verwenden und entsprechende Entwicklungen vorzunehmen. Das Unternehmen entscheidet sich in einem iterativen Prozess, einzelne Unternehmenseinheiten zu agilisieren, das Gesamtkonstrukt der hierarchischen Organisationsstruktur jedoch (zunächst) beizubehalten. Einfach gesagt werden Einheiten, die inhärent einen Sinn in einem Wandel sehen und bereit hierfür sind, transformiert, andere Bereiche bleiben in den gegebenen Strukturen bestehen. Dadurch entstehen hybride Strukturen im singulären Unternehmen. Der große Vorteil dieses Konzeptes liegt insbesondere im evolutionär angepassten Prozess. Die Geschwindigkeit, mit der die agile Transformation durchgeführt wird, kann je nach Unternehmenseinheit variieren. Es wird kein überbordender Transformationsdruck erzeugt, sich unbedingt und unmittelbar auf Agilität einzustellen. Jeder Bereich kann selber entscheiden und auch bereits an den Erfahrungen anderer Bereiche im agilen Transformationsprozess partizipieren. Die Herausforderung liegt in den Schnittstellen. Hybridstrukturen brauchen immer einen Transfer zwischen den Einheiten. Es muss also eine Art „Übersetzung“ zwischen klassisch organisierten Einheiten und agilen Einheiten durchgeführt werden. Dies bezieht sich auf Prozessstrukturen, Interaktionen oder auch nur das allgemeine Verständnis voneinander. Schnittstellen sind stets schwer zu managen. Zudem befindet sich ein Unterneh-

[234] Quelle: Eigene Darstellung.

men in Hybridstruktur in anfänglich ständiger Entwicklung. Dies bedeutet, dass auch die Schnittstellen ständig neu entwickelt und/oder angepasst werden müssen.[235]

Beispielhaft kann – dem vorherigen Beispiel weiterhin folgend – der IT-Bereich einer Bank sich dazu entscheiden, zukünftig basierend auf agilen Ansätzen zu agieren. Dies bringt dem transformierten IT-Bereich einen Nutzen, erhöht aber die Komplexität beim Austausch mit anderen, nicht transformierten Bereichen. So fordert der IT-Bereich sodann eine stetige und intensive Interaktion mit seinen internen Kunden (den Fachbereichen) bei der Entwicklung ein. Die klassisch organisierten Fachbereiche haben aber zuvor lediglich ihre Anforderung einmalig kommuniziert und im späteren Verlauf folgend die Ergebnisse erhalten. Sollte nun die Interaktion maßgeblich zunehmen, müssen hierfür Ressourcen seitens des Fachbereichs bereitgestellt werden, die mitunter nicht existieren. Wie zu erkennen ist, können auch hier Unstimmigkeiten zwischen agil transformierten und klassischen Bereichen entstehen. Dem Schnittstellenmanagement kommt hier also eine immense Bedeutung zu. Zudem ist eine klare Kommunikationspolitik des Managements notwendig. Dieses muss glaubhaft vermitteln, dass „beide Welten“ inhärente Vorteile haben und eine (zeitweise) Ko-Existenz sinnvoll ist. Wird dies berücksichtigt, erscheint eine Hybridstruktur als ein gelungenes Konzept, fern von ideologischer Verhärtung auf die Fragestellung, welche Richtung nunmehr die Bessere wäre.[236]

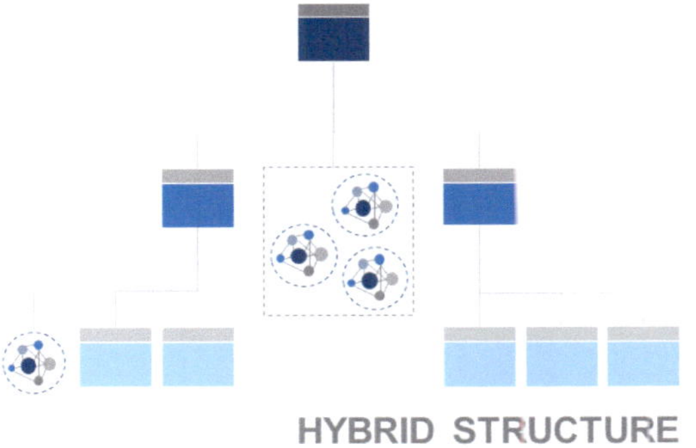

Abbildung 8: Graphische Darstellung des Konzepts der Hybridstrukturen[237]

[235] Vgl. ebenfalls die Ausführungen zur Etablierungsphase bei Häusling/Kahl (2017b), S. 106–109.

[236] Ähnlich hierzu führen ARETZ/FÜRST/HASEBROOK/NEUMANN an, dass eine sukzessive, vorsichtige Vorgehensweise in den meisten Fällen für eine höhere Wahrscheinlichkeit des Gelingens einer agilen Transformation steht. Vgl. Aretz/Fürst/Hasebrook/Neumann (2018), o.S.

[237] Quelle: Eigene Darstellung. Ähnlich hierzu die Darstellung der Hybridorganisation seitens HÄUSLING/KAHL; vgl. Häusling/Kahl (2017b), S. 108.

Zuletzt sei auf das Konzept der „agilen Volltransformation“ eingegangen. Hierbei beschließt die Organisation, dass eine vollständige Transformation hin zu einem agilen Unternehmen die im unternehmensindividuellen Kontext beste Möglichkeit für die Weiterentwicklung darstellt und diese übergreifend und ausnahmslos durchgeführt werden soll. Bezugnehmend auf die vorangegangene Darstellung der Herausforderungen bei Hybridstrukturen, aber auch in Hinblick auf die agile Playgrounds, bestehen hierbei keine weitergehenden Schnittstellenproblematiken. Die gesamte Unternehmung handelt und denkt nach einem gleichen Konzept. Erfolge, die mit einer agilen Transformation unternehmensindividuell erzielt werden sollen, können schneller erreicht werden.[238] Allerdings bedeutet eine solch umfassende Transformation einen immensen Veränderungsprozess für das gesamte Unternehmen. Es birgt die Gefahr, dass eine höhere Anzahl der Individuen im Unternehmen mit der Geschwindigkeit und dem vorgegebenen Pfad nicht mitkommt oder gar überhaupt mitgehen will.[239] Des Weiteren bedarf eine agile Volltransformation auch der Setzung einer Frist, wann diese finalisiert werden soll. Andernfalls besteht die Gefahr, dass das Transformationsziel zeitlich verschleppt und somit nicht erreicht wird. Wird nun aber die fixierte Frist für eine agile Volltransformation genauer betrachtet, handelt es sich doch somit um eine strukturiert geplante Vollagilisierung und der sukzessiven Bearbeitung eines vorab erstellten Plans. Auch wenn dies in dieser Form wohl notwendig erscheint, entspricht dies dem Gedanken der Agilität nicht mehr, da auf notwendige Anpassungen bei der Exekutierung des Transformationsplans innerhalb eines fixierten Zeitfensters zunächst nicht nachgekommen werden kann. Gleichsam wird seitens der Unternehmen ebenfalls der Eindruck vermittelt, dass Agilität als glorifiziertes Allheilmittel für die Organisation angesehen wird; dies wäre sodann eine vielmehr ideologisch getriebene Ansicht. Schlussendlich bleibt festzuhalten, dass dieses Konzept durchaus, wie kurz beschrieben, einige Vorteile enthält. Oftmals ist eine Agilisierung eines Gesamtunternehmens inklusive sämtlicher Unternehmenseinheiten jedoch nicht möglich, sodass am Ende die Gefahr einer Pseudo-Transformation bestehen kann, die lediglich auf dem Papier besteht.

[238] Vgl. weitergehend auch die Ausführungen zu agilen Organisationen bei Häusling/Kahl (2017b), S. 109–113.

[239] Vgl. ebenfalls zu zurecht kritischen Ansichten zur abrupten Umstellung auf völlig neue Konzepte der Führungs- und Organisationssystem Schröder/Oestereich (2019), S. 47f., 50.

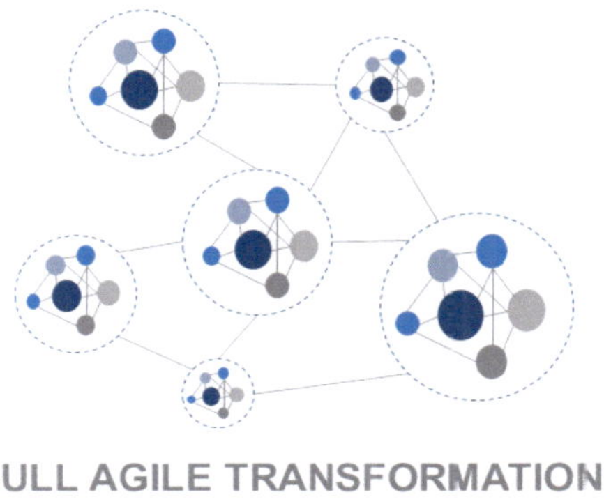

Abbildung 9: Graphische Darstellung des Konzepts der agilen Volltransformation[240]

Dass viele Unternehmen noch am Anfang ihrer Reise hin zu einem agilen Unternehmen stehen, zeigt ebenfalls eine Umfrage auf der Innovation Roundtable-Konferenz vom 25. September 2019.[241] Dabei bescheinigen die anwesenden Unternehmensvertreter mit großer Mehrheit, dass sich ihre jeweiligen Unternehmen erst im Status „Local Optimization" befinden. Siehe hierzu die Abbildung 10.

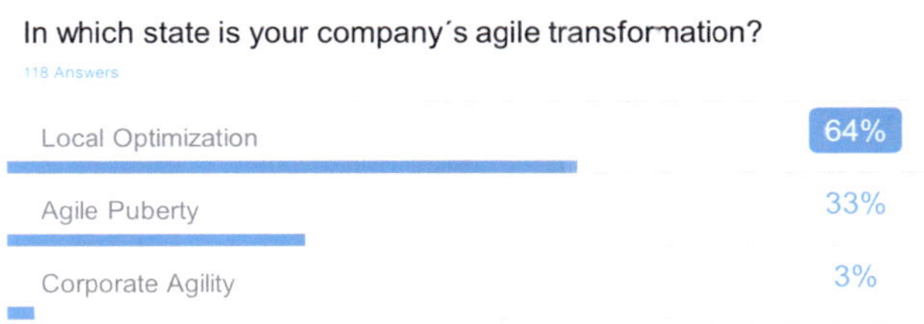

Abbildung 10: Umfrage zum Status der agilen Transformation[242]

In Bezug auf diese Umfrage bedeutet dies, dass agile Ansätze lediglich vereinzelt auf Teamebene im Unternehmen Anwendung finden und seitens des Senior Managements die Agilität nur beobachtet wird, ohne weitergehende Involvierung. Zur Abgrenzung dazu

240 Quelle: Eigene Darstellung.

241 Es ist darauf hinzuweisen, dass es sich hierbei natürlich nicht um eine repräsentative Umfrage handelt, sondern vielmehr um eine Bestandsaufnahme innerhalb der Gruppe der Anwesenden, jedoch daraus Tendenzen ableitbar sind.

242 Quelle: Umfrage im Rahmen der Innovation Roundtable-Konferenz vom 25. September 2019 ausgerichtet von Procter&Gamble in Schwalbach am Taunus. Die Begrifflichkeiten sind dabei innerhalb des Vortrags von DANIEL FRIEDMANN geprägt worden.

bedeutet in diesem Kontext der Begriff „Agile Puberty", dass die Teams sowie das Senior Management anfangen, gemeinsam agile Ansätze zu nutzen und in der Unternehmenspraxis einsetzen. Parallel findet sich hierbei aber noch der klassische Management-Stil wieder, der insbesondere von alten Kontrollprozessen und starren hierarchischen Linien geprägt ist. Der Begriff der „Corporate Agility" bedeutet in diesem Kontext final, dass agile Ansätze und ein agiles Mindset auf allen Hierarchieebenen Anwendung finden und Strukturen und Prozesse im Sinne der Agilität angepasst wurden.

Insgesamt zeigen die unterschiedlichen Vor- und Nachteile der überblicksartig dargestellten Konzepte einer agilen Transformation, dass die Frage, wie bei einem solchen Veränderungsprozess unternehmensindividuell vorgegangen werden soll, dem Grunde nach einzelfallbezogen zu beantworten ist.[243] Es bedarf einer genauen Analyse in Hinblick auf die Ziele und die inhärent bestehenden Herausforderungen, basierend auf der vorliegenden Unternehmenskultur, dem Druck in Bezug auf die Situation, in welcher sich das Unternehmen derzeitig befindet, etc. Von einer Pauschalisierung eines richtigen oder falschen Konzeptes ist daher eindringlich abzusehen.[244] Welche Herausforderungen bei der Durchführung einer agilen Transformation – unabhängig vom gewählten Konzept – weitergehend bestehen können, wird im Folgenden näher diskutiert.

4.3 Weitergehende Herausforderungen in der Praxis

Wie zuvor aufgeführt ist bereits der Transformationsprozess hin zu einer agilen Organisation an sich – besonders für bereits langfristig bestehende Unternehmen – als durchaus schwierig anzusehen.[245] Allerdings bestehen auch ergänzende, multiple Herausforderungen in der Praxis, die für eine erfolgreiche Agilisierung betrachtet werden müssen. Im Folgenden erfolgt eine kurze, überblicksartige Darstellung von vier Beispielen hierzu, die von besonderer praktischer Relevanz zeugen.

Erstens ist die Erkenntnis anzuführen, dass eine agile Transformation stets nur ein Instrument innerhalb eines Portfolios von Maßnahmen ist, um bestimmte strategische Unternehmensziele zu erreichen. Dies bedeutet, dass eine agile Transformation nicht ihrer

---

[243] Auch wenn die Definition bei SCHELLER zu kurz greift, ist im Kontext der Individualität folgendes Zitat passend: „*Bei Agilität geht es um Lernen – und Lernen ist immer individuell*"; Scheller (2017), S. 377.

[244] HÄUSLING/KAHL diskutieren hierbei den Reifegrad der Organisationen. Sie halten ferner sehr zutreffen fest, dass „*die agile Organisation keineswegs der angestrebte Idealzustand jeder einzelnen Organisation auf dieser Welt ist*"; Häusling/Kahl (2017b), S. 115.

[245] Vgl. Brosseau/Ebrahim/Handscomb/Thaker (2019), S. 2.

selbst willen durchgeführt werden sollte. Andernfalls kann durchaus vom Folgen eines inhaltsleeren Hypes gesprochen werden.[246] Daher muss vor dem Einsatz agiler Ansätze und einer Implementierung jener innerhalb einer Organisation zunächst eruiert werden, auf welche strategischen Unternehmensziele dieser Prozess einzahlt. Ferner müssen für die agile Transformation an sich Ziele definiert werden. Wenn Organisationen durch eine Transformation verändert werden sollen, ist es von hoher Bedeutsamkeit, auch einen Gradmesser zu installieren, ob die gewünschten Ziele, die durch eben jene agile Transformation erreicht werden sollten, auch tatsächlich erreicht wurden, respektive derzeit im Prozess erreicht werden können.[247] Die Setzung von Key Performance Indicators (KPIs) ist wesentlich, um entsprechende Gradmesser zu entwickeln.[248] Gleichsam tritt ein begleitender, positiver Effekt ein: die Prozessbeteiligten, also insbesondere die Belegschaft innerhalb des Unternehmens, können viel besser den Sinn und Zweck der agilen Transformation nachvollziehen und sich stärker mit der Thematik identifizieren. Aus der Praxis heraus sind aber diese genannten Punkte eine Herausforderung, da sie einer tiefergehenden Befassung mit der Verknüpfung von strategischen Unternehmenszielen mit der agilen Transformation sowie den innewohnenden Zielen der agilen Transformation bedürfen. Dies ist nicht nur umfassend, sondern auch herausfordernd. Insbesondere klare KPIs sowie die stetige Kontrolle des Fortschritts in Hinblick auf die KPIs sind in der Praxis nur partiell zu erkennen.[249]

Sollten Ziele in Bezug auf die Durchführung einer agilen Transformation genannt werden, wird ***zweitens*** oftmals ein Ziel genannt, welches sich allerdings als nicht geeignet oder sogar konträr darstellt: Kostenreduktion. Agilität erfasst dem Grunde nach die Änderung der Durchführung der Arbeiten – also das „Wie".[250] Damit ist jedoch nicht per se eine Veränderung der Mitarbeiterstruktur in Hinblick auf die Belegschaftsanzahl verbunden. Und somit auch keine Senkung der Personalkosten. Vielmehr kann die Änderung der Arbeits-

---

[246] Damit wäre bezugnehmend verwiesen auf die Ausführungen in Kapitel 4.1.2.

[247] Hierbei gilt darauf hinzuweisen, dass eine stetige Messung des Erreichungsgrads der Ziele durch eine Transformation wichtig ist. Es sollten viele Messpunkte bestehen, damit Abweichungen frühzeitig erkannt werden können und eine Adjustierung noch rechtzeitig vorgenommen werden kann. Auch hierbei zeigt sich der gewinnbringende Ansatz einer inkrementell-iterativen Vorgehensweise.

[248] Vgl. hierzu auch Aronwitz/De Smet/McGinty (2016), S. 30. HOFERT/THONET diskutieren KPIs im Rahmen des agilen Kulturwandels und ergänzen diese um sogenannte Objective Key Results (OKRs). Insgesamt gilt aber festzuhalten, dass KPIs oder OKRs notwendige Begleiter des Wandels sein sollten; vgl. Hofert/Thonet (2019), S. 190–195.

[249] Vgl. für die Prägnanz einer gemeinsamen Zielrichtung im Prozess der agilen Transformation auch ähnlich Brosseau/Ebrahim/Handscomb/Thaker (2019), S. 4f.

[250] Siehe hierzu auch Kapitel 3.6.

weise durch agile Ansätze zu einer schnelleren Generierung von Erlösen führen und somit zu einer Stärkung der Erlösseite.[251] Zudem sollte die Kostenreduktion auch nicht als Ziel der Einführung von Agilität angeführt werden, da dies die Akzeptanz der Veränderung bei den Individuen konterkarieren würde. Gleichsam kann davon ausgegangen werden, dass die insbesondere im deutschsprachigen Raum starken Institutionen der Mitbestimmung – z.B. der Betriebsrat – die Einführung von agilen Ansätzen behindern würden.[252] Sollte Agilität also mit dem Ziel der Kostenreduktion i.S.v. Personalkostenreduktion durch Mitarbeiterabbau verbunden werden, entstehen Hürden seitens der über die Mitbestimmungspflicht wachenden Sozialpartner und insbesondere auch der Belegschaft an sich.[253] Agilität erhält eine negative Konnotation, die hochgradig schadhaft für eine erfolgreiche Implementierung ist. Agilität beginnt beim agilen Mindset, wie Kapitel 4.1.1 eindringlich gezeigt hat. Bei negativer Verbindung mit Kostenreduktion stellt sich die Frage, wie dies überhaupt positiv bei jedem Individuum besetzt sein könnte.

Drittens ist ein oftmals genannter positiver Aspekt der agilen Ansätze gleichsam eine umfassende Herausforderung: die Kundenorientierung und -einbeziehung. Der Kunde an sich kann viele Ausprägungen haben; es können – je nach Produkt oder Service – von internen oder externen Kunden sowie Interessenvertretern gesprochen werden. Aus diesem Grunde wird folgend der weitergehende Begriff des Stakeholders zur Betrachtung der praktischen Herausforderung gewählt. Der Stakeholder steht im Mittelpunkt und durch eine ausgeprägte Kommunikation und Einbindung in den Entwicklungsprozess ist das Risiko, an den Wünschen der Stakeholder vorbei zu entwickeln, minimiert und ein schneller Nutzengewinn möglich. Allerdings wird von den Stakeholdern viel verlangt. Sie müssen an diversen Abstimmungsterminen – wie in Kapitel 3 aufgeführt als Review bezeichnet – teilnehmen, damit eine zeitnahe Feedback-Schleife überhaupt gewährleistet sein kann. Eben diese notwendige zeitnahe Einbeziehung ist bei Stakeholdern außerhalb des Unternehmens oftmals nur schwerlich möglich, bzw. benötigt zunächst eine umfassendere

[251] In diesem Zuge kann von einer Verbesserung der sogenannten *time-to-market-ratio* gesprochen werden. Gleichsam können ggfs. bessere Produkte oder positive Kundenrückmeldungen genannt werden, die somit zu einer Steigerung des Umsatzes führen können.

[252] Zu bedenken gilt in diesem Zuge, dass agile Ansätze oftmals die Neudefinition der Arbeitsbeschreibungen der Belegschaft dem Grunde nach bedürfen. Hierbei handelt es sich um mitbestimmungspflichtige Tatbestände und somit einem notwendigen Konsens mit dem Betriebsrat im Beispiel Deutschlands. Dass der Betriebsrat, bei frühzeitiger Einbindung in den Prozess, auch als gewinnbringender Partner gesehen werden kann, zeigen Gloger/Margetich (2018), S. 241.

[253] Sollte die agile Transformation als Restrukturierung zum Personalabbau gesehen werden, haben die Sozialpartner entsprechende Machtpositionen, die sie im Sinne ihrer Interessensvertretung auch wahrnehmen können. Vgl. hierzu beispielhaft Schulz (2019), o.S.

Denkadaption in der Zusammenarbeit zwischen den beteiligten Parteien. Negiert ein Endkunde oder ein externer Partner das den agilen Ansätzen innewohnende Konzept des engen Austausches beim Entwicklungsprozess, können die Vorteile nicht skaliert werden. Ähnliche Herausforderungen können auch bei internen Stakeholdern angeführt werden. Dies ist insbesondere der Fall, sofern hybride Organisationen vorliegen.[254] Agil transformierte Einheiten innerhalb Organisationen verlangen eine starke Involvierung von internen Stakeholdern im Entwicklungsprozess im Sinne der Kundeneinbindung. Klassisch strukturierte Einheiten innerhalb der Organisation, die mit dem zu entwickelnden Produkt oder Service in Verbindung stehen, haben ihre eigene Kapazitätsplanung aber nicht danach ausgerichtet, zusätzlich umfangreiche Zeitkontingente für Reviews o.ä. zur Verfügung zu stellen.[255] Es kann angeführt werden, dass diese aufzuwendenden Zeiteinheiten im Durchschnitt zwar nur überschaubare Lasten mit sich bringen, bei multipler Involvierung in vielen Entwicklungsprozessen kann dies in der Praxis jedoch zu umfangreichen Zeitkontingenten führen, die klassisch strukturierte Einheiten durchaus umfangreich belasten können.[256]

Des Weiteren sind die meisten entwickelten Produkte und Services nicht unabhängig voneinander. Dies bedeutet, dass ein sehr komplexes Abhängigkeitsmanagement durchgeführt werden muss. Dies ist zwingend notwendig, um nicht zu Fehlentwicklungen in der Produktion zu kommen. Das Konzept von übergelagerten Integrator- oder Roadmap-Managern wird in vielen agilen Ansätzen jedoch vernachlässigt und der Selbststeuerung überlassen.[257] Insbesondere in stark regulierten Märkten kann dies zu erheblichen Pro-

[254] Siehe hierzu insbesondere das vorangegangene Kapitel 4.2.

[255] Zur Rolle des Stakeholders innerhalb des Reviews weitergehend vgl. Rubin (2014), S. 405–415; Böhm (2019), S. 58f.

[256] Vgl. auch Scheller (2017), S. 389. Dieser hält sehr direkt auch fest: *„Wenn Sie Ihren Kunden nicht zu Agilität bewegen können – dann ist dies möglicherweise nicht mehr der passende Kunde für Sie!“*; Scheller (2017), S. 389. Diese Aussage birgt sicherlich ökonomische Komplexitäten, zeigt aber auch, dass ein Umdenken beim Kunden – egal ob intern oder extern – eine besondere Herausforderung darstellt.

[257] Es sei jedoch auch auf die skalierten agilen Ansatz z.B. im Rahmen von Scrum hingewiesen, die Versuchen, dieses Abhängigkeitsmanagement durch inhärente Maßnahmen und nach speziellen Konzepten zu lösen. Vgl. hierzu beispielhaft Siedl (2018), S. 76–80. Ähnlich hierzu Gloger/Margetich, die anführen, dass die generelle Funktion der Koordination niemand bei Agilität innehat, sondern dies durch Visualisierung und Transparenz geschieht; vgl. Gloger/Margetich (2018), S. 234. Allgemein ist jedoch festzuhalten, dass diese Ansätze hilfreich, jedoch für viele Unternehmen durch eine zu hohe Komplexität geprägt sind, sodass Integrationsrollen in einer Beratungs- und Koordinierungsfunktion für kleinere und mittlere Organisationen zunächst sinnvoller erscheinen. Zu Komplexitäten durch Abhängigkeiten und deren Herausforderungen vgl. ferner auch Meyer (2014), S. 150f.

blematiken führen, da Gesetzgeber und Regulatoren – anders als womöglich noch der Endkunde – keine Verzögerungen oder Unvollständigkeiten akzeptieren.

Viertens ist noch auf den Faktor Zeit als maßgebliche Herausforderung hinzuweisen. Eine agile Transformation ist kein schneller Prozess.[258] Die Analyse, wie das Instrument der agilen Transformation in Hinblick auf die strategischen Unternehmensziele genutzt werden kann und welche eigenen Ziele die agile Transformation verfolgt, benötigt Zeit. Die Anpassung von Organisationsstrukturen, die Definition von neuen Rollen in vertrauensvoller Zusammenarbeit mit den Sozialpartnern, die Vermittlung der Aspekte der Agilität gegenüber der Belegschaft und die praktische Umsetzung und Erprobung der agilen Techniken benötigt Zeit. Und Zeit benötigt insbesondere die Schaffung eines agilen Mindsets, z.B. in Hinblick auf die Thematik der Selbstorganisation in Teams nach jahrzehntelang erprobten, streng hierarchischen Führens. Auch bedingt der schrittweise Prozess der agilen Transformation, dass einige Individuen diesen Weg nicht mitgehen wollen und aus dem Unternehmen ausscheiden. Alle diese Schritte und Begebenheiten brauchen Zeit, sehr viel Zeit. Eine agile Transformation lässt sich daher auch nicht innerhalb einer kurzen Periode darstellen.[259] Dies ist aber konträr zum oftmals vorherrschenden Quartalsdenken großer Unternehmen und ihres Senior Managements. Daher liegt wohl eine der größten Herausforderungen darin, den beteiligten Entscheidern verständlich zu machen, dass die Hinwendung zur Agilität eine lange Reise ist, bei der vereinzelte Meilensteine gesetzt werden können, die dann auch partiell in Hinblick auf Erfolgserreichung analysiert werden können. Eine Maßnahme oder ein Instrument der kurzfristigen Erfolgsgenerierung kann eine agile Transformation jedoch nicht sein. Diese Erkenntnisgenerierung ist wohl dann die größte Herausforderung.

4.4 Aktuelle Entwicklungen am Beispiel des Finanzsektors

Das Thema der Agilität macht auch vor dem Finanzsektor nicht Halt und ist in Kürze zu einem stark diskutierten (Strategie-)Thema geworden.[260] Dies verwundert zunächst, ist der Finanzsektor doch durch traditionelle Werte, stark hierarchisch geformte Organisations-

[258] Bei einem schrittweisen Prozess können allein für die ersten agilen Experimente bereit Jahre vergehen; vgl. Brosseau/Ebrahim/Handscomb/Thaker (2019), S. 10. Allerdings negiert ein langer Prozess nicht unbedingt die Entstehung von schrittweisen Erfolgen, die nicht nur sichtbar, sondern auch gewinnbringend einsetzbar sind. Vgl. hier auch die positiven Effekte bei Aronwitz/De Smet/McGinty (2016), S. 25.

[259] Vgl. ähnlich zur Thematik der Zeit Frei (2018), S. 60; Hofert/Thonet (2019), S. 217f.

[260] Vgl. beispielhaft hierfür Erdbrügger/Kloepfer/Rauschl/Schäffner (2017), S. 4f.; Breinich-Schilly (2018), o.S.; Breinich-Schilly (2019), o.S.; Hofner/Fürst/Hollander/Neuberger/Pogadl (2018), o.S.

strukturen sowie eine enge Regulierung geprägt. Es stellt sich daher die Frage, wie dies mit den Ansichten, Werten und Prinzipien der Agilität vereinbar ist, respektive worin die Begründung zur Hinwendung zur Agilität liegt.[261]

Zu berücksichtigen gilt hierbei eingangs, dass die Branche in einem Umbruch ist. Es können insbesondere drei Treiber mit gehobener Prägnanz akkumuliert werden: 1) Steigerung der Kosten im Rahmen der Regulierung, 2) Verringerung der Erlöse durch geringere Margen und 3) Herausforderungen im Rahmen der Digitalisierung.[262]

Erstens sei angeführt, dass seit der Finanzmarktkrise 2007 die Regulierungsmaßnahmen zum (vermeintlichen) Schutz der Anleger und Investoren ein umfassendes Ausmaß angenommen haben. Dies spürt die Branche insbesondere durch eine stetige Zunahme der in diesem Zusammenhang stehenden Kosten für die Durchführung von Finanzmarktaktivitäten.[263]

Zweitens ist die anhaltende Niedrigzinsphase seit den Verwerfungen der Finanzmarktkrise eine große Last für den Finanzsektor. Vorherige Margen und entsprechende Einnahmequellen sind seit vielen Jahren auf ein Niveau geschrumpft, sodass dies insbesondere viele traditionelle Banken an den Rand der Existenz drängt. Die jüngsten Thematisierungen der Weitergabe von Negativzinsen auf Spareinlagen – hier wird von sogenannten Verwahrgebühren gesprochen – zeugen von der angespannten Lage im Finanzsektor.[264]

Drittens müssen insbesondere traditionelle Banken in einem umfassenden Maße in die Digitalisierung ihrer Produkte sowie Produktkanäle investieren. Die über Jahrzehnte be-

---

[261] Vgl. ähnlich hierzu die Ausführungen zur Notwendig bei Aretz/Fürst/Hasebrook/Neumann (2018), o.S.

[262] Vgl. ähnlich Wöstheinrich/Rohde (2018), S. 257f. Diese führen zusätzlich noch die Modernisierung der Unternehmenskultur und hier insbesondere agilere und flexiblere Organisationsmodelle als Herausforderung für den Finanzsektor an. Aus Sicht des Autors der vorliegenden Arbeit handelt es sich hierbei jedoch zum einen um eine generelle Herausforderung in Hinblick auf Modernisierungsbestrebungen von Unternehmensstrukturen und zum anderen um eine Beschreibung eines möglichen Instruments zum Umgang mit den anderweitigen Herausforderungen, sodass dies im weiteren Verlauf diskutiert wird.

[263] Vgl. Wöstheinrich/Rohde (2018), S. 257. Vgl. zu weiteren Herausforderungen im Rahmen der Finanzmarktkrise in Hinblick auf Regulatorik weitergehend Weßels (2012), S. 4, 40–54.

[264] Vgl. weitergehend zu den Herausforderungen und Chance der Niedrigzinsphase beispielhaft Demary/Niehues (2015), S. 4–35; Dombret (2017), S. 517–527; Michels (2019), S. 3–5; Schleweis (2019), S. 9–11; Schnabel (2019), S. 6–8. Auch wenn zunächst einmal Gewinner und Verlierer der aktuellen Niedrigzinsphase bestehen, so kann MENHART zugestimmt werden, der festhält, dass für alle involvierten Parteien das inhärente Risiko steigt; vgl. ausführlicher hierzu Menhart (2019), S. 15–18. Zum allgemeinen Rentabilitätsdruck innerhalb des Finanzsektor vgl. ebenfalls Wöstheinrich/Rohde (2018), S. 257.

kannte und erprobte vielmals analoge Kundenbeziehung muss – im geringsten Falle – durch digitale Kanäle ergänzt werden. Diese Investitionen in Informationstechnologien und damit in Verbindung stehende Bereiche verursachten immense Kosten, wobei es in diesem Falle oftmals nicht um neue Umsatzgenerierungen – also eine Erweiterung des Geschäftsbereichs mit entsprechenden Rückflüssen – geht, sondern vielmehr nur um eine Investition in einen Bereich, der zur weiteren allgemeinen Existenz als begleitendes Angebot zwingend erforderlich ist. Es handelt sich daher zumeist mehr um eine strukturelle Investition als um die Erschließung neuer Marktfelder mit gleichstehendem (Zusatz-) Gewinnpotential. Diese strukturellen Investitionen sind jedoch erforderlich, da sich traditionelle Banken mit immer neuen Wettbewerbern konfrontiert sehen.[265]

Wird die Marktkapitalisierung unterschiedlicher Anbieter von Finanzprodukten als Maßgabe für die Signifikanz einer Auseinandersetzung einer neuen Vorgehensweise in einem neuen Marktumfeld herangezogen, ergibt sich ein eindringliches Bild. Im Feld der Zahlungsmitteltransaktionen, also einem Teilbereich des klassischen Retail-Bankings, hat sich mit dem US-amerikanischen Unternehmen Paypal innerhalb der letzten Jahre ein Anbieter eine Marktstellung im Bereich des digitalen Finanzmitteltransaktionsmanagements erarbeitet, die von traditionellen Banken nur mehr schwerlich einholbar scheint. Auch wenn die Marktkapitalisierung als einziger Faktor einer Betrachtungsweise zu kurz greift, lässt die Abbildung 11 dennoch erkennen, dass der Finanzsektor durch einen Umbruch gekennzeichnet ist. Traditionelle Banken müssen handeln, um ihre vorherige Marktstellung auch in naher Zukunft noch (teilweise) aufrechterhalten zu können.

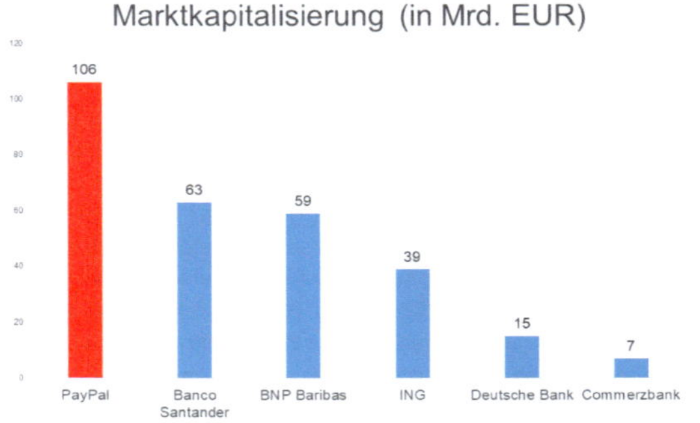

Abbildung 11: Marktkapitalisierung im Finanzsektor[266]

[265] Vgl. hierzu auch Breinich-Schilly (2018), o.S.; Wöstheinrich/Rohde (2018), S. 257; Deloitte (2019), S. 2.

[266] Quelle: Eigene Darstellung basierend auf den Daten seitens Finanzen100 (2019), o.S.

Eine Studie des Beratungsunternehmens Confinpro bestätigt dies weitergehend, indem hierbei ermittelt wurde, dass sich traditionelle Banken nicht nur durch den Wettbewerb mit anderen Banken – also ihrer unmittelbaren Konkurrenz – bedroht fühlen, sondern insbesondere auch durch Technologie-Konzerne, wie z.B. die US-amerikanischen Unternehmen Apple und Google, sowie Online-Handelsunternehmen, wie z.B. dem ebenfalls US-amerikanischen Unternehmen Amazon oder dem chinesischen Unternehmen Alibaba.[267] Dies bestätigt die Prägnanz der Thematik innerhalb des Finanzsektors sowie der notwendigen Auseinandersetzung mit möglichen Reaktionen hierauf. Um mit diesen sich verändernden Begebenheiten umzugehen, wird begleitend zur Digitalisierung auch die Agilisierung der Strukturen und Prozesse im Finanzsektor gesehen.[268]

Es ist festzuhalten, dass Agilität oder eine agile Transformation einer bestehenden Organisationstruktur hier nicht die ultimative Lösung in Bezug auf die zuvor kurz aufgeführten Herausforderungen darstellt. Dies wäre viel zu kurz gegriffen. Jedoch beschäftigen sich traditionelle Banken in den vergangenen Jahren verstärkt mit den Phänomenen innerhalb des Umbruches. Als ein Ansatz, eine neue Ausrichtung und Begegnung gegenüber (neuen) Mitbewerbern zu erreichen, kann eine Ausrichtung in Richtung der Agilität innerhalb der Organisationen als ein Baustein gesehen werden.[269]

Große Finanzinstitute, wie z.B. die niederländischen Banken ING und ABN AMRO oder die deutschen Banken Commerzbank und Deutsche Bank, thematisieren Agilität nicht nur rein theoretisch, sondern haben Transformationsprozesse in Hinblick auf Agilität gestartet. Dabei sind die Vorgehensweisen und individuellen Stati zur agilen Transformationen jeweils unterschiedlich. So gilt die ING Deutschland[270] als Vorreiter bei der Implementierung agiler Arbeitsweise in Deutschland, indem sie auserkoren hat sich zu einer komplett agilen Bank zu transformieren. Hierzu wurde ein klares Zeitfenster zur Volltransformation festgehalten. Dieses Modell entspricht auch dem Modell, welches die niederländische Mutter ING vollzieht. Ähnliche Ambitionen hegt die niederländische ABN AMRO, die eben-

[267] Vgl. Confinpro (2019), S. 7, 30. Die Studie führt an, dass sich die befragten Banken zu 77% durch Technologie-Konzerne, zu 72% durch Online-Handelsunternehmen und zu 65% durch direkt konkurrierende andere Finanzdienstleister bedroht fühlen. Ähnlich hierzu auch die Ausführungen bei Deloitte (2019), S. 3.

[268] Vgl. beispielhaft Deloitte (2019), S. 3. Hier wird der Begriff des Agile Bankings als wichtiger Faktor für den Erhalt der Wettbewerbsfähigkeit geprägt.

[269] Vgl. ebenfalls Aretz/Fürst/Hasebrook/Neumann (2018), o.S.; Hofner/Fürst/Hollander/Neuberger/Pogadl (2018), o.S.; Deloitte (2019), S. 2f.

[270] Die zur holländischen ING-Gruppe gehörende deutsche Dependance, die nunmehr als ING Deutschland firmiert, war bis vor Kurzem noch lokal als ING-Diba bekannt.

falls den Weg hin zur Agilisierung ihrer Arbeitsweise eingeschlagen hat. Im Gegensatz zur genannten niederländischen Konkurrenz gibt es hier jedoch kein fixiertes Zeitfenster für eine „Volltransformation“, sondern es erfolgt eine strukturierte, aber vielmehr sich evolutionär entwickelnde Systematik hinter dem Agilisierungsprozess. In Hinblick auf die in Kapitel 4.2 vorgestellten Konzepte agiler Transformationen kann hier eher von „Hybridstrukturen«“ gesprochen werden. Ob es zu einer Volltransformation kommen wird, ist bewusst offen gehalten. Es handelt sich hierbei also um eine sukzessive Vorgehensweise nach Nutzenabschätzung.[271] Auch deutsche Finanzinstitute beschäftigen sich bereits seit längerer Zeit mit agilen Arbeitsweisen. Als Vorreiter unter den Großbanken ist hier die Commerzbank zu nennen, die zuerst unter dem Konzept der „Agile Playgrounds“ mit einem Digital Campus gestartet ist, um die Effekte auf den Gesamtkonzern zu erproben und nun die Erkenntnisse durch eine umfangreichere Transformation des Unternehmens hin zu agiler Arbeitsweise durchführt. Auch die Deutsche Bank hat mit verschiedenen „Agile Pilots“ in den vergangenen Jahren experimentiert und entwickelt agile Konzepte für die Bank weiter.[272]

Wie eingangs aufgezeigt wurde, verändert sich seit vielen Jahrzehnten der durch Tradition und eine gewisse Starrheit geprägte Finanzsektor. Dies ist aufgrund der sich veränderten Umwelteinflüsse immanent. Als Teil dieser Bewegung gilt auch die Veränderung der Art zu arbeiten.[273] Agilität ist, wie aufgezeigt wurde, auch hier nicht nur ein Randphänomen, sondern wird in der Praxis erprobt. In manchen Finanzinstituten werden aufgrund positiver Erfahrungen mit agilen Arbeitsweisen bereits größere Transformationsschritte hin zur agilen Organisation unternommen. Dies ist für einen komplexen, da tradierten und stark regulierten Markt, wie dem Finanzsektor bemerkenswert. Auch im Bankensektor gilt, dass Agilität als ein Instrument in Bezug auf eine Umwelt, die durch Komplexität und Unsicherheit geprägt ist, hilfreich sein kann. Ob die gewünschten Erfolge durch Agilität eintreten werden, ist natürlich noch ungewiss und bedarf einer stetig sachlich-kritischen Analyse. Festgehalten werden kann jedoch, dass dieser Prozess neben Mut für ein neues

---

[271] Auch die jeweiligen, rechtlich eigenständigen Tochterunternehmen innerhalb ABN AMRO-Gruppe beschäftigen sich mit Agilität auch in Hinblick der Steigerung von Synergieeffekten bei der Zusammenarbeit innerhalb des Gesamtkonzerns.

[272] Zur Entwicklung der Agilität bei der ING siehe weitergehend auch das Interview mit dem dazu betrauten Senior Management bei McKinsey (2017), S. 1–10.

[273] WÖSTHEINRICH/ROHDE ist dabei zuzustimmen, dass der Finanzsektor *„zahlreiche Herausforderungen parallel und in hoher Geschwindigkeit bewältigen müssen“*; Wöstheinrich/Rohde (2018), S. 258. Wie diese ebenfalls festhalten, sind ein strategischer Wandel und die Transformation hin zu einer mehr datenzentrierten Bank gleichsam wichtige Faktoren. Vgl. Wöstheinrich/Rohde (2018), S. 271.

Denken insbesondere Geduld benötigt. Die Transformation des Finanzsektors wird Jahre dauern. Daher kann vielmehr von einer Evolution als einer Revolution im Finanzsektor gesprochen werden.[274]

Nach Ansicht des Autors der vorliegenden Arbeit ist dies jedoch der richtige Schritt, auch in Hinblick auf die Geschwindigkeit. Zu beachten gilt, dass Banken ebenfalls eine wichtige gesellschaftspolitische Verantwortung haben und sie gerade deswegen nicht einfach rein ideologischen Management-Hypes folgen dürfen. Wie zuvor aufgezeigt wurde, kann Agilität, sofern sie richtig verstanden und angewendet wird, ein gelungenes Instrument, insbesondere auch in Bezug auf die Herausforderungen innerhalb des Finanzsektors, sein. Gerade im Finanzsektor kann Agilität einen Mehrwert liefern, sofern Sachverstand zur Agilität und Augenmaß bei der Implementierung vor kurzfristigen Trends und Buzzwords stehen.

4.5 Zusammenfassung

Unternehmen, die für sich erkannt haben, dass Agilität im eigenen organisationsspezifischen Kontext einen Mehrwert darstellen kann, sehen sich im Transferprozess hin zu einer agilen Organisation mit einer Vielzahl von Herausforderungen konfrontiert. Insbesondere bei größeren, etablierten Unternehmen sowie bei Konzernstrukturen kann eine gehobene Herausforderung konstatiert werden.[275] Umso wichtiger ist die Erkenntnis, mit welchen Herausforderungen sich Unternehmen konkret konfrontiert sehen und wie diese angegangen werden können. Bezogen auf die Stufen einer agilen Transformation ist der Aussage von SCHELLER, dass zunächst die Organisationsstruktur geändert werden muss, wie aufgezeigt wurde, nicht pauschal zu folgen.[276] Es konnte gezeigt werden, dass die Existenz eines agilen Mindsets innerhalb der zu transformierenden Organisation sowie ihrer Individuen als grundlegende Basis vorhanden sein sollte und dies somit der erste Schritt innerhalb eines Transformationsprozesses hin zu Agilität darstellt. Erst darauf fol-

---

[274] Die Studie seitens der Confinpro zeigt jedoch gleichsam, dass Erfahrungen mit agilen Arbeitsweisen innerhalb des Finanzsektors bislang teilweise noch nicht adäquat skaliert werden konnten. Vgl. hierzu ebenfalls Confinpro (2019), S. 3, 30f.

[275] Vgl. auch Brosseau/Ebrahim/Handscomb/Thaker (2019), S. 2.

[276] Vgl. Scheller (2017), S. 349f. SCHELLER bezieht sich hier auf die seinerseits zusammengefassten Gesetze von LAMAR. Auch wenn ihm zuzustimmen ist, dass Veränderungsprozesse entschlossen angegangen werden müssen, ist es eben nicht die Struktur, bei der gestarteten werden sollte. Dies wäre zwar ein – aus Sicht des Verfassers der vorliegenden Arbeit – verhältnismäßig einfacher, aber nicht für den Erfolg langfristig sinnvoller Schritt. Die Generierung eines positiven Mindsets für die Veränderung erscheint ungleich wichtiger.

gend sollten dann agile Strukturen innerhalb der Organisation geschaffen werden, damit sich das agile Mindset strukturieren und weitergehend entwickeln kann. Die Schaffung bloßer Strukturen ohne ein wirklich agiles Mindset als Fundament kann eine erfolgreiche agile Transformation verlangsamen oder gar scheitern lassen.[277]

Weitergehend wurde aufgezeigt, dass unterschiedliche Konzepte der agilen Transformation bestehen. Welches Konzept im Rahmen eines Transformationsprozesses gewählt werden sollte, ist grundsätzlich höchst unternehmensindividuell. Der Diskurs hat gezeigt, dass Einheitslösungen nicht bestehen können. Es bedarf einer tiefgehenden Auseinandersetzung mit der Organisation und einem kritischen Diskurs, welches Konzept der agilen Transformation in den Lebensweg des jeweiligen Unternehmens passt.

Basierend darauf ist es auch immanent, eine agile Transformation nicht losgelöst von den strategischen Zielen der Unternehmung zu betrachten. Agilität kann als Instrument dienen, das Erreichen der strategischen Ziele des Unternehmens zu unterstützen.[278] Es ist aber kein alleinstehendes Gesamtlösungskonzept. Deswegen bedarf es bei Implementierung von Agilität im Rahmen eines Transformationsprozesses einer Verzahnung mit der Unternehmensstrategie. Gleichsam braucht eine agile Transformation Gradmesser in Form von KPIs, um nach innen und außen transparent über den Fortschritt zu berichten. Kostenreduktion kann dabei aber kein geeigneter Zielwert sein. Ferner gilt festzuhalten, dass eine agile Transformation – trotz vieler möglicher positiver Effekte – eines nicht leisten kann. Sie kann keinen schnellen Lösungsbeitrag liefern. Agilität braucht Zeit und dies ist insbesondere eine Herausforderung im Kontext eines zunehmend marktgetriebenen Kurzfristdenkens bei Entscheidungsträgern.

Trotz dieser inhärenten Herausforderungen ist eine Bewegung hin zu einer Auseinandersetzung mit der Thematik der Agilität bei zahlreichen Unternehmen erkennbar. Dies gilt auch für den Finanzsektor, welchem dem Grunde nach oftmals stark traditionelle Hierarchiedenkweise und regulatorisch getriebener Bürokratismus attribuiert wird. Mag dies

---

[277] Einzig partiell davon abzugrenzen ist das Konzept der „Agile Pilots", wie in Kapitel 4.2 dargestellt. Hierbei besteht aufgrund der Konzentration sowie des experimentellen Charakters die Möglichkeit, auch zunächst Strukturen zu schaffen und sich dem agilen Mindsets anschließend, entsprechend experimentell zu widmen. Zur Skalierung eignet sich diese Vorgehensweise jedoch nicht.

[278] Agilität kann Unternehmen als Unterstützer des Wandels in einer komplexen, sich schnell verändernden Umwelt bei der Refokussierung helfen. Vgl. auch weitergehend Hofner/Fürst/Hollander/Neuberger/Pogadl (2018), o.S

anfänglich verwundern, zeigt sich jedoch, dass insbesondere der Finanzsektor vor zahlreichen Herausforderungen steht, der Umbrüche in Denk- und Handlungsweisen erzwingt. Agilität kann hier einen Beitrag zur Fortentwicklung leisten. Die Stati und die „agile Entwicklungsstufe" innerhalb einzelner Großbanken sind derzeit differenzierter Natur. Gleich ist jedoch allen, dass Agilität dem Anschein nach als Lösungsbeitrag für anstehende Herausforderungen gesehen wird. Ob die damit verbundenen positiven Entwicklungsschritte im Allgemeinen wirklich eintreten und welchen Anteil Agilität im Speziellen hierbei hat, ist zum derzeitigen Zeitpunkt noch ungeklärt und bedarf zukünftig einer weitergehenden, kritischen Betrachtung. Allerdings bleibt bereits jetzt festzuhalten, dass auch der Finanzsektor in Bezug auf aufgeführte Beispiele keinen reinen Management-Hype in der Agilität sieht, sondern einen gewissen, vielleicht noch nicht gänzlich spezifizierten Mehrwert erkennt. Das eine solch traditionsträchtige und stark im regulatorischen Fokus stehende Branche sich der Thematik aber zunehmend zu widmen scheint, regt zumindest zum Denken und zur tiefergehenden Auseinandersetzung in der nahen Zukunft an.

5 Fazit und Ausblick

Veränderung. Dieser Begriff ist nicht neu, sondern vielmehr ein inhärenter Bestandteil unserer Existenz. Auch im ökonomischen Kontext sahen sich Unternehmen schon immer mit dieser Thematik konfrontiert. Dennoch scheint der Begriff in der jüngsten Zeit eine weitergehende Prägnanz aufzuweisen, da in multiplen Zusammenhängen und gleichsam stetig die Notwendigkeit der Veränderung thematisiert wird. Aus diesem Grund hinterfragt die erste Forschungsfrage der vorliegenden Arbeit auch die Bedeutung des Veränderungsmanagements in der heutigen Zeit. Hierzu konnte aufgeführt werden, dass eine lediglich periodisch aufkommende Veränderungsnotwendigkeit heute vielmehr die Ausnahme als die Regel darstellt. Die heutige Umwelt ist durch Volatilität, Unsicherheit, Komplexität sowie Mehrdeutigkeit geprägt („VUCA-Welt") und Unternehmen sehen sich zudem mit einem stetigen Wandel konfrontiert. Sie müssen mit dieser Situation sicher umgehen. Dabei wurde ferner aufgezeigt, dass Veränderung – auch in dieser konstanten und gleichsam komplexen Art – nicht negativ zu sehen ist. Vielmehr ist Veränderung eine stetige Chance für Unternehmen, sich weiterzuentwickeln, neue Märkte und Kundengruppen zu erschließen und sich über neue Produkte und Services in den Märkten zu behaupten und zu verbessern. Dies kann durch ein geeignetes „Change Management", also eine Veränderung von einem Ausgangszustand in einen Zielzustand auf einem größtenteils linearen Weg, oder durch „Transformation", der wahrhaftigen Umwandlung hin zu etwas komplett Neuem, geschehen. Somit kann in Bezug auf die eingehend aufgeführte, erste Forschungsfrage festgestellt werden, dass Veränderungsmanagement in Gänze eine gehobene Bedeutung in der heutigen Zeit hat und in Hinblick auf die Ökonomik gleichsam konstatiert werden kann, dass ein wesentlicher Faktor für das Fortbestehen sowie eine (weitergehend) positive Entwicklung eines Unternehmen immanent ist, den stetigen Wandel nicht nur zu akzeptieren, sondern positiv zu nutzen und eine entsprechende Zukunft zu gestalten.

Zudem wurde festgehalten, dass im Kontext der Veränderung ein Begriff gleichsam häufige Verwendung findet: Agilität. Daher bezog sich die zweite Forschungsfrage darauf, was Agilität dem Grunde nach ist und welche Ausprägungen bestehen. Es konnte aufgezeigt werden, dass Agilität keine Theorie, sondern vielmehr eine Methode und Denkweise ist, deren inhaltliche Konzepte, wie z.B. Motivation von Individuen, auf theoretischen Grundkonzepten beruhen. Agilität drückt sich über Werte, Prinzipien und Techniken aus, kann vereinfacht aber nach dem „Drei F"-Ansatz akkumuliert werden: Fokus, durch eine starke

Konzentration auf die Kundenbeziehung, Flexibilität, um auf Veränderung schnell und effizient reagieren zu können, und Freiheit, durch selbstbestimmtes Handeln der Beteiligten bei gleichzeitiger Übernahme der Verantwortung hierzu. Dabei gilt zu beachten, dass Agilität insbesondere das „Wie" der Organisation, also die Art und Weise des Erreichens der (strategischen) Ziele, thematisiert. Hierzu bestehen verschiedene agile Ansätze, die in Hinblick auf die Einsatzgebiete durchaus mannigfaltiger Natur sind. Auch wenn agile Ansätze in aller Munde sind und die unterschiedlichen Ausprägungen oftmals als nützliche Instrumente zur Lösung diverser Herausforderungen genutzt werden können, kann konstatiert werden, dass Agilität nicht pauschalisiert die bessere Wahl darstellt. Es bedarf einer Betrachtung des unternehmensspezifischen Kontextes und der inhärenten jeweiligen Herausforderungen. Basierend darauf, kann folgend eine Antwort gefunden werden, ob Agilität als Lösungsbeitrag für derzeitig bestehende Herausforderungen – bei richtiger und bewusster Anwendung – fungieren kann. Dadurch konnte zudem die aufgeführte zweite Forschungsfrage beantwortet werden.

Sollte Agilität als Lösungsbeitrag im unternehmensindividuellen Kontext betrachtet werden, sehen sich Unternehmen im Prozess hin zu einer agilen Organisation mit einer Vielzahl von Herausforderungen konfrontiert. Hierauf bezog sich sodann auch die dritte Forschungsfrage. Im Ergebnis gilt zu konstatieren, dass die Schaffung eines agilen Mindsets als erste Stufe eines Transformationsprozesses immanent ist. Erst darauf folgend sollten dann agile Strukturen innerhalb der Organisation geschaffen werden, damit sich das agile Mindset strukturieren und weitergehend entwickeln kann. Der Umbau einer Organisation zu agilen Strukturen ohne die Schaffung eines wirklich agilen Mindsets, kann eine agile Transformation verlangsamen oder gar scheitern lassen. Des Weiteren zeigen sich in der Praxis eine Vielzahl an weitergehenden Herausforderungen, die Beachtung erfahren müssen. Ganz besonders hervorzuheben ist die Erkenntnis, dass Agilität nur als mögliches Instrument dienen kann, um die strategischen Ziele des Unternehmens umzusetzen. Daher muss eine agile Transformation im Kontext der Unternehmensstrategie diskutiert werden. Gleichsam muss seitens des Managements erkannt werden, dass eine agile Transformation keinen schnellen Lösungsbeitrag liefern kann. Der Weg hin zur Agilität benötigt Zeit, wobei dies jedoch oftmals konträr zum zunehmend marktgetriebenen Kurzfristdenkens bei Entscheidungsträgern steht. Dennoch sind Bewegungen hin zu agilen Organisationsformen auch im oftmals als tradiert bezeichneten Finanzsektor zu erkennen. Der Finanzsektor steht vor zahlreichen Herausforderungen, die Umbrüche in Denk- und Handlungsweisen erzwingen. Agilität kann auch in diesem speziellen Fall einen Beitrag zur Fortentwicklung leisten. Auch in Bezug auf die praktischen Herausforderungen einer agilen Transformation, insbesondere auch in Hinblick auf aktuelle Bewegungen hierzu innerhalb des Finanzsektors, konnte eine Beantwortung der aufgeführten dritten Forschungsfrage erfolgen.

Insgesamt kann konstatiert werden, dass Agilität eine besondere Denk- und Handlungsweise impliziert. Agilität ist ein Management-Hype, wenn sie unreflektiert übernommen und als Heilsbringer propagiert wird. Sie ist dann eine Ideologie. Agilität ist ein Mehrwert, wenn Unternehmen ganzheitlicher betrachtet werden, Trends in der Arbeitswelt offen angenommen werden, Menschen aus der tayloristischen Fremdbestimmung in die Selbstbestimmung und -verwirklichung geführt werden und Agilität dort reflektiert Anwendung findet, wo es Sinn macht. Agilität ist damit eine ergänzende Methode mit besonderem Wert in einer Welt voller Komplexität und Unsicherheit. Agilität kann ein sinnvolles Instrument sein, wenn es in Gänze verstanden und situativ richtig angewendet wird. Die agile Transformation ist dabei ein Pfad mit hohen Hürden, der lange Zeit braucht und vor allem einen Kulturwandel mit sich bringt. Richtig verstanden und angewendet kann die Hinwendung zur Agilität sowie eine agile Transformation aber einen echten Mehrwert erzeugen.

Gleichsam eröffnet sich hierbei die Fragestellung, ob die damit verbundenen positiven Entwicklungsschritte zukünftig auch wirklich messbar eintreten. Dies ist zum derzeitigen Zeitpunkt sowohl zur Agilität im Allgemeinen als auch im Speziellen zu agilen Transformationsprozessen innerhalb des Finanzsektors noch weitgehend ungeklärt. Hier bedarf es einer weitergehenden, kritischen Betrachtung sowie entsprechenden empirischen Untersuchungen zur Quantifizierung eines möglichen Mehrwerts in Zukunft.

Zum jetzigen Zeitpunkt bleibt seitens des Autors der vorliegenden Arbeit zu subsumieren, dass Agilität nicht nur ein aktuell viel diskutiertes und – auch für den kritischen, wissenschaftlichen Diskurs – spannendes Thema ist. Auch in Zukunft wird uns Agilität noch weitergehend – sicherlich auch in kontrovers zu führenden Diskussionen – begleiten. Dies kann für eine sachlich geführte, wissenschaftlich fundierte Auseinandersetzung jedoch nur positiv sein und schafft allein durch den Diskurs an sich einen Mehrwert in Gänze.

Agilität steht erst am Anfang.

6 Literaturverzeichnis

ABN AMRO (2019): Sustainability facts and figures & Engagement 2018, URL: https://www.abnamro.com/en/images/Documents/010_About_ABN_AMRO/Annual_Report/2018/ABN_AMRO_Sustainability_Facts_and_Figures_and_Engagement-2018.pdf (Abruf: 13.06.2019; 15:18 Uhr), S. 1–23.

Abrahamsson, Pekka/Salo, Outi/Ronkainen, Jussi/Warsta, Juhani (2002): Agile Software Development Methods – Review and Analysis, URL: https://www.vtt.fi/inf/pdf/publications/2002/P478.pdf (Abruf: 15.09.2019; 21:20 Uhr), S. 1–107.

Aghina, Wouter/De Smet, Aaron/Weerda, Kirsten (2016): Agility: It rhymes with stability, in: Rennie, Michael/Meaney, Mary/Hazlewood, Judith/Kumra, Gautam/Dias, Ana Karina (Hrsg.): McKinsey on Organization: Agility and Organization Design, Stand: 2016, URL: https://www.mckinsey.com/~/media/McKinsey/Business%20 Functions/Organization/Our%20Insights/McKinsey%20on%20Organization/McKinsey%20on%20Organization%20Agility%20and%20organization%20design.ashx (Abruf: 31.05.2019; 13:04 Uhr), S. 8–17.

Aghina, Wouter/Handscomb, Christopher/Ludolph, Jesper/West, Dave/Yip, Abby (2019): How to select and develop individuals for successful agile teams: A practical guide, URL: https://www.mckinsey.com/business-functions/organization/our-insights/how-to-select-and-develop-individuals-for-successful-agile-teams-a-practical-guide# (Abruf: 07.09.2019; 20:00 Uhr), S. 1–12.

Agile Manifesto (2001): Manifesto for Agile Software Development, URL: http://agilemanifesto.org (Abruf: 30.09.2019; 22:00 Uhr), o.S.

Anderson, David J. (2011): Kanban – Evolutionäres Change Management für IT-Organisationen, Heidelberg 2011.

Aretz, Alexander/Fürst, Martin/Hasebrook, Joachim Paul/Neumann, Patrick (2018): Agile Transformation – Modeerscheinung oder Pflichtprogramm?, URL:

https://bankinghub.de/banking/operations/agile-transformation-organisation (Abruf: 13.09.2019; 18:46 Uhr), o.S.

Aronowitz, Steven/De Smet, Aaron/McGinty, Deirdre (2016): Getting organizational redesign right, in: Rennie, Michael/Meaney, Mary/Hazlewood, Judith/Kumra, Gautam/Dias, Ana Karina (Hrsg.): McKinsey on Organization: Agility and Organization Design, Stand: 2016, URL: https://www.mckinsey.com/~/media/McKinsey/Business%20Functions/Organization/Our%20Insights/McKinsey%20on%20Organization/McKinsey%20on%20Organization%20Agility%20and%20organization%20design.ashx (Abruf: 31.05.2019; 13:04 Uhr), S. 24–33.

Askin, Noah/Petriglieri, Gianpiero (2016): Tony Hsieh at Zappos – Structure, Culture and Change, in: INSEAD Case Studies, IN1249-PDF-ENG, URL: https://store.hbr.org/product/tony-hsieh-at-zappos-structure-culture-and-radical-change/IN1249 (Abruf: 25.10.2019; 19:28 Uhr), S. 1–18.

Bauer, Caroline/Hohl, Eliana/Zirkler, Michael (2019): Der lange Weg zur Holokratie – Vom Betriebssystem zum Unternehmensalltag, in: OrganisationsEntwicklung – Zeitschrift für Unternehmensentwicklung und Change Management, Nr. 2, 2019, S. 37–44.

Becker, Torsten (2018): Prozesse in Produktion und Supply Chain optimieren, 3. Auflage, Berlin 2018.

Becker, Klaus/Huber-Straßer, Angelika (2019): CEO Outlook 2019: Agile oder abgehängt? Bewegte Zeiten brauchen agiles Handeln (KPMG Deutschland), Frankfurt 2019.

Bilert, Sasha (2019): Demut. Ein guter Transformationsbegleiter, URL: https://www.linkedin.com/pulse/demut-ein-guter-transformationsbegleiter-sascha-bilert (Abruf: 28.08.2019; 16:55 Uhr), o.S.

Bock, Claudia/Schilling, Sabrina (2019): Autokonzern tritt auf's Gas – Schwarmorganisation bei Daimler, in: OrganisationsEntwicklung – Zeitschrift für Unternehmensentwicklung und Change Management, Nr. 2, 2019, S. 19–24.

Böhm, Janko (2019): Erfolgsfaktor Agilität – Warum Scrum und Kanban zu zufriedenen Mitarbeitern und erfolgreichen Kunden führen, Wiesbaden 2019.

Brandes, Ulf/Gemmer, Pascal/Koschek, Holger/Schültken, Lydia (2014): Management Y – Agile, Scrum, Design Thinking & Co.: So gelingt der Wandel zur attraktiven und zukunftsfähigen Organisation, Frankfurt am Main 2014.

Breinich-Schilly, Angelika (2018): Banken müssen Konkurrenz mit agiler Organisation kontern, URL: https://www.springerprofessional.de/bankstrategie/agile-methoden/banken-muessen-konkurrenz-mit-agiler-organisation-kontern/15823242 (Abruf: 13.12.2019; 15:39 Uhr), o.S.

Breinich-Schilly, Angelika (2019): Sparkassen und VR-Banken brauchen mehr Agilität, URL: https://www.springerprofessional.de/agile-methoden/gesamtbanksteuerung/sparkassen-und-vr-banken-brauchen-mehr-agilitaet/16741032 (Abruf: 13.12.2019; 15:37 Uhr), o.S.

Brosseau, Damiel/Ebrahim, Sherina/Handscomb, Christopher/Thaker, Shail (2019): The journey to an agile organization, URL: https://www.mckinsey.com/business-functions/organization/our-insights/the-journey-to-an-agile-organization (Abruf: 09.11.2019; 15:54 Uhr), S. 1–10.

Comella-Dorda, Santiago/Kaur, Khushpreet/Zaidi, Ahmad (2019): Planning in an agile organization, URL: https://www.mckinsey.com/business-functions/mckinsey-digital/our-insights/planning-in-an-agile-organization (Abruf: 09.11.2019; 15:42 Uhr), S. 1–5.

Confinpro (2019): Agile Organisation – Eine gemeinsame B2B-Studie von Confinpro mit VÖB-Service und Bankmagazin/Springer Professional, URL: https://assets.ctfassets.net/niza6hilizwt/2k9I7vs2bWU4YqcUSuIsIc/b03e131dfd7e7c812e81387431c36e8a/Cofinpro_Expertenstudie_Agile_Organisation.pdf (Abruf: 15.12.2019; 14:32 Uhr) , S. 1–32.

Czekala, Thomas (2018): Kontext, Anforderungen und Operationalisierung des Enterprise Transformation Cycle, in: Pfannstiel, Mario A./Steinhoff, Peter F.-J. (Hrsg.): Der Enterprise Transformation Cycle – Theorie, Anwendung, Praxis, Wiesbaden 2018, S. 21–51.

Darino, Lucia/Sieberer, Marcus/Vos, Arthur/Williams, Owain (2019): Performance management in agile organizations, URL: https://www.mckinsey.com/business-functions/organization/our-insights/performance-management-in-agile-organizations (Abruf: 09.11.2019; 15:36 Uhr), S. 1–8.

De Smet, Aaron/Smith, Chris/Tofano, Daidree (2019): How companies can help mid-level managers navigate agile transformations, URL: https://www.mckinsey.com/business-functions/organization/our-insights/how-companies-can-help-midlevel-managers-navigate-agile-transformations (Abruf: 09.11.2019; 15:07 Uhr), S. 1–8.

Deloitte (2019): Open Banking und dessen Auswirkungen auf die Organisationsmodelle von Banken – Wie agile Organisationen die Umsetzung von Open Banking begünstigen können, URL: https://www2.deloitte.com/de/de/pages/financial-services/articles/open-banking-und-auswirkungen-auf-organisationsmodelle.html (Abruf: 13.12.2019; 15:58 Uhr), S. 1–6.

Demary, Markus/Niehus, Judith (2015): Die Auswirkungen von Niedrigzinsen und unkonventionellen geldpolitischen Maßnahmen auf die Vermögensverteilung, IW Policy Paper, No. 15/2015, Institut der deutschen Wirtschaft (IW), Köln, S. 1–41.

Dettling, Daniel (2017): Neo-Politik: Die Neuerfindung der Demokratie, Stand: 04/2017, URL: https://www.zukunftsinstitut.de/artikel/neo-politik-die-neuerfindung-der-demokratie (Abruf: 13.06.2019; 15:06 Uhr), o.S.

Dombret, Andreas (2017): Die Niedrigzinspolitik der EZB – Fluch oder Segen für Wirtschaft, Verbraucher und Banken, in: Wirtschaftspolitische Blätter, 4/2017, S. 517–527.

Donaldson, Lex/Davis, James H. (1991): Stewardship Theory vs. Agency Theory – CEO Governance and Shareholder Returns, in: Australian Journal of Management, Vol. 16, 1991, S. 49–64.

Eckert, Roland (2017): Lean Startup in Konzernen und Mittelstandsunternehmen – Ergebnisse einer Expertenbefragung und Handlungsempfehlungen, Wiesbaden 2017.

Erdbrügger, Victoria/Kloepfer, Lukas/Rauschl, Nikolaus/Schäffner, Gottfried J. (2017): Agile Methoden der Zusammenarbeit – Beurteilung und Neukonzeption, dargestellt am Beispiel des Bankensektors, in: Munich Business School Working Paper Serie, 2017-05, URL: https://www.munich-business-school.de/fileadmin/MBS_Daten/Dateien/Working_Papers/MBS-WP-2017-05.pdf (Abruf: 13.12.2019; 15:35 Uhr), S. 1–53.

Finanzen100 (2019): Marktkapitalisierung einzelner Finanzmarktinstitute am 21.10.2019, URL: www.finanzen100.de (Abruf: 21.10.2019; 08:05 Uhr), o.S.

Förster, Kerstin/Wendler, Roy (2012): Theorien und Konzepte zu Agilität in Organisationen, in: Dresdner Beiträge zur Wirtschaftsinformatik, Nr. 62/12, 2012, URL: https://nbn-resolving.org/urn:nbn:de:bsz:14-qucosa-129603 (Abruf: 01.10.2019; 23:39 Uhr), S. 1–XXVIII.

Fürst, Martin/Neumann, Patrick/Niwar, David (2019): Deutschland sucht den agilen Coach, URL: https://bankinghub.de/banking/operations/deutschland-sucht-den-agile-coach (Abruf: 07.09.2019; 20:07 Uhr), o.S.

Frei, Michael (2018): Change Management für Führungskräfte – Eine Praxisanleitung zur betrieblichen Transformation, München 2018.

Gerstenlauer, Friedrich J. K. (2015): Hierarchie und Heterarchie in Organisationsprozessen, Baden-Baden 2018.

Gianella, Brunello/Gianella, Daniele/Koch, Maximilian/Krötlinger, Irene/Schulz, Benjamin (2019): Was uns motiviert – The Reiss Motivation Profile (A Tribute to Steven Reiss), 3. Auflage, Mittenaar-Bicken 2019.

Gloger, Boris/Margetich, Jürgen (2018): Das Scrum-Prinzip – Agile Organisationen aufbauen und gestalten, 2. Auflage, Stuttgart 2018.

Güttel, Wolfgang H./Konlechner, Stefan W. (2019): Entwicklungskräfte in Organisationen – Exploration, Exploitation und Ambidexterity, in: Güttel, Wolfgang H. (Hrsg.): Erfolgreich in turbulenten Zeiten – Impulse für Leadership, Change Management & Ambidexterity, 2. Auflage, Augsburg 2019, S. 242–268.

Güttel, Wolfgang H./Kratochvil, Renate (2019): Effektive Führung – Führungsidentität, Aufgaben und Fähigkeiten, in: Güttel, Wolfgang H. (Hrsg.): Erfolgreich in turbulenten Zeiten – Impulse für Leadership, Change Management & Ambidexterity, 2. Auflage, Augsburg 2019, S. 103–127.

Güttel, Wolfgang H./Link, Karin (2019): Führung in Veränderungsprozessen – Sinn, Motivation und Selbststeuerung, in: Güttel, Wolfgang H. (Hrsg.): Erfolgreich in turbulenten Zeiten – Impulse für Leadership, Change Management & Ambidexterity, 2. Auflage, Augsburg 2019, S. 180–193.

Güttel, Wolfgang H./Pichler, Otmar (2019): Führen in schwierigen Situationen – Ursachen, Erklärungen und Lösungsstrategien, in: Güttel, Wolfgang H. (Hrsg.): Erfolgreich in turbulenten Zeiten – Impulse für Leadership, Change Management & Ambidexterity, 2. Auflage, Augsburg 2019, S. 128–137.

Güttel, Wolfgang H./Wiesinger, Judith (2019): Leadership in turbulenten Zeiten – Resilienz, Entscheidungsheuristiken und Disruptionen, in: Güttel, Wolfgang H. (Hrsg.): Erfolgreich in turbulenten Zeiten – Impulse für Leadership, Change Management & Ambidexterity, 2. Auflage, Augsburg 2019, S. 138–156.

Habighorst, Michael (2018): Auf die schlanke Tour – So werden Unternehmen lean und agil, Heidelberg 2018.

Happel, Herbert (2017): Hierarchie als Chance – Für erfolgreiche Kommunikation und Kooperation in Team und Organisation, Wiesbaden 2017.

Hartmann, Bruno (2017): Drahtseilakt Unternehmenswandel – So wird Change Management im Unternehmen überflüssig, Wiesbaden 2017.

Hasenzagl, Rupert/Link, Karin (2017): Agil – das neue Paradigma in der Unternehmensführung?, in: Güttel, Wolfgang H. (Hrsg.): Austrian Management Review, Vol. 7, 2017, S. 47–55.

Häusling, André/Kahl, Martin (2017a): Treiber für Agilität – Gründe und Auslöser, in: Häusling, André (Hrsg.): Agile Organisationen – Transformationen erfolgreich gestalten – Beispiele agiler Pioniere, Freiburg 2017, S. 17–25.

Häusling, André/Kahl, Martin (2017b): Die fünf Level auf dem Weg zu einer agilen Organisation, in: Agile Organisationen – Transformationen erfolgreich gestalten – Beispiele agiler Pioniere, in: Häusling, André (Hrsg.): Agile Organisationen – Transformationen erfolgreich gestalten – Beispiele agiler Pioniere, Freiburg 2017, S. 95–115.

Hillmer, David (2019): How to Fuck up Agility: Drei Gründe, warum Scrum, Kanban und ein agiles Mindset scheitern, URL: https://www.helloagile.de/post/how-to-fuck-up-agility (Abruf: 13.09.2019; 18:14 Uhr), o.S.

Hofert, Svenja (2018a): Agiler führen – Einfache Maßnahmen für bessere Teamarbeit, mehr Leistung und höhere Kreativität, 2. Auflage, Wiesbaden 2018

Hofert, Svenja (2018b): Das agile Mindset – Mitarbeiter entwickeln, Zukunft der Arbeit gestalten, Wiesbaden 2018.

Hofert, Svenja/Thonet, Claudia (2019): Der agile Kulturwandel, Wiesbaden 2019.

Hofner, Jürgen/Fürst, Martin/Hollander, Hilke/Neuberger, Raphael/Pogadl, Achim (2018): Agile Transformation – Buzzword oder Zukunftssicherung?, URL:

https://bankinghub.de/banking/operations/agile-transformation (Abruf: 13.09.2019; 18:52 Uhr), o.S.

Hoffmann, Jürgen/Roock, Stefan (2018): Agile Unternehmen – Veränderungsprozesse gestalten, agile Prinzipien verankern, Selbstorganisation und neue Führungsstile etablieren, Heidelberg 2018.

HolocracyOne (o.J.): Holocracy – Discover a better way of working, URL: https://static1.squarespace.com/static/5d1239a79c02150001db74d4/t/5d38feaf94aa320001ec95ee/1564016303326/Holacracy-WhitePaper-v5.pdf (Abruf: 25.10.2019; 21:26 Uhr) S. 1–10.

Kehr, Hugo M. (2015): Das 3-K-Modell der Motivation, in: Felfe, Jörg (Hrsg.): Trends der psychologischen Führungsforschung – Neue Konzepte, Methoden und Erkenntnisse, Göttingen 2015, S. 103–113.

Kohnke, Oliver/Wieser, Doris (2019): Agiles Change Management – Revolution der Change Beratung?, in: OrganisationsEntwicklung – Zeitschrift für Unternehmensentwicklung und Change Management, Nr. 1, 2019, S. 80–85.

Konlechner, Stefan W./Güttel, Wolfgang H. (2019): Kontinuierlicher Wandel durch Ambidexterity – Formen, Einsatzbedingungen und Lernen, in: Güttel, Wolfgang H. (Hrsg.): Erfolgreich in turbulenten Zeiten – Impulse für Leadership, Change Management & Ambidexterity, 2. Auflage, Augsburg 2019, S. 269–286.

Komus, Ayelt/Kamlowski, Waldemar (2014): Gemeinsamkeiten und Unterschiede von Lean Management und agilen Methoden – Working Paper des BPM-Labors Hochschule Koblenz, URL: https://www.hs-koblenz.de/fileadmin/media/fb_wirtschaftswissenschaften/Forschung_Projekte/Forschungsprojekte/BPM-Labor/BPM-Lab-WP-Lean-vs-Agile-v1.0.pdf (Abruf: 07.09.2019; 20:12 Uhr), S. 1–33.

Koprax, Irina/Maric, Sara/Winter, Ernst/Zierler, Clemens (2017): Technologiemanagement 4.0 – Wie dynamische Unternehmen den Wandel für ihren Erfolg nutzen können, Institut für Arbeitsforschung und Arbeitspolitik an der Johannes Kepler Universität Linz, Linz 2017.

Kraus, Georg/Becker-Kolle, Christel/Fischer, Thomas (2010): Change-Management – Steuerung von Veränderungsprozessen in Organisationen Einflussfaktoren und Beteiligte, Konzepte, Instrumente und Methoden, 3. Auflage, Berlin 2010.

Kraus, Georg/Westermann, Reinhold (2019): Projektmanagement mit System – Organisation, Methoden, Steuerung, 6. Auflage, Wiesbaden 2019.

Kreutzer, Ralf T. (2018): Führungs- und Organisationskonzepte im digitalen Zeitalter kompakt – Agilität erreichen, Prozesse beschleunigen, Change-Management implementieren, Wiesbaden 2018.

Kusay-Merkle, Ursula (2018): Agiles Projektmanagement im Berufsalltag – Für mittlere und kleine Projekte, Wiesbaden 2018.

Kühl, Stefan (2016a): Arbeit 4.0 – Flexibel, demokratisch und agil?, in: Wirtschaftspsychologie aktuell, 2/2016, S. 58–59.

Kühl, Stefan (2016b): Führen ohne Hierarchie – Macht, Vertrauen und Verständigung im Konzept des Lateralen Führens, in: Geramanis, Olaf/Hermann, Kristina (Hrsg.): Führen in ungewissen Zeiten – Impulse, Konzepte und Praxisbeispiele, Wiesbaden 2016, S. 251–264.

Laloux, Frederic (2016): Reinventing Organizations, München 2016.

Lasnia, Marko/Nowotny, Valentin (2018): Agile Evolution – Eine Anleitung zur agilen Transformation, Göttingen 2018.

Lauer, Thomas (2014): Change Management – Grundlagen und Erfolgsfaktoren, 2. Auflage, Heidelberg 2014.

Laux, Helmut/Liermann, Felix (2005): Grundlagen der Organisation – Die Steuerung von Entscheidungen als Grundproblem der Betriebswirtschaftslehre, 6. Auflage, Berlin/Heidelberg/New York 2005.

Leopold, Klaus/Kaltenecker, Siegfried (2015): Kanban Change Leadership – Creating a Culture of Continuous Improvement, Hoboken 2015.

Loebbert, Michael (2015): The Art of Change – Von der Kunst, Veränderungen in Unternehmen und Organisationen zu führen, 2. Auflage, Wiesbaden 2015.

Louven, Sandra (2019): Neuer Chef der Großbank BBVA muss Aktionäre von Digitalisierung überzeugen, in: Handelsblatt vom 01.01.2019, URL: https://www.handelsblatt.com/finanzen/banken-versicherungen/carlos-torres-vila-neuer-chef-der-grossbank-bbva-muss-aktionaere-von-der-digitalisierung-ueberzeugen/23811078.html (Abruf: 23.10.19; 09:13 Uhr), o.S.

McKinsey (2017): ING's agile transformation – Two senior executives from the Dutch bank describe their recent journey, in: McKinsey Quarterly, January 2017, URL: https://www.mckinsey.com/industries/financial-services/our-insights/ings-agile-transformation (Abruf: 15.12.2019; 13:45 Uhr), S. 1–10.

Menhart, Michael (2019): Zur Diskussion gestellt: Gewinner und Verlierer in der Welt dauerhafter Niedrigzinsen – Gewinner oder Verlierer: die Risiken steigen für alle, in: ifo Schnelldienst, Leibniz-Institut für Wirtschaftsforschung an der Universität München e.V., Nr. 20, 72 Jg. (2019), 15–18.

Meyer, Bertrand (2014): Agile! – The Good, the Hype and the Ugly, Basel 2014.

Michels, Jürgen (2019): Zur Diskussion gestellt: Gewinner und Verlierer in der Welt dauerhafter Niedrigzinsen – Zuviel des (ursprünglich) Guten, in: ifo Schnelldienst, Leibniz-Institut für Wirtschaftsforschung an der Universität München e.V., Nr. 20, 72 Jg. (2019), 3–5.

Muchna, Claus (2019): Einführung in das Innovations- und Change-Management, in Muchna, Claus (Hrsg.): Aspekte des Innovations- und Changemanagements – Ein Theorie-Praxis-Transfer, Wiesbaden 2019, S. 1–33.

Preußig, Jörg (2015): Agiles Projektmanagement – Scrum, Use Cases, Task Boards & Co, Freiburg 2015.

Ries, Eric (2014): Lean Startup – Schnell, risikolos und erfolgreich Unternehmen gründen, 3. Auflage, München 2014.

Ritter, Martin/Grosenick, Christian (2019): Agile Inseln im Konzern – Flexible Zuordnung der Führungsverantwortung in agilen Organisationsmodellen bei der Deutschen Bahn, in: OrganisationsEntwicklung – Zeitschrift für Unternehmensentwicklung und Change Management, Nr. 2, 2019, S. 31–36.

Robertson, Brian J. (2007): Leading-Edge Organisation – Einführung in Holocracy (in der Übersetzung von Dennis Wittrock mit Stand vom 04.01.2009), URL: http://www.kreacom.org/download.php?f=19db178d6660022795d7569735ab6c7f&target=0 (Abruf: 25.10.2019; 21:29 Uhr), S. 1–36.

Rubin, Kenneth S. (2014): Essential Scrum: Umfassendes Scrum-Wissen aus der Praxis, Frechen 2014.

Sauter, Roman/Sauter, Werner/Wolfig, Roland (2018): Agile Werte- und Kompetenzentwicklung – Wege in eine neue Arbeitswelt, Berlin 2018.

Schallmo, Daniel R.A. (2017): Design Thinking erfolgreich anwenden – So entwickeln Sie in 7 Phasen kundenorientierte Produkte und Dienstleistungen, Wiesbaden 2017.

Scheller, Torsten (2017): Auf dem Weg zur agilen Organisation – Wie Sie Ihr Unternehmen dynamischer, flexibler und leistungsfähiger gestalten, München 2017.

Schleweis, Helmut (2019): Zur Diskussion gestellt: Gewinner und Verlierer in der Welt dauerhafter Niedrigzinsen – Mehr Schaden als Nutzen: Was eine dauerhaft expansive Geldpolitik für die Gesellschaft bedeutet, in: ifo Schnelldienst Leibniz-Institut für Wirtschaftsforschung an der Universität München e.V., Nr. 20, 72 Jg. (2019), 9–11.

Schnabl, Gunther (2019): Zur Diskussion gestellt: Gewinner und Verlierer in der Welt dauerhafter Niedrigzinsen – Die anhaltend lockere Geldpolitik hat gesellschaftlich unerwünschte Verteilungseffekte, in: ifo Schnelldienst, Leibniz-Institut für Wirtschaftsforschung an der Universität München e.V., Nr. 20, 72 Jg. (2019), 6–8.

Schröder, Claudia/Oestereich, Bernd (2019): Die Organisation der Selbstorganisation – Einsichten aus der Praxis, in: OrganisationsEntwicklung – Zeitschrift für Unternehmensentwicklung und Change Management, Nr. 2, 2019, S. 45–50.

Schuhmacher, Thomas/Wimmer, Rudolf (2019): Der Trend zur hierarchiearmen Organisation – Zur Selbstorganisationsdebatte in einem radikal veränderten Umfeld, in: OrganisationsEntwicklung – Zeitschrift für Unternehmensentwicklung und Change Management, Nr. 2, 2019, S. 12–18.

Schultz, Kerstin Friederike/Wessendorf, Tanja (2019): Machbar und sinnvoll? – Austausch zu Selbstorganisation in der Konzernwelt, in: OrganisationsEntwicklung – Zeitschrift für Unternehmensentwicklung und Change Management, Nr. 2, 2019, S. 25–30.

Schulz, Christian (2019): Umstrukturierung im Unternehmen – Der Wirtschaftsausschuss als Informant und Mitgestalter, URL: https://www.betriebsrat.de/umstrukturierung-betriebsaenderung/umstrukturierung-im-unternehmen/umstrukturierung-im-unternehmen.html (Abruf: 25.11.2019; 19:03 Uhr), o.S.

Schwaber, Ken (1995): SCRUM Development Process, URL: http://www.jeffsutherland.org/oopsla/schwapub.pdf (Abruf: 15.09.2019; 12:22 Uhr), S. 1–23.

Schwaber, Ken/Sutherland, Jeff (2017): Der Scrum Guide, URL: https://www.scrumguides.org/docs/scrumguide/v2017/2017-Scrum-Guide-German.pdf (Abruf: 15.09.2019; 12:32 Uhr), S. 1–22.

Siedl, Werner (2018): SAFe: Ein Reiseführer zum lean-agilen Unternehmen – Wie Sie mir SAFe und dem Enterprise Transformation Cycle lean-agile Methoden und Tools in Ihrem Unternehmen einführen, in: Pfannstiel, Mario A./Steinhoff, Peter F.-J. (Hrsg.): Der Enterprise Transformation Cycle – Theorie, Anwendung, Praxis, Wiesbaden 2018, S. 73–94.

Sistig, Martin (2017): Fahren wir bald alle iCar?, URL: https://www.zeit.de/wirtschaft/unternehmen/2017-09/automobilindustrie-wandel-dienstleister-autonomes-fahren-sharing-dieselskandal (Abruf: 28.08.2019; 16:33 Uhr), o.S.

Steinhoff, Peter F.-J. (2018): Der Enterprise Transformation Cycle – Ein praxiserprobtes Modell für die erfolgreiche Unternehmenstransformation, in: Pfannstiel, Mario A./Steinhoff, Peter F.-J. (Hrsg.): Der Enterprise Transformation Cycle – Theorie, Anwendung, Praxis, Wiesbaden 2018, S. 3–20.

Takeuchi, Hirotaka/Nonaka, Ikujiro (1986): The new new product development game – Stop running the relay race and take up rugby, in: Havard Business Review, Vol. 64, 1986, S. 137–146.

Verheyen, Gunther (2013): Scrum – A Pocket Guide: A smart travel companion, Zaltbommel 2014.

Vieweg, Wolfgang (2015): Management in Komplexität und Unsicherheit – Für agile Manager, Wiesbaden 2015.

Weber, Isabel/Fischer, Stephan/Eireiner, Cathrin (2017): Wissenschaftliche Grundlagen für ein agiles Reifegradmodell, in: Häusling, André (Hrsg.): Agile Organisationen – Transformationen erfolgreich gestalten – Beispiele agiler Pioniere, Freiburg 2017, S. 27–45.

Weiler, Adrian/Savelsberg, Eva/Dorndorf, Ulrich (2018): Agile Optimierung in Unternehmen, Freiburg 2018.

Weßels, Dirk (2012): Vergütungssysteme als Instrument der Corporate Governance – Vergleich der Vergütungssysteme von Vorständen und Aufsichtsräten in Publikumsgesellschaften und Familienunternehmen des DAX und DAXplus Family, Marburg 2012.

Williams, Laurie A./Kessler, Robert R. (1999): All I really need to know about pair programming I learned in Kindergarten URL:

https://collaboration.csc.ncsu.edu/laurie/Papers/Kindergarten.PDF (Abruf: 15.09.2019; 20:40 Uhr), S. 1–13.

Winkler, Brigitte (2019): Wir sind im Wandel (Editorial), in: OrganisationsEntwicklung – Zeitschrift für Unternehmensentwicklung und Change Management, Nr. 1, 2019, S. 1.

Womack, James P./Jones, Daniel T. (2004): Lean Thinking – Ballast abwerfen, Unternehmensgewinne steigern, Frankfurt/New York 2004.

Wöstheinrich, Peter Johannes/Rohde, Michael (2018): Transformation zu einem datenzentrierten Unternehmen in der Kreditindustrie, in: Pfannstiel, Mario A./Steinhoff, Peter F.-J. (Hrsg.): Der Enterprise Transformation Cycle – Theorie, Anwendung, Praxis, Wiesbaden 2018, S. 255–272.

Zierler, Clemens (2017): Auf dem Weg zum Unternehmen 4.0, URL: https://www.hrm.at/fachartikel/neue-technologien-einführen:-auf-dem-weg-zum-unternehmen-4-0-14418 (Abruf: 28.11.2019; 20:34 Uhr), o.S.

Laserspektroskopische Charakterisierung von Reaktionsprozessen zur Gasphasensynthese von Nanopartikeln

Der Fakultät für Ingenieurwissenschaften, Abteilung Maschinenbau und Verfahrenstechnik der

Universität Duisburg-Essen

zur Erlangung des akademischen Grades

eines/einer

Doktors der Ingenieurwissenschaften

Dr.-Ing.

genehmigte Dissertation

von

Christian Hecht
aus
Duisburg

Gutachter: Univ.-Prof. Dr. rer. nat. Christof Schulz
Univ.-Prof. Dr. rer. nat. Burak Atakan
Tag der mündlichen Prüfung: 21. September 2011

Bibliografische Information der Deutschen Nationalbibliothek
Die Deutsche Nationalbibliothek verzeichnet diese Publikation in der Deutschen Nationalbibliografie; detaillierte bibliografische Daten sind im Internet über http://dnb.d-nb.de abrufbar.
1. Aufl. - Göttingen : Cuvillier, 2011
Zugl.: Duisburg-Essen, Univ., Diss., 2011

978-3-86955-948-3

Nonnenstieg 8, 37075 Göttingen
Telefon: 0551-54724-0
Telefax: 0551-54724-21
www.cuvillier.de

1. Auflage, 2011
Gedruckt auf säurefreiem Papier

978-3-86955-948-3

Zusammenfassung

Nanomaterialien werden als eine der Schlüsseltechnologien des 21. Jahrhunderts bezeichnet. Hierbei ist es möglich, die physikalischen und chemischen Eigenschaften von Stoffen über die Größe und Form der Partikel zu verändern. Ein Hindernis bei der industriellen Nutzung dieser Materialien ist die fehlende Möglichkeit, Partikel mit hochdefinierten Eigenschaften in großen Mengen gezielt herzustellen.

Die Produktion von Nanopartikeln aus der Gasphase ist ein kostengünstiger Prozess, der auf industriellen Maßstab skaliert werden kann. Um jedoch auch bei hohen Produktionsvolumina die Erzeugung spezifischer Materialien zu garantieren, müssen die Prozesse innerhalb des Reaktors verstanden sein. Hierfür sind nicht-invasive Messungen von kritischen Größen wie Temperatur und der Verteilung einzelner Spezies innerhalb des Reaktors notwendig.

Im Rahmen dieser Arbeit wurde die Laser-induzierte Fluoreszenz-Spektroskopie, die in der Verbrennungsdiagnostik seit Jahrzenten ein erprobtes Verfahren zur nicht-invasiven Charakterisierung ist, auf die Synthese von Nanopartikeln angepasst. Zur Temperaturbestimmung wurde das Multi-Linien NO-LIF-Thermometrie-Verfahren benutzt. Hierbei wird ein Laser mit durchstimmbarer Wellenlänge verwendet, um verschiedene Fluoreszenzübergänge des NO-Moleküls mit unterschiedlichen Grundzustandsenergien anzuregen. Aus der mittels einer Kamera detektierten Fluoreszenz lässt sich die Temperatur zweidimensional und ortsaufgelöst messen.

Um auch die Konzentration von Intermediaten während der Nanopartikelsynthese ortsaufgelöst messen zu können wurde ein Verfahren entwickelt, dass aus einer Kombination von Fluoreszenz und Absorptionsmessungen die Konzentration quantitativ bestimmt. Dieses Verfahren wurde an atomarem Eisen, einem wichtigen Intermediaten bei der Fe_2O_3-Synthese, demonstriert, lässt sich jedoch auch auf andere Systeme übertragen.

Die hier entwickelten Techniken wurden während der Partikelsynthese in einem Niederdruckflammenreaktor und einen Mikrowellenplasmareaktor angewendet. Hierbei lag ein Hauptaugenmerk auf der Veränderung des Temperaturfelds bei Variation verschiedener Parameter, wie sie auch führ verschiedene Syntheserouten verändert werden. Ebenfalls wurde der Einfluss von Prekursoren auf das Temperaturfeld innerhalb der Reaktoren betrachtet.

Abstract

Nanomaterials are considered one of the key technologies of the 21th century. They enable the tailoring of physical and chemical properties of materials by changing size and morphology of particles. The biggest obstacle for the industrial application of these materials is the missing possibility to produce particles with well-defined properties in large quantities.

The gas-phase synthesis of nanoparticles is a cost-efficient process for the production, which is also scalable up to production scales relevant for practical applications. To guarantee well-defined properties, such as the size distribution, the reaction processes must be understood. Therefore, it is necessary to measure critical parameters like temperature and species concentration inside the reactors with non-intrusive methods.

In this thesis, laser-induced fluorescence spectroscopy, a common technique for non-intrusive combustion diagnostics is applied to the synthesis of nanoparticles. For temperature measurements, multi-line NO-LIF thermometry was used. A tunable laser is used to excite several fluorescence transitions of the NO molecule, which originate from states with different ground-state energies. By collecting the fluorescence with a camera, two-dimensional temperature maps can be generated.

To also measure the concentration distribution of intermediates during the synthesis, a technique was developed that combines absorption and fluorescence measurements. It was applied to quantitatively determine the concentration distribution of atomic iron, an important intermediate during the synthesis of Fe_2O_3, but can also be applied to other materials systems.

The techniques were applied to the nanoparticle synthesis in a flame reactor and a micro-wave plasma reactor. The temperature field was observed while changing operating parameters relevant for different synthesis routes. Also, the influence of particle precursors themselves on the temperature was investigated.

Inhalt

1. Einleitung

Nanomaterialien sind eine der Schlüsseltechnologien des 21. Jahrhunderts. Nanopartikel haben andere Eigenschaften als makroskopische Festkörper des gleichen Materials, die von ihrer Größe abhängen und deswegen durch deren Variation verändert und maßgeschneidert werden können. Durch die geringe Gesamtgröße steigt das Oberflächen- zu Volumenverhältnis, wodurch oberflächenabhängige chemische Prozesse und Phasenübergänge stark beeinflusst werden. Hierdurch können zum Beispiel verbesserte katalytische Eigenschaften [1], aber auch Anwendungen für den spezifischen Nachweis von Gasen erreicht werden [2]. Da die Partikelgrößen in der Größenordnung ihrer atomaren bzw. molekularen Bausteine liegen, dominieren quantenmechanische Eigenschaften im Vergleich zu klassischen Eigenschaften makroskopischer Körper. Dies lässt sich insbesondere bei den Lumineszenzeigenschaften [3], aber auch bei magnetischen und elektrischen Eigenschaften [4] beobachten. Außerdem sind die Partikel in der Größenordnung von Bestandteilen lebender Zellen. Studien zeigen, dass Stoffe dieser Größe bevorzugt von Zellen aufgenommen werden [5], so dass biomedizinische Anwendungen realisiert werden können.

Einer wirtschaftlich relevanten Nutzung steht jedoch im Wege, dass es bisher nicht möglich ist, genügend große Mengen von Materialien mit einer möglichst engen Größenverteilung herzustellen. Herkömmliche, in der Industrie eingesetzte Syntheseverfahren liefern zwar bereits heute Materialien in großen Mengen, jedoch ist es in diesen großchemischen Anlagen nicht möglich, eine geringe Größenverteilung zu erhalten [6]. Andererseits ist es jedoch heute schon in Reaktoren im Labormaßstab möglich, geringe Mengen von hochspezifischen Nanomaterialien herzustellen [7].

In beiden Ansätzen werden Gasphasenprozesse für die Synthese eingesetzt. Über die Einkopplung von Energie in ein Gasgemisch, dem Vorläufersubstanzen (Prekursoren) hinzugegeben sind, werden die Prekursoren zersetzt und die ersten Partikel gebildet. Hierbei sind die Gasphasenprozesse stark von den lokalen Bedingungen wie Temperatur und chemischer Umgebung abhängig. Die auftretenden Prozesse und somit die Eigenschaften der gebildeten Materialien sind stark kinetisch kontrolliert.

Die Übertragung der Synthese vom Labormaßstab auf industrierelevante Größenordnungen ist jedoch prinzipiell möglich [8]. Hierfür ist ein grundlegendes Verständnis der Prozesse nötig, die zu der Entstehung von Stoffen auf der Größenordnung von Nanometern führen. Dies ermöglicht es dann, technische Syntheseanlagen mittels Simulationsrechnungen zu entwerfen und zu optimieren, um gleichzeitig Produktionsvolumina und definierte Eigenschaften der Partikel zu erreichen. Die Validierung von Modellen und Simulationsrechnungen gestaltet sich jedoch schwierig, da es an Messmethoden fehlt, um Prozessparameter wie die Temperatur oder die Verteilung verschiedener Spezies während der Synthese zu messen, ohne diese zu beeinflussen, wie es zum Beispiel Thermoelemente und sonstige Sonden-basierte Verfahren tun würden.

Im Rahmen dieser Arbeit wird die Übertragung von laserbasierten Messmethoden, in diesem Falle der laserinduzierten Fluoreszenz, die in der Verbrennungsdiagnostik bereits seit längerer Zeit angewandt werden, auf Systeme zur Nanopartikelsynthese beschrieben. Diese Methoden ermöglichen es, die gemessenen Größen, ortsaufgelöst zu messen und in Form zweidimensionaler Verteilungen aufzunehmen. Es wird anhand der Besetzung der Rotationsniveaus von Stickstoffmonoxid (NO), welches den Reaktionsgasen als Temperaturtracer hinzugegeben wird, die Gasphasen-Temperatur in den Systemen bestimmt. Hierbei wird zunächst eine Niederdruckflamme zur Partikelsynthese betrachtet, die unter dem Aspekt der Modellierung und Laser-spektroskopischen Diagnostik ein in der Verbrennungsforschung gut untersuchtes System darstellt. Es werden verschiedene Einflüsse auf die Temperatur dargestellt und diskutiert.

Zudem wird eine Methode zur quantitativen abbildenden Messung von atomarem Eisen, einem wichtigen Zwischenprodukt während der Synthese von Eisenoxid (Fe_2O_3) aus Eisenpentacarbonyl ($Fe(CO)_5$) in der Gasphase entwickelt. Hieran wird aufgezeigt, wie Ergebnisse, die in Messungen gewonnen werden, zur Überprüfung und Weiterentwicklung von mathematischen Modellen genutzt werden können.

Die Messverfahren werden ebenfalls in einem Mikrowellen-Plasmareaktor angewandt. Dieser Reaktortyp erlaubt es, weitgehend sphärische und monodisperse Partikel zu erzeugen, indem die Prekursoren in einem Plasma zersetzt werden, während das Partikelwachstum nach dem Plasma einsetzt. Die hier gemessene Rotationstemperatur beschreibt neben der elektronischen, der vibronischen, der kinetischen und der Elektronentemperatur, die Energieverteilung eines der für Reaktionen in Plasmen relevanten Freiheitsgrade. Es wird zudem der Einfluss von Druck, eingekoppelter Energie sowie Gaszusammensetzung auf die Temperaturverteilung untersucht. Bei der Gaszusammensetzung wird insbesondere der Einfluss des Temperaturtracers und der verschiedenen Prekursoren betrachtet. Hierfür wurden jeweils die Siliziumdioxid-Prekursoren Hexamethyldisiloxan (HMDSO) und Tetraethylorthosilicat (TEOS), der Titandioxid-Prekursor Tetraisopropyltitanat (TTIP) und der Eisenoxid-Prekursor Eisenpentacarbonyl ($Fe(CO)_5$) dem Plasma hinzugegeben.

In bestehenden Plasmareaktoren ist hier ein Problem die Verschmutzung des optischen Zugangs durch die bei der Synthese entstehenden Partikel. Hierfür wird ein neues Reaktorkonzept entwickelt, welches lange Messzeiten auch während der Partikelsynthese ermöglicht. Durch die Kombination dieses Reaktorkonzepts mit Prekursoren, die die Synthese von unterstöchiometrischen Partikel erlauben, wie z.B. HMDSO, kann die Oxidation der Stoffe besser verstanden werden. Zudem wird die Speziesdetektion auf ionische und in Flammen nicht vorkommende Spezies wie Fe^+ erweitert.

Inhalt dieser Arbeit ist die Weiterentwicklung der Diagnostik-Methoden und nicht das Verständnis aller Vorgänge in Plasmen. Daher werden für verschiedene Phänomene zwar verschiedene Erklärungsmöglichkeiten dargestellt, jedoch gibt es meist mehrere Erklärungsansätze dasselbe Phänomen. Dabei ist es noch nicht verstanden, welche Theorie sämtliche Phänomene zur Genüge erklärt. Hier soll diese Arbeit jedoch Eingangsdaten liefern, die bei zukünftigem Verständnis der Partikelsynthese von Nutzen sein können.

2. Theoretische und experimentelle Grundlagen

In diesem Kapitel werden die Grundlagen der Nanopartikelsynthese und die dafür verwendeten Reaktoren und Aufbauten vorgestellt. Auf den quantenmechanischen Theorien, die als Grundlage für die optischen Messungen dienen, liegt ein besonderes Augenmerk, da deren Verständnis wichtig ist, für die Ausweitung der Speziesdetektion auf neue Zwischenprodukte. Am Ende des Kapitels werden die in dieser Arbeit verwendeten und zum Teil neu entwickelten Messverfahren dargestellt und an Beispielen demonstriert.

2.1.Synthese von Nanopartikeln

Bei der Herstellung von Nanopartikeln werden zwei verschiedene Ansätze unterschieden. Beim top-down-Ansatz [9] wird ein Festkörper durch Kombination verschiedener Mahltechniken immer feiner zerkleinert, bis die einzelnen Partikel die gewünschte Größe erreichen. Beim bottom-up-Verfahren wird ein Partikel aus einzelnen Atomen und Molekülen kontrolliert aufgebaut, bis die erwünschte Partikelgröße und Struktur entsteht.

Diese Arbeit beschäftigt sich jedoch ausschließlich mit bottom-up-Verfahren, weshalb im Folgenden auch nur noch auf dieses eingegangen wird. Hierbei sind die geläufigsten Ansätze die nasschemische- [10] und die Gasphasensynthese [7]. Im Folgenden soll nur die Gasphasensynthese betrachtet werden.

Abbildung 2.1 zeigt den prinzipiellen Ablauf der Gasphasensynthese von Nanopartikeln: Eine gasförmige Vorläuferspezies (Prekursor) wird dem Hauptgasstrom im Reaktor hinzugegeben , thermisch zersetzt und bildet einen übersättigten Molekül- oder Atom-Dampf. Dieser kann mit im Reaktor vorhandenen Gasen reagieren und bildet erste Cluster. Durch Stöße unter den Clustern bilden sich erste Partikel, die durch Anlagerung weiterer Moleküle (Kondensation) bzw. Partikel (Koagulation) weiter wachsen [11].

Da sämtliche Prekursoren in diesem Fall gasförmig vorliegen müssen, ist dieses System auf verdampfbare Prekursoren wie metallorganische Verbindungen und Metall-Carbonyle beschränkt.

Für die praktische Synthese werden hauptsächlich drei verschiedene Reaktorkonzepte angewandt, die jeweils spezifische Vor- und Nachteile besitzen. Sie unterscheiden sich nur in die Art, wie die für den ersten Reaktionsschritt notwendige Wärme aufgebracht wird, und welche Gasumgebung für die nachfolgenden Reaktionsschritte vorhanden ist. Im Folgenden werden alle drei Typen genauer vorgestellt, wobei nur die ersten Beiden in dieser Arbeit behandelt werden:

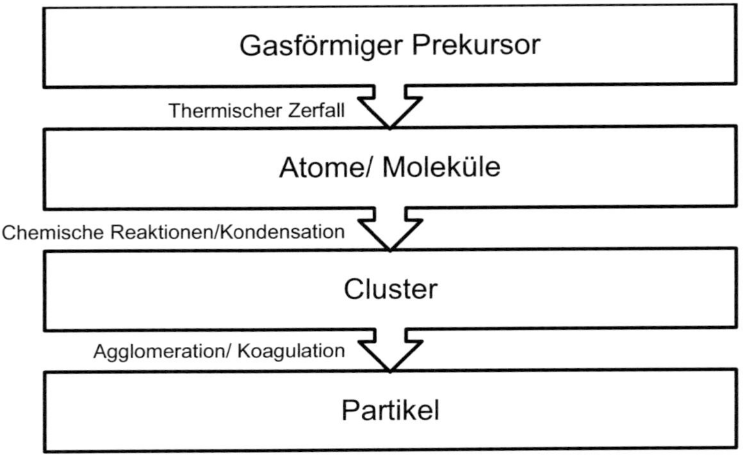

Abbildung 2.1: Übersicht der grundlegenden Prozesse während der Gasphasensynthese von Nanopartikeln

- Flammenreaktor:
  Beim Flammenreaktor wird die Energie für Reaktionen, die für die Synthese nötig sind, von einer Flamme zur Verfügung gestellt. Hierdurch ist dies der von den Betriebskosten günstigste Reaktortyp. Durch den Sauerstoff in der Flamme lassen sich in diesem Reaktortyp nur oxydische Partikel herstellen, wobei sich die Stöchiometrie teilweise einstellen lässt [12]. Die Prozesse können mit vorgemischten oder nicht-vorgemischten Flammen betrieben werden. Hierdurch kann sich auf die Partikel wirkende Temperaturfeld stark verändert werden.

- Mikrowellenplasmareaktor:
  Beim Mikrowellenplasmareaktor wird in eine Gasströmung Mikrowellenstrahlung eingekoppelt und so ein Plasma gebildet. Die hohen Elektronentemperaturen im Plasma sowie die Möglichkeit der Stöße mit hochenergetischen Ionen sorgen für einen schnellen Prekursorzerfall, während das Temperaturfeld hinter dem Plasma, in dem die Partikelbildung stattfindet, von der vergleichsweise geringeren Gastemperatur bestimmt ist [13,14].

- Heißwandreaktor:
  Ein einfacher Ansatz, einer Gasströmung thermische Energie zuzuführen, ist die Aufheizung durch Wärmeleitung und Konvektion in einem extern beheizten Rohrreaktor. Hierdurch sind wie beim Mikrowellenplasmareaktor oxidische wie nicht-oxidische Partikel herstellbar, jedoch sind keine großen Temperaturgradienten möglich, was die Einflussmöglichkeiten auf die Partikeleigenschaften einschränkt.[15]

Außerdem existieren noch laserunterstützte Verfahren, so wie Variationen und Kombinationen der Verfahren, die jedoch nicht Inhalt dieser Arbeit sind [7].

Bei allen Reaktoren existiert eine begrenzte Anzahl von Parametern, durch die sich die Syntheseumgebungen und damit die Partikeleigenschaften verändern lassen. Diese sind:

- Gaszusammensetzung
- Druck
- Flussgeschwindigkeit
- Eingekoppelte Energie (Nur bei Mikrowelle und Wandheizung)
- sowie indirekt die Temperaturverteilung

Leider ist es intuitiv meist nicht möglich, einen direkten Zusammenhang zwischen diesen Parametern und den Eigenschaften der gebildeten Partikel herzustellen. Bisherige Studien beschränken sich auf das empirische Variieren verschiedener Parameter, um so auf mögliche Gesetzmäßigkeiten zu schließen [16]. Dies ist jedoch besonders bei Anlagen, die bis zum Technikumsmaßstab skaliert werden sollen, teuer und nicht zielführend. Hierfür sind zuverlässige Simulationen der reagierenden Strömungen in den Reaktoren notwendig. Dabei ist es wichtig, Methoden zu finden, die es ermöglichen, verschiedene chemische Reaktionen im Reaktor zu betrachten, um so Validierungsdaten für mögliche Simulationen zu erhalten. Dies geschieht im Rahmen dieser Arbeit über die Detektion von Zwischenprodukten der einzelnen Reaktionen und der Temperatur.

2.2. Reaktoren

Im Folgenden wird auf den experimentellen Aufbau der in der vorliegenden Arbeit verwendeten Reaktoren eingegangen.

2.2.1. Der Niederdruckflammenreaktor

Der eingesetzte Niederdruckflammenreaktor besteht aus einem Vormischbrenner, der in einer Vakuumanlage verbaut ist. Eine Skizze des Reaktors kann man in Abbildung 2.2 sehen. Die Sintermatrix hat einen Durchmesser von 36 mm und kann um bis zu 200 mm verschoben werden. Sie besteht aus einer Kupferverbindung und besitzt einen Kühlkreislauf. Dieser ermöglicht es, eine Überhitzung durch Flammenwärme zu verhindern. Durch gezieltes Einstellen der Temperatur kann zudem verhindert werden, dass Prekursoren an einer zu kalten Sintermatrix kondensieren und diese verstopfen.

In einem externen Mischbereich (nicht in der Abbildung) werden der Brennstoff Wasserstoff und Sauerstoff vorgemischt. Um die Flammentemperatur zu senken und einen konstanten

Fluss bei variierender Prekursorbeigabe zu ermöglichen, wird außerdem Argon hinzugemischt. Bei Temperaturmessungen kann ein Teil des Argons durch ein 2 bzw. 10% NO/Ar Gemisch ersetzt werden. Hierbei liegt die typische NO-Konzentration bezogen auf die gesamte Strömung bei 100–1000 ppm. Eine zweite Rohrleitung ermöglicht die Zugabe eines in Inertgas gelösten Prekursors. Um Kondensation zu verhindern wird diese Leitung extern geheizt. Innerhalb des Brennerkopfs befindet sich eine zweite Mischkammer, in der alle Gase gemischt werden.

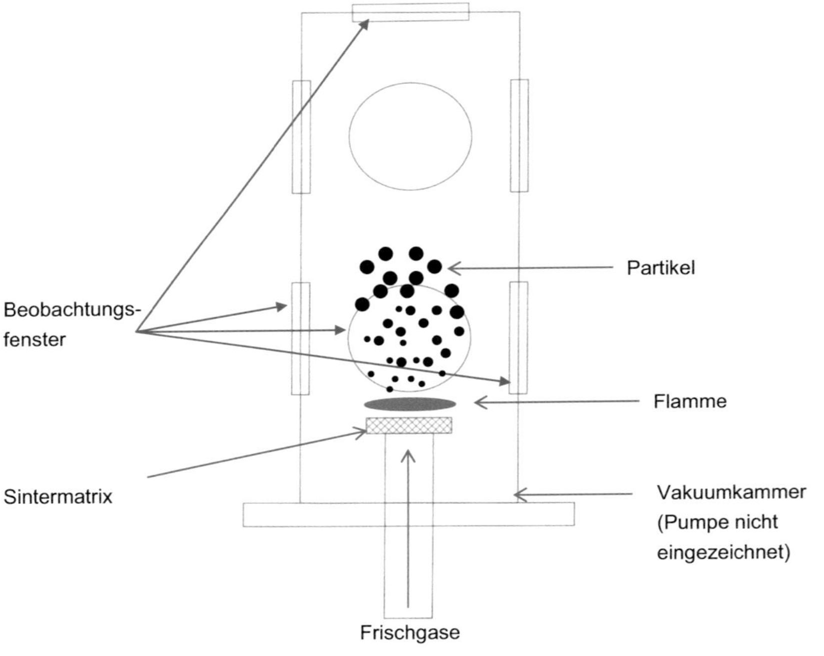

Abbildung 2.2: Skizze des Niederdruckflammenreaktors

Optischer Zugang wird durch Quarzfenster an allen 4 Seiten und der der Sintermatrix gegenüber liegenden Seite gewährt. Hierbei ist es möglich, Fenster mit einem Durchmesser von 50 oder 100 mm zu verwenden. Das Fenster an der der Sintermatrix gegenüberliegenden Seite ersetzt in diesem Reaktor das Partikelmassenspektrometer, wie es z.B. in [17] verwendet wird um Partikel für weitere ex-situ Diagnostikverfahren wie Transmissionselektronenmikroskopie (TEM) oder Untersuchungen der spezifischen Oberfläche nach Brunauer-Emmett-Teller (BET) zu extrahieren.

2.2.2. Der Mikrowellenplasmareaktor

Bei einem Mikrowellenplasmareaktor strömt eine Gasströmung durch eine Mikrowellenantenne, in der sich ein Plasma bildet. Die hierfür benötigte Mikrowellenstrahlung wird in einem Magnetron (Frike und Mallah) erzeugt, mittels eines Wellenleiters und eines dreistufigen Wellenoptimierers zu einem Resonator geleitet und von dort in die Mitte des Quarzrohrs fokussiert. Die maximale Leistung des Magnetrons beträgt 2000 W, bei einer Frequenz von 2,45 GHz. Da die Effizienz der Einkopplung der Mikrowellenstrahlung innerhalb der Antenne variieren kann wird die nicht-eingekoppelte und somit reflektierte Leistung im Mikrowellenleiter gemessen, so dass auf diese korrigiert werden kann. Hierfür wird im Wellenleiter die Leistung der Mikrowelle gemessen, die nach Durchlauf durch das Gas noch existiert. Der Gesamtaufbau hier ist analog zu [18].

Der Gasstrom wird danach innerhalb eines Quarzrohrs mit einem Innendurchmesser von 25 mm bis zu einer Pumpe geleitet. Zwischen Reaktor und Pumpe befindet sich ein Ventil, um den Druck innerhalb des Reaktors regeln zu können. Die Einkopplung des Laserstrahls erfolgt über ein Fenster senkrecht zur Flussrichtung der Gase am Ausgang zur Pumpe. Die Beobachtungsrichtung der Kamera ist seitlich durch das Quarzrohr. Eine schematische Skizze des Reaktors wird in Abbildung 2.3 gezeigt, eine Fotografie des Versuchs in Abbildung 2.4.

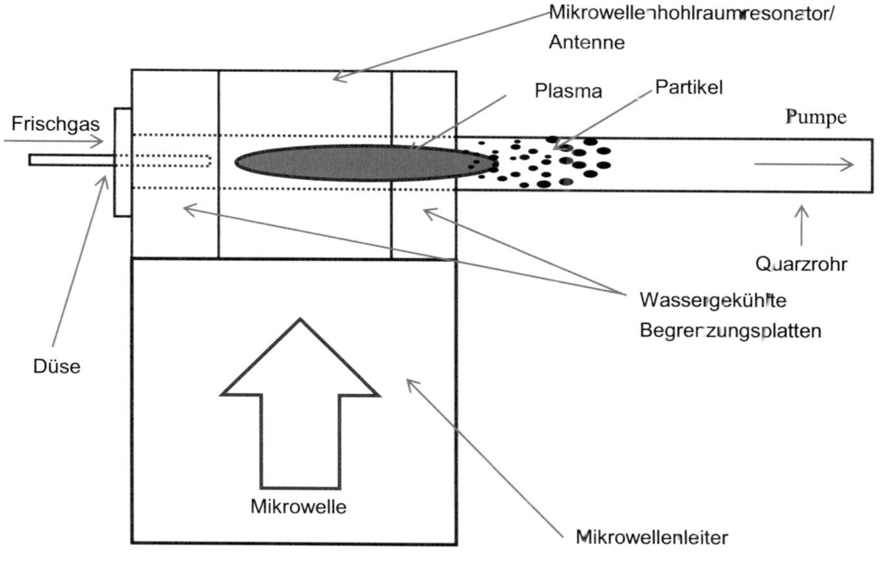

Abbildung 2.3: Schematischer Aufbau des Mikrowellenplasmareaktors

Abbildung 2.4: Foto des Mikrowellenreaktors. Links befindet sich die Mikrowellenantenne, während im Quarzrohr die Reaktionszone lokalisiert ist. Rechts befindet dich ein regelbares Ventil zur Vakuumpumpe. Auf dieser Seite befindet sich das Eingangsfenster für den Laserstrahl. Hinter dem Aufbau ist die bildverstärkte Kamera zu sehen.

2.2.2.1. NO-Rotationstemperatur als Parameter im Mikrowellenplasmareaktor

In einem Mikrowellenplasma muss an sich kein thermisches Gleichgewicht herrschen. Vielmehr kann jeder Freiheitsgrad eine eigene thermische Besetzung und damit eine andere Temperatur besitzen. Hierzu gehört die kinetische Temperatur, die mit der Brownschen Molekularbewegung der Atome gekoppelt ist, die Rotations-, bzw. Vibrationstemperatur, die über die Boltzmannbesetzung der jeweiligen Rotations- oder Vibrationszustände definiert ist, sowie die elektronische Temperatur, die nur durch die Boltzmann-Besetzung der elektronischen Niveaus beschrieben wird. Außerdem liegen freie Elektronen vor, deren relativistisch-kinetische Temperatur meist höher liegt als alle anderen Temperaturen. Innerhalb der jeweiligen Freiheitsgrade kann zudem auch eine nicht-Boltzmann-Besetzung vorherrschen, wodurch eine Temperatur im klassischen Sinne nicht mehr definiert ist. Um diese Nichtgleichgewichts-Besetzung der einzelnen Freiheitsgrade zu verstehen, muss die Herkunft der Temperatur an sich in Plasmen etwas genauer betrachtet werden.

Gerät ein Atom bzw. Molekül in den Bereich der Mikrowellenstrahlung, kann es durch das einwirkende elektrische Feld ionisiert werden, d.h. es wird ein Elektron abgespalten und entlang des Feldes beschleunigt. Trifft es nun auf ein weiteres Atom oder Ion, so gibt es einen Teil seiner Energie an dieses Teilchen ab. Bei niedrigem Druck kann jedoch, bedingt durch die größere freie Weglänge, die auf dem Weg aufgenommene kinetische Energie größer sein als die durch den Stoß verlorene, so dass sich die Energie des Elektron von Stoß zu Stoß erhöht. Die Art des Energietransfers vom Elektron auf das getroffene Teilchen kann jetzt daraus bestehen, dass das Teilchen wiederum ionisiert wird, und sich so die Zahl der freien Elektronen erhöht. Außerdem kann die Stoßenergie in innere Energie des Teilchens umgewandelt werden.

Es wären quantenmechanische Simulationen notwendig, um vorauszusagen, in welchem Freiheitsgrad das Teilchen die aufgenommene Energie speichert. Nach Aufnahme der Energie dauert es eine charakteristische Zeit (abhängig von der Stoßzahl), bis sich die Energie thermisch auf alle möglichen Freiheitsgrade des Teilchens verteilt hat. Betrachtet man ein durchschnittliches Niederdruckplasma, haben die freien Elektronen eine kinetische Temperatur von 5 eV (ca. 60 000 K), während im Durchschnitt 25–30 eV (ca. 300 000–-360 000 K) in die Ionisation der einzelnen Teilchen gegangen ist [66].

Für die Nanopartikel-Synthese ist relevant, dass in der Plasmazone die Prekursoren durch Stöße mit Ionen und durch Elektronenbeschuss zerlegt werden. [14]. Hierdurch ist es möglich, dass das weitere Partikelwachstum in einer Temperaturumgebung stattfindet, die eigentlich zu kalt für die thermische Dekomposition des Prekursors gewesen wäre [67]. Da die mittels NO-LIF-Thermometrie gemessene Temperatur der Molekül Rotationsfreiheitsgrade in keiner nachweisbaren Korrelation zu den am Zerfall beteiligten Temperaturen steht, stellt sie keinen Parameter dar, der für eine detaillierte Beschreibung des Prekursor-Zerfalls ausreicht. Vielmehr beschreibt diese Technik hier stromabwärts die thermalisierte Temperatur, wobei die Mechanismen, die zur Thermalisierung führen, und der Grad der Thermalisierung noch weitgehend Gegenstand der Forschung sind [68,69]. Im Bereich des thermischen Nichtgleichgewichts beschreibt die Rotationstemperatur die Bildungschemie besser als z.B. Elektronentemperaturen,. In wie weit diese Temperatur jedoch innerhalb des Plasmas zur Beschreibung des Plasmas selbst verwendet werden kann, ist momentan ein in der Literatur diskutiertes Thema [69].

Bei der Betrachtung der NO Rotationstemperatur können die Prozessparameter, wie Druck, Gaszusammensetzung, etc., zwei Einflüsse auf eine mögliche Temperaturveränderung haben. Zum einen kann sich die Temperatur der Gase tatsächlich ändern. Zum anderen kann sich aber auch die Thermalisierung des Systems ändern, wodurch sich die NO-Rotationstemperatur nur der mittleren Temperatur aller Freiheitsgrade anpasst. Da hier davon ausgegangen wird, dass das System nach Austritt aus der Antenne schon weitestgehend thermalisiert ist, wird bei der Interpretation der Daten der erste Fall als der wahrscheinlichere angenommen. Ein Indikator für diese Hypothese ist, dass sich die Temperatur nach Austritt aus der Düse nie signifikant erhöht, was bei einer Anpassung an die zum Teil viel höheren Temperaturen in andern Freiheitsgraden der Fall wäre.

Für die optische Diagnostik von Plasmen gibt es in der Literatur einige diskutierte Verfahren. Diese beruhen meist auf Absorptions- bzw. Lumineszenz [70], oder einfache Boltzmann-Plot-LIF Methoden, die punktuelle Messungen zulassen [68]. In dieser Arbeit wurde das Multilinien NO-LIF-Verfahren erstmals als bildgebende Möglichkeit zur Bestimmung der örtlichen Temperaturverteilung in Plasmaströmungen herangezogen.

2.3. Optische Diagnostik von Gasphasenprozessen

Für die Interpretation der im Rahmen dieser Arbeit gemessenen Daten, aber auch zur Ausweitung der später vorgestellten Detektionsschemata auf weitere Spezies, ist es notwendig, ein genaues Verständnis der elektronischen Zustände in Atomen sowie der elektronischen und der Rotations-, und Vibrationszustände innerhalb von Molekülen zu besitzen. An dieser Stelle sollen deshalb kurz die für das Verständnis der aufgenommenen Spektren notwendigen quantenmechanischen Effekte, die zu diesen Aufspaltungen führen, besprochen werden.

2.3.1. Atom und Molekülspektren

Seit dem Bohrschen Atommodell [19] weiß man, dass in Atomen und Molekülen nur quantifizierte Energiezustände E möglich sind. Die Wellenfunktion ψ der Elektronen wird durch eine Hamiltonoperator H beschrieben, die sich schreiben lässt als

$$\hat{H}\Psi = E\Psi \tag{1}$$

$$\text{mit } \hat{H} = \hat{T} + \hat{V}, \tag{2}$$

wobei $\hat{T}$ der Operator der kinetischen und $\hat{V}$ der Operator der potentiellen Energie ist. Hierbei lässt sich $\hat{V}$ als Summe verschiedener Potential-Operatoren $\hat{V}_n$ beschreiben, deren Energiebeiträge sich auch nach Lösung der Wellenfunktion addieren.

$$\hat{V} = \sum_n \hat{V}_n \tag{3}$$

Für Atome und Moleküle wird die Energie eines Zustands durch die Summe der folgenden Beiträge zur potentiellen Energie bestimmt [20]:

- Coulomb-Potential,
- Feinstruktur,
- Hyperfeinstruktur,
- Quantenelektrodynamischer Korrektur,
- Elektron-Elektron Wechselwirkung.

Außerdem bei Molekülen aus der:

- Rotationsenergie und der
- Vibrationsenergie.

2.3.1.1. Coulomb-Potential

Diese Wechselwirkung beruht auf der anziehenden Coulombkraft des positiv geladenen Atomkerns auf die Elektronen eines Atoms. Dies lässt sich über semiklassische Analogien als Radien interpretieren, in denen die Elektronen um den Kern kreisen [19]. Aus der Berechnung der Radien folgt, dass nur eine diskrete Anzahl von Zuständen möglich ist, wobei der Energiebeitrag $E_{coulomb}$ dieses Potentials bei Lösung der Wellenfunktion

$$E_{coulomb} \propto \frac{Z^2}{n^2} \tag{4}$$

ist. Hierbei ist Z die Anzahl der Protonen im Kern und n die Quantenzahl für die Radien bedeutet, wobei $n = 1$ für den innersten Radius steht. Dieses n wird auch als Hauptquantenzahl bezeichnet.

2.3.1.2. Feinstrukturaufspaltung

Bei der exakten quantenmechanischen Lösung der Wellenfunktion gibt es noch drei weitere Quantifizierungen der Wellenfunktion. Diese werden durch die Nebenquantenzahlen, dem Bahndrehimpuls l, der magnetischen Quantenzahl m und den Spin s beschrieben. Der Bahndrehimpuls beschreibt hierbei eine Entartung eines Orbitals in mehrere Unterschalen. Das magnetische Moment beschreibt die Komponente des Bahndrehimpulses, die in eine Richtung parallel zum Vektor des Drehimpulses l steht. Der Eigendrehimpuls eines Elektrons wird als Spin s beschrieben.

In der Literatur gibt es drei Effekte, die unter dem Namen Feinstruktur zusammengefasst werden:

Da sowohl l als auch s Drehimpulse sind, kann es eine Wechselwirkung zwischen beiden geben. Der Energiebeitrag E_{ls} durch diese Wechselwirkung ist abhängig von der Coulomb-Wechselwirkung.

$$\Delta E_{ls} = \frac{-\alpha^2 Z^2}{n^2} E_{Coulomb} \frac{n \cdot \hat{s} \cdot \hat{l}}{l(l+1)(l+1)} \tag{5}$$

α ist hierbei die Sommerfeldsche Feinstrukturkonstante.

Die weiteren beiden Feinstrukturkorrekturen resultieren aus einer relativistischen Betrachtung des Elektrons: Betrachtet man den kinetischen Anteil des Hamiltonoperators relativistisch, ergibt sich:

$$\hat{T} = (p^2c^2 + m_0^2c^4)^{1/2} - m_0c^2 \tag{6}$$

mit dem Impuls p des Elektrons und seiner Ruhemasse m_0. c ist hierbei die Lichtgeschwindigkeit. Dies ändert die Gesamtenergie des Systems um einen Faktor, der sowohl vom Bahndrehimpuls und von der Coulombenergie abhängig ist.

$$\Delta E_{rel} = \frac{-\alpha^2 Z^2}{n^2} E_{Coulomb} \left(\frac{3}{4} - \frac{n}{l + \frac{1}{2}} \right) \quad (7)$$

Außerdem gibt es für Elektronen, die einen Bahndrehimpuls $l = 0$ besitzen eine endliche Aufenthaltswahrscheinlichkeit innerhalb des Atomkerns. Die hierdurch in der vorherigen Betrachtung nicht eingerechnete Korrektur ergibt den sogenannten Darwin-Term

$$\Delta E_{Darwin} = E_{Coulomb} \frac{(Z\alpha)^2}{n^2} \quad (8)$$

In ihrer Summe sind diese Korrekturen für die meisten Atome jedoch um einen Faktor von 10^4 kleiner als die der Coulombenergie.

2.3.1.3. Hyperfeinstrukturaufspaltung

Da nicht nur die Elektronen der Atomhülle, sondern auch die Protonen und Neutronen im Kern einen Drehimpuls besitzen, kann es eine Wechselwirkung zwischen diesen und den Elektronen geben. Hierbei wird in der Literatur die Summe der einzelnen Spins der Hadronen und ihres Bahndrehimpulses als Kernspin I zusammengefasst. Die Wechselwirkung zwischen dem Kernspin und dem Gesamtdrehimpuls J_e eines Elektrons, der die Summe aus Spin und Bahndrehimpuls ist, nennt man Hyperfeinstruktur

$$E_{hfs} = \frac{A}{2}(F^2 - I^2 - J_e{}^2)). \quad (9)$$

Hierbei ist F die Vektorsumme aus I und J_e sowie A die Hyperfeinstrukturaufspaltungskonstante des jeweiligen Atoms. Der Energiebeitrag der Hyperfeinstruktur ist um eine Größenordnung kleiner als der der Feinstruktur.

2.3.1.4. Quantenelektrodynamische Korrektur

Durch die nichtverschwindende Nullpunktschwingung eines harmonischen Oszillators selbst im feldfreien Raum führt das Elektron auf seinem Orbit eine „Zitterbewegung" aus. Hierdurch ändert sich die Energie aller Zustände leicht um den sogenannten Lamb-Shift.

2.3.1.5. Elektron-Elektron Wechselwirkung

Da die meisten quantenmechanischen Rechnungen für einzelne Energieniveaus nur unter der Annahme eines einzelnen Elektrons lösbar sind, müssen Annahmen für reale Systeme gemacht werden, die nun exakt nicht mehr lösbar sind, da es sich um Vielkörperprobleme handelt. Zum einen stoßen sich Elektronen gegenseitig ab, so dass Elektronen auf äußeren Hüllen nur noch durch eine abgeschwächte Anziehungskraft des Atomkerns beeinflusst werden. Diese Abschirmung wird durch den Term

$$E_{eei} = \sum_{i<j}^{Z} \frac{e^2}{4\pi\varepsilon_0 r_{ij}} \tag{10}$$

beschrieben. r_{ij} beschreibt den Abstand zwischen zwei Elektronen.

Bei Atomen mit vielen Elektronen kann die Spin-Bahn-Wechselwirkung eines Elektrons nicht mehr isoliert betrachtet werden. Für Atome mit niedriger Ordnungszahl ist sie im Verhältnis zur Wechselwirkung der Bahndrehimpulse sowie der Spins untereinander vernachlässigbar, so dass diese in diesem Fall einen Gesamtbahndrehimpuls $L = \sum_i l_i$ und den Gesamtspin $S = \sum_i s_i$ bilden. Beide Bahndrehimpulse wechselwirken miteinander und erhöhen so die Energie um

$$\Delta E_{\mathrm{LS}} \propto \hat{L} \cdot \hat{S}. \tag{11}$$

Da die Spin-Bahn-Wechselwirkung bei hohen Ordnungszahlen zunimmt, kann man die Wechselwirkung zwischen Elektronen als Wechselwirkung ihrer Gesamtdrehimpulse j betrachten. In diesem Fall ergibt sich ein Beitrag zur Gesamtenergie

$$\Delta E_{jj} \propto \hat{j}\hat{j}. \tag{12}$$

In realen Systemen überlagern sich beide Effekte.

Bei Molekülen ergeben sich durch die Möglichkeit der Bewegung der einzelnen Atome zueinander zwei weitere Potentiale, die im Folgenden für zweiatomige Moleküle eingeführt werden.

2.3.1.6. Rotationsaufspaltung

Betrachtet man den Energiebeitrag V_{rot} durch die Rotation der beiden Atomkerne zueinander, kann dieser durch den Operator

$$\hat{V}_{rot} = \frac{\hat{J}^2}{2I_t} \tag{13}$$

beschrieben werden, wobei das Trägheitsmoment unter Annahme eines festen Abstands zwischen beiden Atomen klassisch betrachtet und die Lösung des quadrierten Operators $\hat{J}^2$ durch $\hbar^2 J(J+1)$ mit der Rotationsquantenzahl $J = 0, 1, 2, 3, \ldots$ beschrieben wird. I_t ist hierbei das Trägheitsmoment. Den Faktor $\hbar^2/2I_t$ fasst man zur stoffspezifischen Rotationskonstante B zusammen, deren Wert in der Größenordnung von 10 cm^{-1} liegt. Da die Rotation mit einem Drehimpuls verbunden ist, gibt es eine Wechselwirkung sowohl mit dem Bahndrehimpuls als auch mit dem Spin, der zu Energieverschiebungen führen kann.

2.3.1.7. Vibrationsaufspaltung

Die Vibration von zwei Atomen gegeneinander kann man in erster Näherung als harmonischen Oszillator betrachten.

$$E_{Vibration} = \left(v + \frac{1}{2}\right)\hbar\omega \tag{14}$$

wobei $v = 0, 1, 2, 3, \ldots$ die Vibrationsquantenzahl ist. Die Vibrationsfrequenz ω ist hierbei eine molekülspezifische Konstante aus reduzierter Masse μ beider Atome und der Kraftkonstante k der chemischen Bindung

$$\omega = \sqrt{\frac{k}{\mu}} \tag{15}$$

Für höhere Schwingungsniveaus ist die Näherung des harmonischen Oszillators jedoch zunehmend falsch. Hierfür werden die anharmonischen Anteile als eine Reihe entwickelt.

Die Energiedifferenz zwischen einzelnen Vibrationsniveaus liegt in der Größenordnung von einigen 1000 cm^{-1}.

2.3.1.8. Auswahlregeln

Die Übergänge zwischen verschiedenen Niveaus werden meist über elektrische Dipolübergänge realisiert. Damit die Impulserhaltungssätze bei dieser Art von Übergang nicht verletzt werden, müssen folgende Auswahlregeln erfüllt sein:

$$\Delta s = 0 \tag{16}$$

$$\Delta l = \pm 1 \tag{17}$$

$$\Delta m = 0, \pm 1 \tag{18}$$

Durch die zusätzlichen Freiheitsgrade in Molekülen gilt hier zusätzlich die Drehimpulserhaltung für das jeweilige Rotationsniveau, wobei berücksichtigt werden muss, dass ein absorbiertes bzw. emittiertes Photon ebenfalls einen Drehimpuls trägt. (vgl. Kapitel 2.3.2)

$$\Delta J = 0, \pm 1 \tag{19}$$

An den vibronischen Anteil der Molekülenergie ist keine Erhaltungsgröße gekoppelt, so dass hier jegliche Art von Übergängen erlaubt ist.

Diese Auswahlregeln können auch durch z.B. die Heisenbergsche Unschärfe umgangen werden, hierdurch können so genannte verbotene Übergänge stattfinden. Diese sind haben eine viel geringere Wahrscheinlichkeit als erlaubte Übergänge.

Außerdem sind andere Übergänge, wie Multipolstrahlungsübergänge, erlaubt, wobei sich hierbei die Erhaltungsgrößen dementsprechend ändern können. Diese Übergänge sind jedoch um einige Größenordnungen unwahrscheinlicher als Dipolstrahlung. Außerdem kann die Impulserhaltung über Stöße mit anderen Atomen oder Molekülen gewährleistet werden.

2.3.1.9. Thermische Besetzung von Zuständen

In der einfachsten quantenmechanischen Betrachtung sind die energetisch am niedrigsten liegenden Zustände mit Elektronen besetzt, wobei durch ihre Eigenschaft als Fermionen, immer nur ein Elektron in einem Zustand vorliegen kann. In der Realität jedoch besitzen die Elektronen thermische Energie, durch die ein Teil der Elektronen in energetisch höheren Zuständen vorliegen kann. Ebenso sind bei Molekülen nicht nur die Rotations- und Vibrations-Grundzustandsniveaus besetzt, sondern auch höhere Niveaus, entsprechend der thermischen Energie des Moleküls.

Zur thermodynamischen Beschreibung der Verteilung werden verschiedene Verteilungsfunktionen angewandt. Die Fermi-Dirac-Verteilung beschreibt die Verteilung von Fermionen, während die Bose-Einstein-Verteilung für Bosonen gültig ist. Gerade bei tiefen Temperaturen unterscheiden sich beide stark voneinander.

In praktischen Fällen wird jedoch oft die Boltzmann-Verteilung verwendet, da diese mathematisch einfacher lösbar ist und bei Systemen mit Temperaturen zwischen 300–3000 K einen vernachlässigbar kleinen Fehler im Vergleich zu den anderen Verteilungen generiert.

Bei mehr als zwei betrachteten Zuständen muss die Boltzmann-Besetzung durch die sogenannte Zustandssumme korrigierte werden, welche die Summe aller Besetzungen der einzelnen Niveaus ist. Durch diesen Kalibrationsfaktor ergibt die Summe der Besetzung aller Zustände 1. Hierdurch ergibt sich für die Besetzung eines beliebigen Niveaus n die Funktion

$$f_b(n) = \frac{e^{-\beta(E_n)}}{\sum_i e^{-\beta(E_i)}}. \tag{20}$$

mit der reziproken Temperatur $\beta = 1/k_B T$. Hierbei ist k_B die Boltzmannkonstante.

2.3.2. Das Zwei-Niveau-System

Kommt es zu einer Wechselwirkung zwischen einem Atom bzw. Molekül mit Licht können verschiedene Effekte auftreten. Zur vereinfachten Darstellung der quantenmechanischen Prozesse, die hierbei möglich sind, wird in der Literatur oft das Zwei-Niveau-System betrachtet (siehe Abbildung 2.5) [21,22]. In diesem existieren in dem angeregten Molekül bzw. Atom lediglich zwei Niveaus, ein energetisch niedriges Grundniveau und ein angeregtes Niveau. In beiden Niveaus sind genug Plätze für alle Elektronen. In diesem System sind folgende Übergänge möglich:

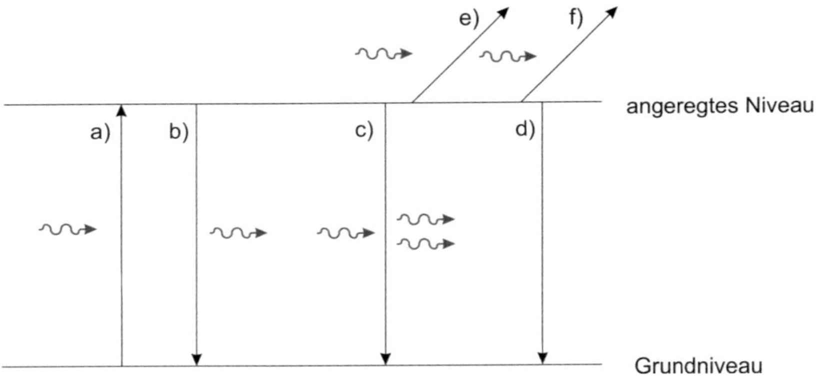

Abbildung 2.5: Zwei-Niveau Modell der Fluoreszenz mit erlaubten Übergängen: a) Absorption, b) spontane Emission, c) stimulierte Emission, d) Quenching, e) Prädissoziation, f) Photoionisation.

Absorption

Trifft ein Photon mit einer Energie, die genau der Differenzenergie zwischen beiden Niveaus entspricht, ein Elektron im Grundzustand, wird dieses ins angeregte Niveau gebracht. Die Wahrscheinlichkeit für diesen Übergang wird durch den Einsteinkoeffizienten b_{12} gegeben.

Spontane Emission

Ein Elektron im angeregten Niveau wird nach seiner Lebendauer τ in den Grundzustand zurückkehren. Hierbei wird ein Photon einer Energie, die der Energiedifferenz zwischen beiden Niveaus entspricht, ausgesandt. Die Wahrscheinlichkeit wird über den Einsteinkoeffizienten A_{21} beschrieben.

Stimulierte Emission

Sobald ein Photon mit einer Energie, die genau der Differenz zwischen beiden Niveaus entspricht, auf ein angeregtes Elektron trifft, gibt es eine Wahrscheinlichkeit, dass das Elektron wieder in den Grundzustand zurückkehrt und dabei zwei Photonen der Differenzenergie emittiert. Dieser Übergang wird mit dem Einsteinkoeffizienten b_{21} berechnet.

Quenching

Durch Stöße mit anderen Molekülen ist es möglich, dass ein Elektron aus dem angeregten Zustand in den Grundzustand zurückkehrt, ohne ein Photon zu emittieren. Dieser Vorgang wird als Quenching beschrieben

Photoionisation

Trifft ein Photon mit hoher Energie auf das System, kann die Energie so hoch sein, dass das Elektron das System verlässt, und ein Ion entsteht.

Prädissoziation

Die Prädissoziation ist strenggenommen kein Zwei-Niveau Effekt, wird in der Literatur aber oft dazu gezählt. Hier wird ein Photon absorbiert, dessen Energie genau ausreicht, um ein Molekül in einen Zustand zu bringen, in dem die Dissoziation energetisch günstig wäre und sich das Molekül so zersetzt.

2.3.3. Interpretation von Atom und Molekülspektren

In realen Systemen existieren laut den in Kapitel 2.3.1 beschriebenen Gleichungen eine Vielzahl von Niveaus. Hier können bei Atom-, aber vor allem bei Molekülspektren charakteristische Strukturen in den Absorptions-, Fluoreszenz- und Anregungsspektren auftreten, die von der jeweiligen Art des Moleküls abhängen. Gerade zweiatomige Moleküle haben wegen ihrer einfachen Geometrie oft ähnliche charakteristische Strukturen in ihrem Spektrum.

Zum genaueren Verständnis, welche Übergänge erlaubt sind, muss die elektronische Struktur des Grundzustands und des angeregten Zustands genauer betrachtet werden. Durch die Überlappung der Wellenfunktionen bei verschiedenen Drehimpulsen und der daraus resultierenden Wechselwirkung zwischen einzelnen Drehimpulsen, gibt es, je nach relativer Stärke der Kopplungen der einzelnen Drehimpulse untereinander, verschiedene Möglichkeiten, den Gesamtdrehimpuls J_{ges} zu bilden. Diese Fälle werden nach ihrem Entdecker auch als Hundschen Kopplungsfälle bezeichnet. Hierbei werden die Kopplungen in die Fälle (a)-(e) unterteilt, wobei in dieser Arbeit nur die Fälle (a) und (b) genauer beschrieben werden [23].

Hundscher Kopplungsfall (a)

Beim Hundschen Kopplungsfall (a) gibt es nur eine schwache Wechselwirkung zwischen der Rotation des Moleküls und den Drehimpulsen des Elektrons. Gleichzeitig ist die Vorzugsachse der Elektronendrehimpulse an die Verbindungsachse des Moleküls gebunden. Hierdurch ergeben sich Quantifizierungen des Gesamtdrehimpulses J_{ges}, die jeweils die Summe des Elektonendrehimpulses und der Quantenzahl des Rotationsniveaus ist.

Hundscher Kopplungsfall (b)

Beim Hundschen Kopplungsfall (b) ist der Spin nicht an die Achse des Moleküls gebunden. Hierdurch ist der Gesamtdrehimpuls eine Kombination des Spins mit dem resultierenden Drehimpuls K, der eine Überlagerung der Rotation des Moleküls mit dem Bahndrehimpuls der Elektronen darstellt. Je nach Konfiguration des Spins gibt es also verschiedene Entartungen von Niveaus, die durch K quantifiziert sind. Beim $^2\Sigma$ -Zustand des NO-Moleküls spaltet jedes Niveau zum Beispiel in zwei Niveaus auf. Eine Darstellung der aus beiden Fällen resultierenden Vektorkombinationen ist in Abbildung 2.6 gezeigt.

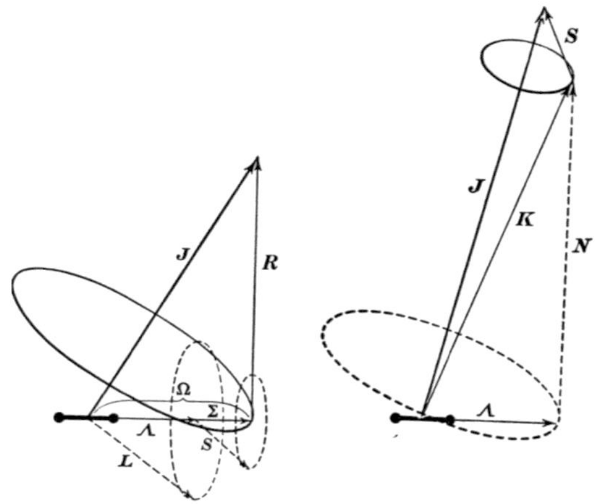

Abbildung 2.6:Hundscher Kopplungsfall (a) (links) und (b) (rechts) [23].

Λ-Verdopplung

Da die Hundschen Kopplungsfälle von idealisierten Annahmen ausgehen, gibt es für einige Moleküle Abweichungen von diesen Spektren. Hierbei ist besonders die Λ-Verdopplung wichtig. Diese Entsteht durch eine im Hundschen Modell nicht beschriebene Wechselwirkung zwischen dem Moleküldrehimpuls und dem Gesamtbahndrehimpuls der Elektronen. Diese Aufspaltung tritt nur auf, falls die Komponente des Gesamtbahndrehimpulses auf der Molekülachse ungleich 0 ist. Hierdurch entarten Niveaus mit gleichem J_{ges} Wert in zwei Niveaus, wobei die Energiedifferenz mit steigendem J_{ges} zunimmt (vgl. Abbildung 2.7).

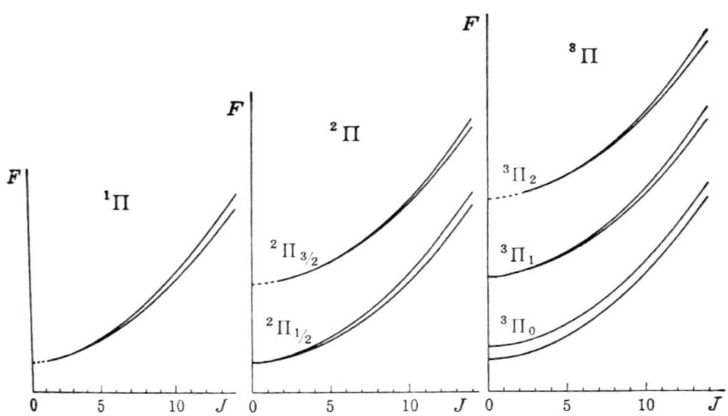

Abbildung 2.7: Λ-Verdopplung für den $^1\Sigma$(links), $^2\Sigma$(Mitte) und $^3\Sigma$ (rechts) Zustand [23].

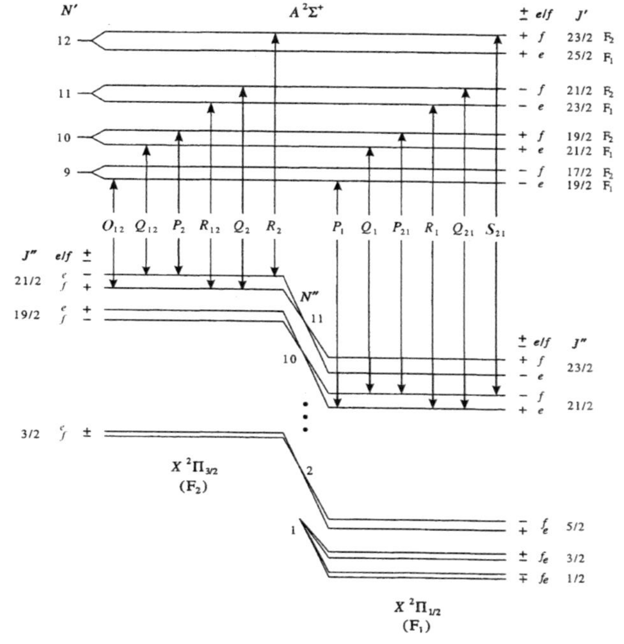

Abbildung 2.8: Schematische Darstellung der erlaubten Übergänge des NO-Moleküls [24].

Übergänge

In Kapitel 2.3.1.8 wurde gezeigt, dass nur drei Arten von Rotationsübergängen erlaubt sind. Diese haben historisch bedingt die folgenden Bezeichnungen:

R-Zweig für Übergänge mit $\Delta J = 1$, P-Zweig mit $\Delta J = -1$ und Q-Zweig mit $\Delta J = 0$. Als Beispiel sind die erlaubten Übergänge im NO-Molekül in Abbildung 2.8 gezeigt. Um bei entarteten Niveaus die Zuordnung zu vereinfachen, werden die Übergänge mit Indizes versehen, wobei die erste Zahl für das angeregte, die zweite für das Grundniveau steht. Hierbei werden Dopplungen wie P_{11} vereinfacht als P_1 geschrieben.

Betrachtet man die Energie einer Bande, einer Reihe von Übergängen aus gleichem J_{ges} Niveau, liegt der Übergang mit der geringsten Energie, der so genannte Bandenkopf, nicht beim Q Übergang, sondern für den häufigsten Fall, dass der Bindungsabstand bei steigender Rotationsquantenzahl zunimmt, im Bereich des R-Asts. Der Aufbau einer Bande wird durch die Fortrat-Parabel beschrieben (Abbildung 2.9).

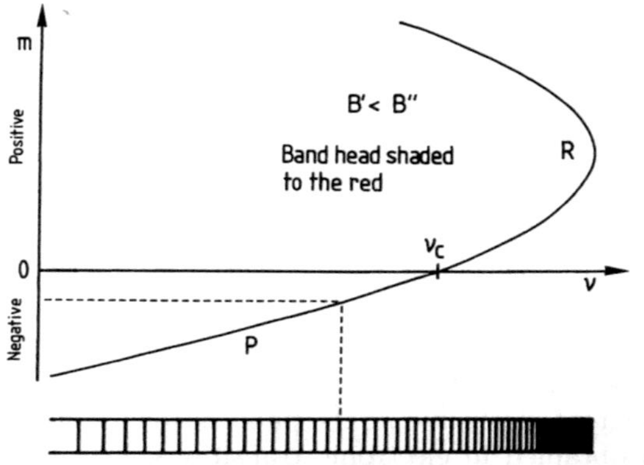

Abbildung 2.9: Fortrat Parabel [25].

2.3.4. Die Fluoreszenzgleichung

Unter Fluoreszenz versteht man die Absorption eines Photons mit anschließender Aussendung eines weiteren Photons. Durch verschiedene Energietransferprozesse innerhalb der Atoms bzw. Moleküls zwischen der Absorption und der Emission, kann die Wellenlänge des emittierten Photons sich von der des absorbierten unterscheiden.

Um die Fluoreszenzintensität eines Atoms oder Moleküls nach Lasereinstrahlung zu berechnen, stellt man zuerst eine Ratengleichung für die Besetzung des angeregten und des Grundzustandes auf. Hierbei wird davon ausgegangen, dass die Wellenlänge des Lasers nicht zur Prädissoziation oder Photoionisation des Moleküls führt. Ferner soll der durch die Anregung besetzte Zustand nicht thermisch besetzt sein. Danach beschreibt man die zeitliche Änderung der Besetzungszahlen im unteren (N_1) bzw. oberen (N_2) Zustand wie folgt:

$$\frac{dN_1}{dt} = -N_1 b_{12} + N_2(b_{21} + A_{21} + Q_{21}) \tag{21}$$

$$\frac{dN_2}{dt} = N_1 b_{12} - N_2(b_{21} + A_{21} + Q_{21}) \tag{22}$$

Diese Ratengleichungen lassen sich über Teilchenzahlerhaltung lösen und führen mit dem Ausdruck für die Fluoreszenzleistung S_{LIF} [W]

$$S_{LIF} \propto N_2 \cdot A_{21} \tag{23}$$

zum Ausdruck [21]

$$S_{LIF} \propto b_{12} \cdot N \cdot f_B \cdot \Gamma_{(v)} \cdot I_{Laser} \cdot \frac{A_{21}}{A_{21}+Q_{21}}. \tag{24}$$

Hierbei ist N die Teilchenzahl, f_B die Boltzmann-Besetzung des Grundzustandes, A_{21} und b_{12} die Einsteinkoeffizienten sowie Q die Stoßlöschkonstante durch Quenching. Der spektrale Überlapp Γ zwischen dem spektralen Profil des Anregungslaser und der Absorptionslinienform und die Laserintensität I_{Laser} dienen zur Korrektur der Laseranregung.

Betrachtet man die Abstrahlung nicht über den gesamten Raumwinkel 4π ergibt sich noch ein Korrekturterm $\Omega/4\pi$, der die begrenzte Detektionsrichtung Ω korrigiert.

Als Einheit für die gemessene Fluoreszenz kann die Fluoreszenzintensität I_{LIF} [W/m²] verwendet werden, welche für ein gegebenes Experiment proportional zur Fluoreszenzleistung ist. Die meisten in der praktischen Anwendung benutzten Detektionsmethoden, wie z.B. Kameras (vgl. Kapitel 2.6.2.1) messen die Fluoreszenz jedoch über das Zählen von Photonen. Hierbei ist die Anzahl der gezählten Photonen proportional zur Fluoreszenzleistung, wobei die Zähleffizienz ε, d.h. welcher Anteil der Photonen wirklich gezählt wird, des jeweiligen Detektors ein Proportionalitätsfaktor ist. Die Fluoreszenzintensität ist damit gegeben als:

$$I_{LIF} \propto b_{12} \cdot N \cdot f_B \cdot \Gamma_{(v)} \cdot I_{Laser} \cdot \frac{A_{21}}{A_{21}+Q_{21}} \cdot \frac{\Omega}{4\pi} \cdot \varepsilon. \tag{25}$$

2.3.5. Temperatur und Speziesmessverfahren

Die in Kapitel 2.3.4 vorgestellte Fluoreszenzgleichung (Formel 25) liefert die Grundlagen für alle in dieser Arbeit vorgestellten Messungen. Der Vollständigkeit halber werden an dieser Stelle aber noch andere optische Spezies und Temperaturmessverfahren vorgestellt. Dabei liegt das Hauptaugenmerk auf Fluoreszenztechniken, da diese auch in der Literatur für die Charakterisierung von Nanopartikel-produzierenden Systemen verwendet werden [26], sowie auf Absorptions-basierte Techniken, da diese in begleitenden Messungen in dem hier besprochenen Flammenreaktor eingesetzt wurden.

In Kapitel 2.4 wird danach auf die Grundlagen der hier verwandten Temperaturmessung mittels Multilinien NO-LIF Thermometrie eingegangen, und in Kapitel 2.5 auf die im Rahmen dieser Arbeit entwickelte quantitative Konzentrationsmessung von Fe-Atomen in Flammen.

Die hier vorgestellte Liste kann naturgemäß nicht vollständig sein, daher wird hier auf umfangreichere Überblicke in der Literatur verwiesen, wie z.B. [21,27].

TDLAS (Tunable diode laser absorption spectroscopy)

Bei TDLAS wird die Wellenlänge eines Diodenlasers über mehrere Absorptionslinien eines in der Flamme vorhandenen Moleküls abgestimmt. Anhand der verschiedenen Grundzustandsbesetzungen des einzelnen Absorptionslinien lässt sich die Temperatur bestimmen [28].

Wichtig ist hier, dass die Besetzung der einzelnen Grundzustände eine hohe Temperaturabhängigkeit im gewünschten Temperaturbereich besitzt. Der Vorteil des Diodenlasers in diesem Messverfahren ist die schnelle Durchstimmbarkeit, so dass Messraten im Bereich einiger kHz erreicht werden können.

Hierbei handelt es sich nur um räumlich gemittelte Temperaturen entlang der Absorptionsstrecke. Um einen besseren Vergleich mit dem NO-LIF-Verfahren zu haben, wird das sogenannte Temperature-Binning-Verfahren eingesetzt [29]. Hierbei werden für die gesamte Absorptionsstrecke verschiedene Temperaturbereiche vorgegeben. Die Anzahl der Temperaturgebiete muss jedoch kleiner sein als die Anzahl der Übergänge, über die der Laser abgestimmt wird. Hiernach wird ein Gleichungssystem aufgestellt, in dem die einzige freie Größe der Anteil der einzelnen Temperaturbereiche an der Gesamtstrecke ist. Diese Gleichung ist eindeutig lösbar. Gemessene Temperaturen innerhalb des hier vorgestellten Reaktors wurden mit in Kapitel 3.1.1.2 gemessenen NO-LIF-Temperatur-Verteilungen verglichen [30].

Zwei-Farben-Thermometrie

Das einfachste Verfahren für die Bestimmung von Temperaturen mittels LIF ist das Zwei-Farben-Verfahren [31]. Hierbei wird ausgenutzt, dass bei Annahme einer thermischen Besetzungsverteilung in den Energiezuständen aus dem Quotient von zwei LIF-Intensitäten, die nach Anregung aus verschiedenen Grundzuständen gemessen werden, eine Temperatur berechnet werden kann. Dieses Verfahren hat eine kurze Messzeit und erlaubt die Aufnahme von zwei-dimensionalen Temperaturfeldern, wenn beide Übergänge durch zwei Laser passender Wellenlänge quasi simultan angeregt werden; meist müssen jedoch die Quotienten erst durch eine definierte Temperatur kalibriert werden.

Boltzmann-Plot-Verfahren

Beim Boltzmann-Plot-Verfahren wird die Intensität mehrerer LIF-Übergänge gemessen, und anhand der spektroskopischen Daten des jeweiligen Moleküls in Beziehung zur (thermisch angenommenen) Besetzung der jeweiligen Grundzustände gesetzt [32]. Werden diese nun halb-logarithmisch über ihrer jeweiligen Grundzustandsenergie aufgetragen, ergibt dies eine Gerade, aus deren Steigung man die Temperatur berechnen kann. Nachteil dieses Verfahrens ist, dass es isolierte Übergänge benötigt, wie sie z.B. im NO-Spektrum selten auftreten.

Sowohl Boltzmann-Plot-, als auch das Zwei-Farben-Verfahren werden in der Literatur außerdem oft zur Bestimmung von Plasmatemperaturen angewandt, wobei die Besetzung der Zustände nicht über LIF gemessen wird, sondern über das Eigenleuchten des Plasmas [33]

Speziesdetektion

Für den Nachweis von Spezies in Flammen mittels LIF gibt es bereits eine Vielzahl von etablierten Anregungsstrategien. Für einige wichtige Flammenspezies (OH,CH*,CO,..) gibt es eine Reihe von Fluoreszenz-, Absorptions-, Emissions- oder auch nichtlineare Messverfahren, wie zum Beispiel Kohärente-Anti-Rahman-Streuung (CARS, coherent anti-Stokes Raman scattering) oder Vier-Wellen-Mischverfahren (DFWM, degenerate four-wave mixing). [34-36]. Auf diese wird aber aus Gründen der Übersichtlichkeit verzichtet und auf [27] verwiesen.

2.4. Multilinien-NO-LIF-Thermometrie

Stickstoffmonoxid (NO) ist für die Verbrennungsdiagnostik von großem Interesse, weshalb die spektroskopischen Eigenschaften von NO, wie z.B. die Temperaturabhängigkeit der Fluoreszenzintensitäten, die sich aus der Boltzmann-Besetzung der Grundzustände ergibt, aus der Literatur gut bekannt sind [37]. Daher ist NO ein idealer Tracer, um die Temperatur von Gasströmungen zu bestimmen. Bei äußerer Zugabe liegt NO in sämtlichen Flammenbereichen vor, wodurch es geeignet ist, um Temperaturverteilungen von der gesamten Reaktionszone zu gewinnen.

Für eine genaue Bestimmung der Temperatur wird in dieser Arbeit ein Multilinien-Verfahren benutzt, um die Rotationstemperatur des NO-Moleküls zu bestimmen. Im Vergleich zu konventionellen Zwei-Farben-Thermometrie-Verfahren wird in diesem ein Anregungsspektrum über einen größeren Wellenzahlbereich (20 cm^{-1}) aufgenommen. Mittels eines Levenberg-Marquadt-Algorithmus [38] wird ein NO-LIF-Spektrum aus den bekannten Molekülkonstanten und Umgebungsbedingungen wie z.B. dem Druck, berechnet, wobei die Temperatur ein freier Parameter ist. Dies geschieht mittels der Software LIFSim [39]. Die Temperatur wird nun so lange verändert, bis die Abweichung zwischen dem berechneten und gemessenen Spektrum minimal ist.

Hierdurch ist es im Vergleich zu konventionellen, in Kapitel 2.3.5 beschriebenen, Verfahren möglich, die Überlagerung von verschiedenen Übergängen mit ähnlichen Anregungswellenlängen zu berechnen, Druckverbreiterung der Übergänge in Betracht zu ziehen, und das Vorhandensein einer endlichen Linienbreite des Lasers zu berücksichtigen. Auch das Hintergrundsignal wird berechnet, so dass keine Hintergrundkorrektur mehr nötig ist, und auch eine mögliche Steigung von z.B. breitbandigem Hintergrund kann hiermit korrigiert werden.

Zur Auswahl der Übergänge, die für in Synthesevorgängen relevanten Temperaturen (300 K-2800 K) sinnvoll sind, wurden in der Vergangenheit bereits Studien durchgeführt [37,40]. Hierbei wurden die Übergänge zwischen 44406 und 44426 cm^{-1} als die mit der höchsten Sensitivität auf Temperaturschwankungen ausgewählt. In Tabelle 2.1 werden alle verwendeten Übergänge in diesem Bereich aufgezeigt.

Rotationszweig	Energie des Übergangs/cm^{-1}	Energie des Grundzustandes /cm^{-1}	J_{low}	J_{up}	A_{21}	b_{12}
P_{12}	44409	3877,25854	46,5	45,5	$2,73 \times 10^4$	$1,83 \times 10^{16}$
P_1	44409,2656	2283,35791	36,5	35,5	$2,13 \times 10^5$	$1,42 \times 10^{17}$
R_1	44411,2305	882,37689	22,5	23,5	$1,78 \times 10^5$	$1,27 \times 10^{17}$
Q_{21}	44411,293	882,37689	22,5	22,5	$1,10 \times 10^5$	$7,53 \times 10^{16}$
R_{21}	44412,8711	540,06274	17,5	18,5	$6,62 \times 10^4$	$4,79 \times 10^{16}$
Q_{12}	44416,0742	2714,06104	38,5	38,5	$6,33 \times 10^4$	$4,34 \times 10^{16}$
P_2	44416,1758	2714,06104	38,5	37,5	$2,19 \times 10^5$	$1,46 \times 10^{17}$
R_{12}	44420,1328	1869,96252	31,5	32,5	$3,55 \times 10^4$	$2,51 \times 10^{16}$
Q_2	44420,2227	1869,96252	31,5	31,5	$4,01 \times 10^5$	$2,75 \times 10^{17}$
Q_1	44420,7227	1501,9541	29,5	29,5	$3,95 \times 10^5$	$2,71 \times 10^{17}$
P_{21}	44420,8047	1501,9541	29,5	28,5	$4,18 \times 10^4$	$2,77 \times 10^{16}$
R_2	44420,8555	1276,51196	25,5	26,5	$1,77 \times 10^5$	$1,26 \times 10^{17}$

Tabelle 2.1: Für die Messung verwendete NO-Übergänge (nach [41]).

Da in diesem Bereich Übergänge mit energetischen Grundniveaus zwischen 540 und 3877 cm^{-1} liegen, ist es möglich in sämtlichen für die Verbrennung relevanten Temperaturen zwischen 300 und 2000 K Temperaturen mit einem Fehler von 3–5% zu messen, wobei der exakte Fehler vom verwendeten Temperaturbereich abhängt. In Abbildung 2.10 sieht man ein berechnetes Spektrum im Bereich der zwölf individuellen elektronischen Rotationsübergängen in der A-X(0,0) γ-Bande von NO aus Tabelle 2.1. Da diese teilweise nahe beieinander liegen, kann man in der Messung nur fünf Peaks unterscheiden, wobei vier durch Überlagerung mehrerer Übergänge entstanden sind. Um dem Algorithmus eine möglichst fehlerfreie Berechnung des Hintergrunds zu ermöglichen, wird links und rechts der äußersten Anregungspeaks noch das Untergrundsignal gemessen (siehe Abbildung 2.10).

Um jedoch die Linienstruktur aller Übergänge genau beschreiben zu können, und außerdem die Messung unabhängig von Rauschen z.B. der Kamera (vgl. Kapitel 2.6.2) zu machen, werden an 200 Wellenzahlpositionen jeweils 50 Bilder aufgenommen und gemittelt. Hierdurch beschreibt die aufgenommene Temperatur nur den Mittelwert der Temperatur während der Messdauer von 15–20 Minuten. Eine Abschätzung des Fehlers für sich in dieser Zeit ändernde Bedingungen ist in [42] gegeben.

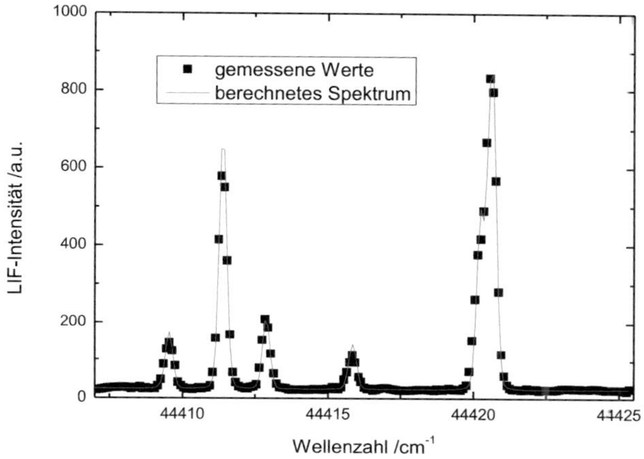

Abbildung 2.10: Gemessenes und gerechnetes NO LIF Anregungsspektrum für 1368 K.

Da insbesondere bei der Synthese von Eisen- oder Siliziumoxiden Intermediate mit Anregungswellenlängen in dem Bereich zwischen 44406 und 44426 cm^{-1} vorkommen (Abbildung 2.11), werden in dieser Arbeit auch andere NO-Übergänge verwendet (444350–44390 cm^{-1}). Hierdurch können gerade bei Excimerlasern (vgl. Kapitel 2.6.1) Fehler in den berechneten Temperaturen kommen, da die Energie des Laserstrahls nur in einem schmalen Wellenlängenbereichen konstant ist, und es so am Rande des Abstimmbereich des Lasers zu Energieabfällen kommen kann, welche das Spektrum verfälschen.

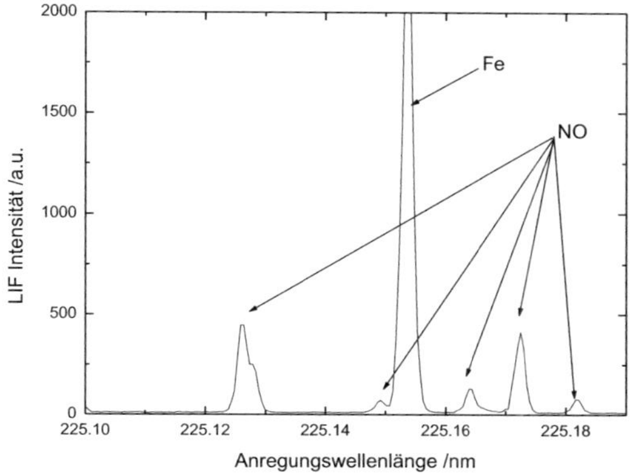

Abbildung 2.11: NO-LIF-Anregungsspektrum bei Zugabe von $Fe(CO)_5$ im Flammenreaktor.

Außerdem sind nicht alle NO-Anregungsbereiche gleich empfindlich auf Änderungen der Temperatur in bestimmten Temperaturbereichen. Daher wurde mittels LIFSim eine Berechnung des Fehlers in der Temperaturbestimmung bei Anwesenheit von weißem Rauschen durchgeführt. Hierfür wurde ein Spektrum in einem Bereich von zwanzig Wellenzahlen für eine vorgegebene Temperatur von 1000 K berechnet, mehrmals weißes Rauschen von 5% addiert und aus dem resultierenden Spektrum die Temperatur über die Anpassung eines simulierten Spektrums bestimmt. Der hierbei entstehende mittlere Fehler für die bestimmte Temperatur ist in Abbildung 2.12 dargestellt. Hier sieht man bei Abstimmbereichen, deren Startwellenlänge um 44400 cm^{-1} liegt ein Minimum des systematischen Fehlers bei ca. 1,3% während dieser in anderen Bereichen bis zu 3% werden kann.

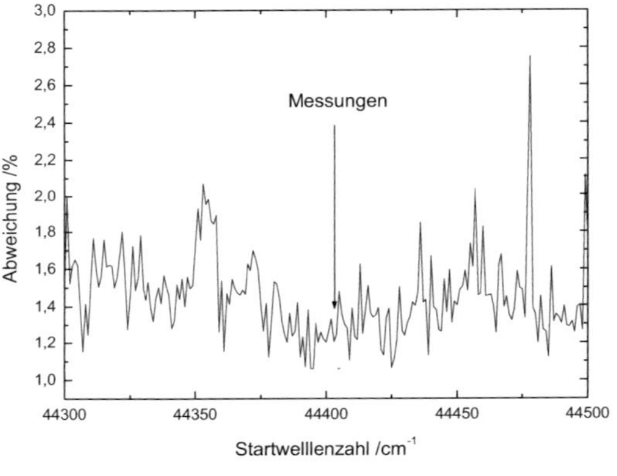

Abbildung 2.12: Abweichung der berechneten Temperatur von der vorgegebenen Temperatur in Abhängigkeit der Startwellenzahl des Fits bei NO-LIF und weißen Rauschen von 5%.

2.5. Entwicklung von Strategien zur quantitativen Bestimmung von Eisenatomen

Da es für das Verständnis der in Reaktoren vorkommenden Prozesse wichtig ist, die Konzentration von Zwischenprodukten möglichste quantitativ zu kennen, wurde im Rahmen dieser Arbeit ein Verfahren zur quantitativen Bestimmung von atomarem Eisen entwickelt, welches im Folgenden kurz vorgestellt wird. Dieses Verfahren kann auch auf andere Stoffe erweitert werden

Für die quantitative Interpretation von LIF-Signalen ist es in der Regel notwendig, die Fluoreszenzeigenschaften der einzelnen fluoreszierenden Atome oder Moleküle zu kennen. Außerdem ist es für eine Quantifizierung in reaktiven Umgebungen wichtig, den Einfluss der Stoßlöschung auf das Fluoreszenzsignal, das heißt, die Wahrscheinlichkeit, dass ein Molekül durch Stöße strahlungslos in den Grundzustand übergeht, zu kennen. Dieser Prozess ist zudem von der umgebenden Temperatur, dem Druck und der Badgaszusammensetzung abhängig.

Um diese Parameter zu gewinnen werden in der Regel Messungen unter definierten Bedingungen, wie zum Beispiel in temperierten Hochdruckzellen, durchgeführt. Da die während der Nanopartikelsynthese vorkommenden Intermediate so gut wie nie unter definierten und einstellbaren Bedingungen vorkommen, ist es in der Regel wenig erfolgversprechend, bei diesen Stoffen diesen Weg zu gehen. Deswegen wird im Rahmen dieser Arbeit ein Ansatz verfolgt, der direkt während der Messung alle Parameter aufnimmt, die für eine Quantifizierung der Messung notwendig sind.

2.5.1. Detektionsstrategie

Für den Nachweis von Intermediaten während der Partikelsynthese ist es notwendig, die genaue Anregungswellenlänge für laserinduzierte Fluoreszenzanregungen zu kennen. Für atomare Spezies ist die NIST-Datenbank verfügbar [43]. Bei der Auswahl der Anregungswellenlänge sollte der gewählte Übergang so schwach sein, dass es über Bereich des zu beobachtenden Volumens zu keiner merklichen Absorption der anregenden Laserstrahlung kommt, da dies weitere Korrekturfaktoren erfordern würde. Eine schematische Darstellung des folgenden Kalibrationsverfahrens ist in Abbildung 2.13 gezeigt.

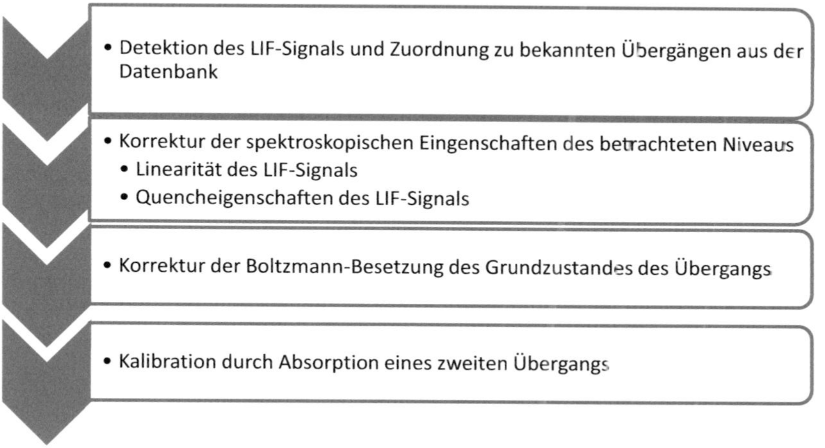

Abbildung 2.13: Schematische Darstellung der Detektionsstrategie für atomares Eisen.

2.5.2. Spektroskopische Einordnung des Signals

Um das Signal einordnen zu können, müssen sowohl die Anregungswellenlänge, als auch das Fluoreszenzsignal aus bestehenden Datenbanken erklärbar sein. Im Falle des Eisens ist die Anregung bei 44415 cm^{-1} ein Übergang zwischen dem Grundzustand ($3p^6 3d^6 4s^2$) (Abbildung 2.14 (oben)) und einem angeregten Zustand mit der Konfiguration $3p^6 3d^6 (^3H) 4s4p(^3p^0)$ (Band

I). Betrachtet man das spektral aufgelöste Fluoreszenzsignal, findet man drei Bereiche. Die Strahlung aus dem Bereich zwischen 230 und 310 nm kommt aus einem Band mit der Konfiguration $3p^6 3d^6(^5D)4s4p(^1p^0)$ (Band II), welches aus Band I nur nach Hundschen Regeln verboten, z.B. durch Spinflip, erreichbar ist (gestrichelte Linie). Innerhalb dieses Bereichs gibt es jedoch auch Fluoreszenz bei 268 nm. Diese macht den größten Teil der Emission aus, und kommt aus Band I. Obwohl die Fluoreszenz dieses Übergangs um mehrere Größenordnungen schwächer ist, als Übergänge aus Bereich II, ist das Signal stärker, da Band II nach Anregung nur verboten erreicht werden kann. Zwischen 320 und 400 nm existiert außerdem Strahlung aus einem Band mit der Konfiguration $3p^6 3d^6(^5D)4s4p(^3p^0)$ (Band III), welches von keinem der anderen Bänder erlaubt erreicht werden kann. Ein Diagramm für alle drei Niveaus ist in Abbildung 2.14 (unten) gegeben.

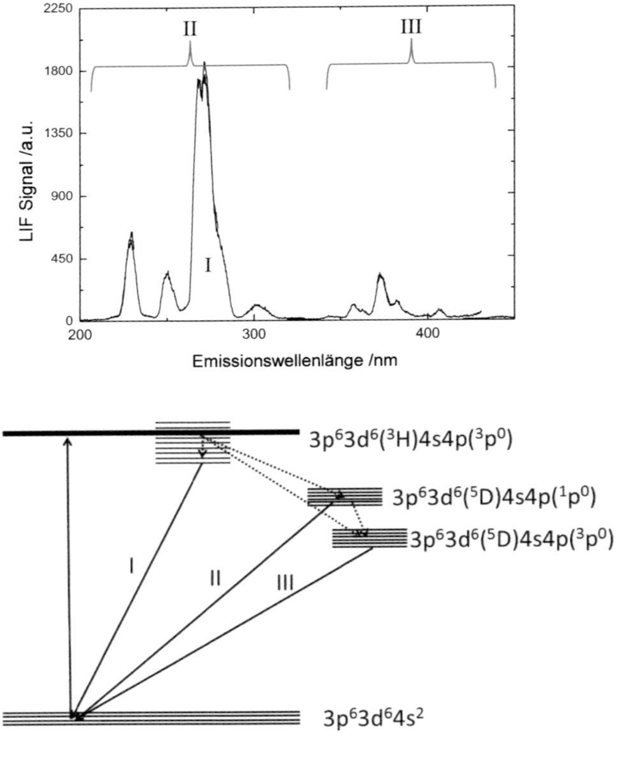

Abbildung 2.14: Oben: Emissionsspektrum der Eisenanregung.
Unten: Herkunftsniveaus der Strahlung.

2.5.3. Spektroskopische Eigenschaften der beobachteten Niveaus

Um ein proportionales Verhältnis zwischen gemessenem Signal und vorhandener Fe-Konzentration herzustellen, müssen einige spektroskopische Eigenschaften des Eisen-Atoms betrachtet werden.

2.5.3.1. Linearität des LIF-Signals

Da die Stoßwahrscheinlichkeit einzelner Atome bzw. Moleküle untereinander im Niederdruck abnimmt, sinkt hierdurch die Quenchrate. Dies kann zur Folge haben, dass innerhalb eines Laserpulses zu wenige Atome/Moleküle im Grundzustand vorliegen, da dieser nicht innerhalb des Pulses wieder durch Quenching bzw. durch Fluoreszenz ausreichend bevölkert werden kann. Hierdurch kann eine Erhöhung der Laserleistungsdichte nicht automatisch zu einem höheren LIF-Signal führen, was neben Problemen bei der Quantifizierbarkeit des Signals auch bei den in Kapitel 2.4 beschriebenen Spektrensimulationen zu Problemen führt, da diese Sättigungseffekte in diesen Rechnungen nicht berücksichtigt werden. Abbildung 2.15 zeigt ein lineares LIF Signal für atomares Eisen, welches bedeutet, dass im gesamten beobachteten Energiebereich Messungen durchgeführt werden können, ohne dass Sättigungseffekte korrigiert werden müssen.

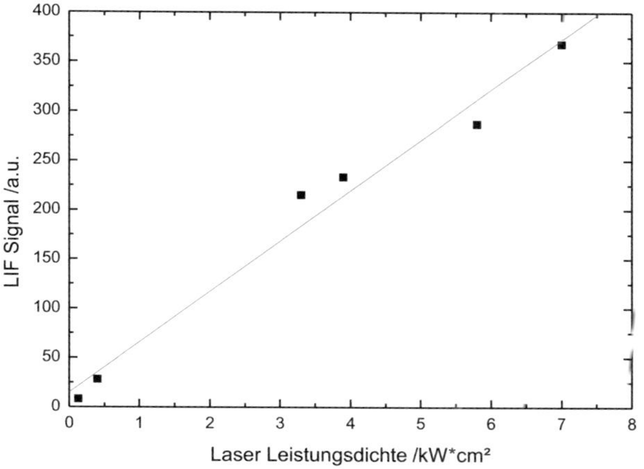

Abbildung 2.15: Sättigungsmessung für LIF von atomarem Eisen.

2.5.3.2. Korrektur des Fluoreszenzquenchings

In der Literatur wird das Fluoreszenzquenching oft als aufwendig zu bestimmender Faktor bei der Kalibrierung von Fluoreszenzsignalen angegeben [44,45]. Die quantitative Abhängigkeit des Fluoreszenzquenchings von den Umgebungsbedingungen und Gaszusammensetzungen kann nur in detaillierten Studien unter definierten Bedingungen bestimmt werden. Da Intermediaten Spezies nicht definiert vorliegen, und außerdem die Quenchumgebung an verschiedenen Punkten der Flamme nicht genau bekannt ist, muss der Quencheinfluss hier indirekt über die Lebensdauer der angeregten Zustandes bestimmt werden. Hierbei wird geprüft, ob innerhalb verschiedener Badgasumgebungen die Lebensdauer und damit die Fluoreszenz-Quantenausbeute stark variiert. Sollte dies nicht der Fall sein, kann man von gleichbleibender Quenchumgebung ausgehen.

Wie man in Kapitel 2.5.2 gesehen hat, kommt nur das Fluoreszenzsignal bei 268 nm aus einem erlaubten und durch direkte Laseranregung besetzten Band. Da das zeitliche Verhalten von verbotenen Übergängen durch den nicht genau bestimmbaren Spinflip schwer quantifizierbar ist, kann auch nur dieser für das zeitliche Verhalten des Signals verwendet werden. Zur Bestimmung der Lebensdauer von Übergang I wird der Innerbandübergang als quasi-instantan angenommen (in Abbildung 2.16 durch einen Pfeil markiert).

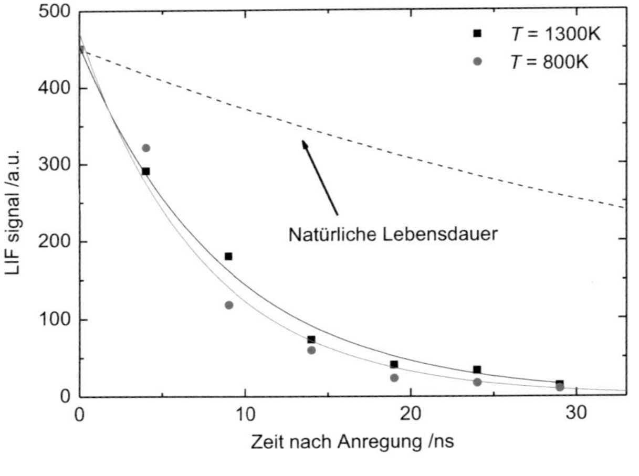

Abbildung 2.16: Abfall des LIF-Signals von Eisen für zwei verschiedene Temperaturen verglichen mit dem erwarteten Signal in quenchfreier Umgebung.

Abbildung 2.16 zeigt den zeitlichen Verlauf der Fluoreszenzintensität für zwei räumliche Bereiche in der Flamme mit bereits gemessener Temperatur. Da beide verschiedene Temperaturen aufweisen, kann man auch davon ausgehen, dass verschiedene Badgaszusammensetzungen und damit Stoßumgebungen vorliegen. Über eine kurze Öffnungszeit des Bildverstärkers (Kapitel 2.6.2.2) und Variation des Abstandes zwischen Triggerung von Laser und Bildverstärker kann hierdurch der Abfall der Fluoreszenzintensität abgebildet werden. Ein Fehler innerhalb dieser Messung kann durch die schon vorhandene Halbwertsbreite des Laserpulses von einigen Nanosekunden entstehen, da dieser bei der im Messaufbau möglichen Zeitauflösung nicht entfaltet werden kann.

Man erkennt, dass der Abfall des Fluoreszenzsignals des Eisens schneller erfolgt, als es der natürlichen Lebensdauer entspricht. Da dieser Abfall jedoch weitestgehend unabhängig von der Umgebungstemperatur und Stoßumgebung zu sein scheint, ist der hierdurch resultierende Fehler in der Verteilung lediglich ein Faktor, der bei der Kalibration berücksichtigt werden muss. Bei Intermediaten mit einem von der Umgebung stark abhängigen Quenching, oder bei höheren Umgebungsdrücken, die die Quenchrate stark erhöhen würden, muss hier jedoch eine Korrektur für jede Messposition berechnet werden.

2.5.4. Korrektur des Temperatureinflusses auf die Besetzung der Energieniveaus

Für eine Korrektur der Boltzmann-Besetzung des für die LIF-Anregung gewählten atomaren Grundzustandes wird ein gemessenes Temperaturprofil benötigt. Unter Annahme des thermischen Gleichgewichts wird hier die über NO-LIF-Thermometrie bestimmte Temperatur als diejenige des Eisenatoms angenommen. Aus diesen Temperaturen kann dann unter Zuhilfenahme einer Zustandssumme, die aus den thermisch besetzbaren Zuständen gebildet wird, eine Besetzung des Zustandes berechnet werden. Im Falle des Eisens wurden alle fünf Zustände unter 6000 cm^{-1} verwendet (s. Abbildung 2.17).

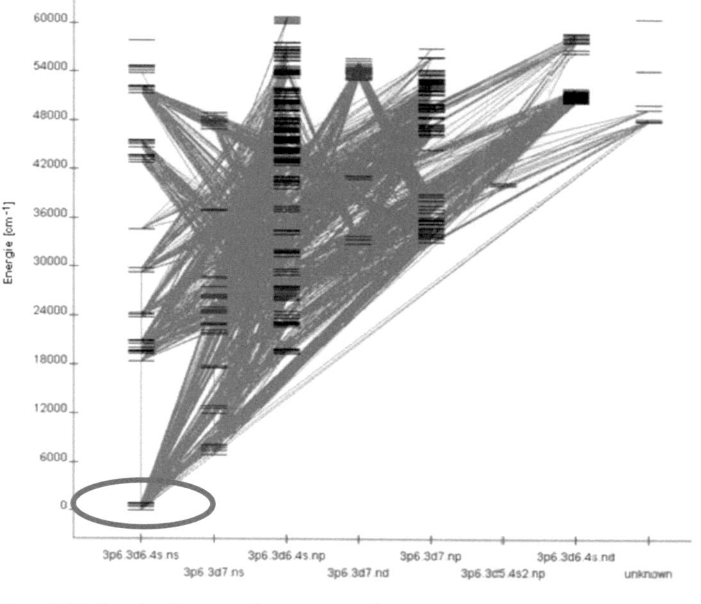

Abbildung 2.17: Grotriandiagramm für atomares Eisen[43]. Die für die Boltzmann-Besetzung verwendeten Niveaus sind rot markiert.

2.5.5. Quantifizierung der Fe-LIF-Signalintensitäten

Um die LIF-Signalintensitäten absoluten Konzentrationswerten zuzuordnen müssen Kalibrationsmessungen bei bekannten Konzentrationen und Umgebungsbedingungen vorliegen. Jedoch ist es in der Realität meist schwierig, Intermediate in einer definierten Konzentration herzustellen. Hier wird daher analog zu [46] ein Weg über eine Absorptionsmessung gegangen. Die Absorption über eine Länge L mit einer Konzentration C und einem Absorptionskoeffizienten α lässt sich schreiben als

$$I = I_0 e^{-LC\alpha}. \quad (26)$$

Im Falle von 2D-LIF-Aufnahmen (Abbildung 2.18) ist es nun möglich, die Absorption zwischen den einzelnen Pixeln direkt zu bestimmen. Hierfür wird ein zweiter Übergang benötigt, dessen Übergangswahrscheinlichkeit so groß ist, dass der anregende Laserstrahl innerhalb des zu untersuchenden Volumens möglichst stark absorbiert wird. Im Falle des atomaren Eisens handelt es sich um den stärksten optischen Übergang bei 248nm (3p63d64S2-3p63d6(5D)4S4P(1P0)).

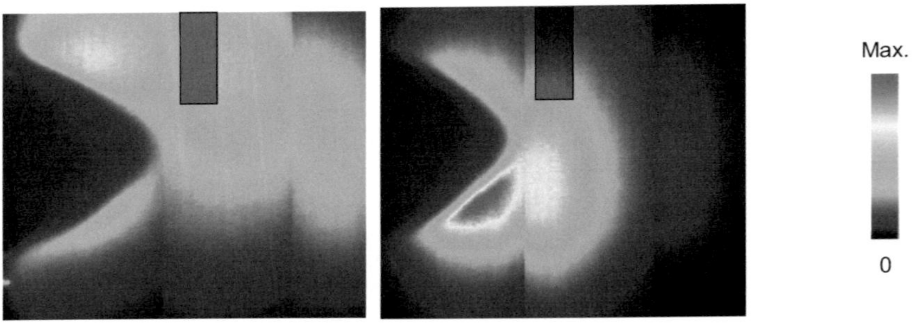

Abbildung 2.18: Asymmetrische Eisen-LIF-Verteilung ohne (links) und mit (rechts) Absorption des Lasers (Flamme brennt von links nachrechts, Lasereintritt auf der oberen Seite der Bilder, Abmessungen 7×5 cm^2)). Der in Abbildung 3.19 verwendete Bereich ist schwarz markiert.

Aus dem Quotienten aus den LIF-Verteilungen beider Anregungslaserwellenlängen, korrigiert um die jeweilige Boltzmannverteilung, kann nun eine Verteilung der Laserintensität berechnet werden, woraus sich entlang der Strahlausbreitungsrichtung direkt eine Absorption bestimmen lässt. Hierfür muss jedoch die Annahme aus Kapitel 2.5.1 getroffen werden, dass die eigentliche LIF-Wellenlänge nicht absorbiert wird. Sämtliche anderen Parameter der LIF Übergänge lassen sich dann als Konstanten beschreiben:

$$R(x) = \frac{I_{248}(x)}{I_{225}(x)} = \frac{k_{248}}{k_{225}} I_{248}^{Laser}(x) = const.\cdot I_{248}^{Laser}(x), \quad (27)$$

wobei die sich ergebende Funktion $R(x)$ in Abbildung 2.19 gezeigt ist. I beschreibt hierbei die jeweilige Laserintensität, und k die weiteren Terme der Fluoreszenzgleichung.

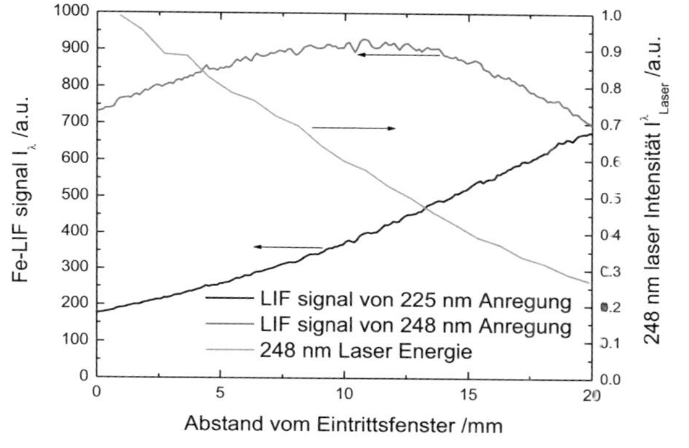

Abbildung 2.19: Fe-LIF Verteilung für 225 nm (schwarz) und 248 nm (rot) Anregung und das daraus resultierende Produkt(grün), welches direkt proportional zur Laserenergie ist

Durch Lösen der Lambert-Beer-Gleichung kann nun für jeden Punkt eine Konzentration bestimmt werden. Vergleicht man diese Konzentration mit dem gemessenen LIF Signal, sollten sich bei nur um einen Kalibrationsfaktor unterscheiden. In Abbildung 2.20 sieht man jedoch eine leichte Abweichung von diesem Trend. Dies muss als Fehlerbalken in die Interpretation der Daten eingehen.

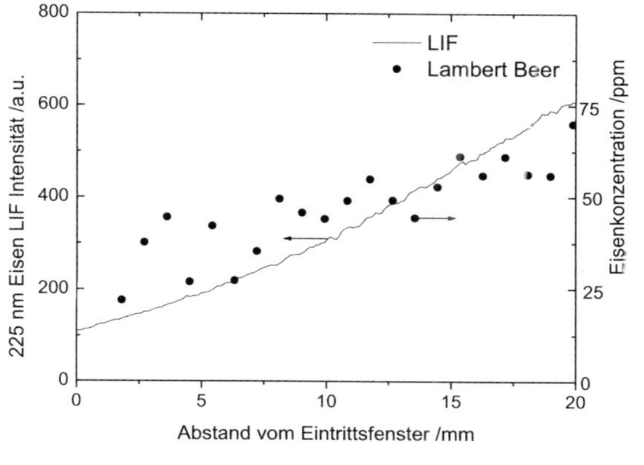

Abbildung 2.20: Vergleich zwischen Konzentration, die mittels Lambert-Beer-Gesetz berechnet wurde und LIF-Signal.

Dieser Wert kann zur Kalibration des semiquantitativen LIF-Signals verwendet werden. Im Vergleich zum in der Literatur verwendeten back-and-forth Verfahren [46] kann dieses Verfahren auch für stark inhomogene Flammen verwendet werden, da es auf Annahme von Rotationssymmetrie der Konzentrationsverteilung verzichtet. Außerdem ist nach einmaliger Kalibration der LIF Signale keine erneute Absorptionsmessung mehr notwendig. Ein Nachteil ist jedoch, dass für eine absolute Bestimmung der Konzentration die genaue Kenntnis der Temperaturverteilung notwendig ist. Diese wird jedoch für die hier durchgeführten Messungen an einem stationären Verbrennungsprozess stets separat durch NO-LIF-Thermometrie ermittelt.

2.5.6. Messung von Spezies in Plasmen

Durch die Möglichkeit in Heißwand-, und Plasmareaktoren Partikel unter Abwesenheit von Sauerstoff zu synthetisieren, können Intermediate detektiert werden, die unter Flammenbedingungen nicht vorhanden sind. Außerdem liegen in Flammen sämtliche Spezies nur in elektrisch neutraler oder wenig ionisierter Form vor, während in Plasmen theoretisch beliebig hohe Ionisationsstufen auftreten können.

Für die Anwendung der beschriebenen Technik gibt es jedoch bei Intermediaten in Plasmen ein systematisches Problem: Bei Flammenspezies wird die Besetzung der Zustände über die Temperatur bestimmt. Da es bei den meisten Plasmen so etwas wie eine einzelne Temperatur nicht gibt, muss die Besetzung der Grundzustände nicht unbedingt einer Boltzmannverteilung gehorchen. Dies wird durch die Tatsache erschwert, dass die meisten Intermediate durch Stöße mit ionisierten Atomen oder hochenergetischen Elektronen entstanden sind, und somit eine höhere Wahrscheinlichkeit besitzen nicht-thermalisiert zu sein [47]. Hier muss also davon ausgegangen werden, dass die Messung relativer Spezies Konzentrationsverteilungen mit größeren Unsicherheiten behaftet sind als in thermischen Systemen.

2.6. Experimenteller Aufbau

Ein schematischer Überblick über den Versuch ist in Abbildung 2.21 gegeben. Mittels eines Excimer- bzw. eines Farbstofflasers wird ein Laserstrahl über Spiegel und eine den Strahl formende Optik in den jeweils zu vermessenden Reaktor geleitet, wobei ein Teil des Strahls über eine Quarzplatte ausgekoppelt und auf einen Energiemesskopf gebracht wird. Das in dem Reaktor entstehende LIF Signal wird von einer Kamera aufgenommen, wobei ein optischer Filter das Hintergrundsignal minimiert.

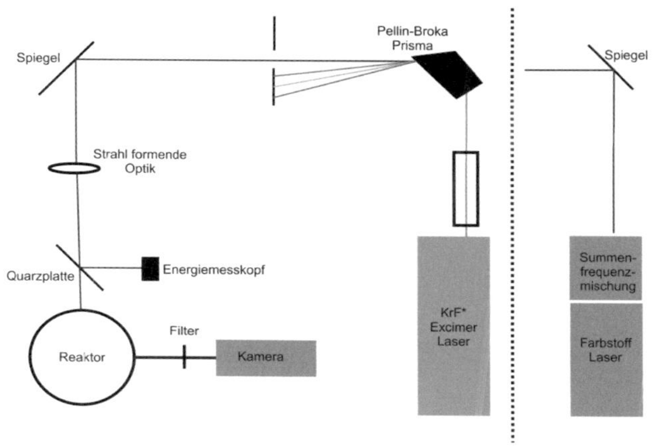

Abbildung 2.21: Schematische Darstellung des Versuchsaufbaus.

Im Folgenden wird auf die einzelnen Teile des Aufbaus genauer eingegangen. Die Reaktoren wurden bereits in Kapitel 2.2 beschrieben.

2.6.1. Lasersysteme

Aus den Einsteinkoeffizienten für stimulierte und spontane Emission geht direkt hervor, dass Licht einer Wellenlänge, die der Energiedifferenz zwischen dem Grund- und dem angeregten Zustand entspricht, beim Durchlauf durch ein Medium im angeregten Zustand verstärkt wird. Da der Einsteinkoeffizient für die hierfür benötigte stimulierte Emission jedoch gleich dem für stimulierte Absorption ist (vgl. Kapitel 2.3.2), ist es für eine praktische Anwendung notwendig, dass sich mehr Elektronen im angeregten als im Grundzustand befinden. Dies ist in einem Zweiniveausystem aus thermodynamischen Überlegungen heraus nicht möglich, denn es würde einer negativen absoluten Temperatur entsprechen. Über drei- oder vier-Niveau Systeme ist es jedoch möglich, Besetzungsinversionen zu erzeugen. Hierfür wurden über die Jahre verschiedene Konzepte verfolgt, wobei hier nur die für diese Arbeit relevanten vorgestellt werden sollen.

2.6.1.1. Excimerlaser

Ein Excimer (Excited Dimer) bzw. Exciplex (Excited Complex) ist ein zweiatomiges Molekül, das nur im angeregten Zustand stabil ist. Ein Beispiel hierfür sind Moleküle mit Edelgasen. Da hierdurch der Grundzustand per se nicht besetzt ist, stellt sich immer eine Besetzungsinversion ein. Ein Beispiel kann man in Abbildung 2.22 sehen [48].

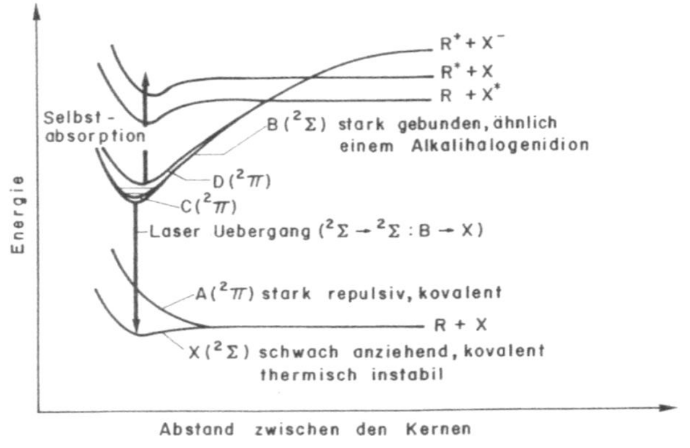

Abbildung 2.22: Energiediagramm für typische Excimere [48].

Die Bildungsreaktionen, die zu Excimeren führen sind relativ komplex, können aber auf zwei Reaktionskanäle beschränkt werden [48]

$$R^+ + X^- + M \rightarrow RX^* + M \tag{28}$$

$$R^* + X_2 \rightarrow RX^* + X, \tag{29}$$

wobei R das Edelgas und X das Halogenatom sowie M ein Stoßpartner aus Gründen der Impulserhaltung ist. In dieser Arbeit wurde ein KrF*-Excimer Laser benutzt. Das Fluoreszenzspektrum des KrF*-Excimers ist in Abbildung 2.23 dargestellt [49].

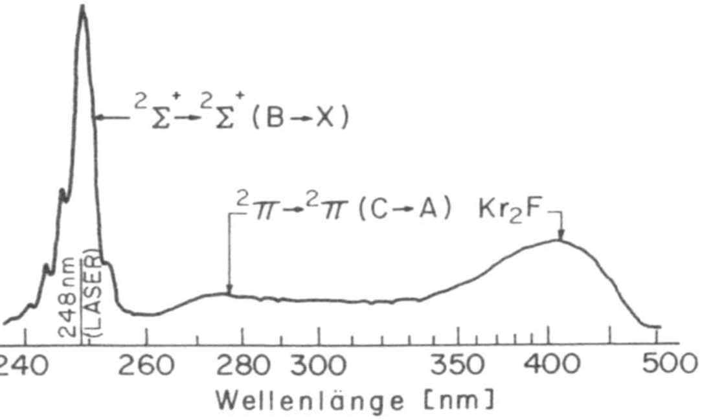

Abbildung 2.23: Fluoreszenzspektrum von KrF*[49].

2.6.1.2. Stimulierte Ramanstreuung

Um den Wellenlängenbereich von Excimerlasern zu erweitern wird in dieser Arbeit eine Zelle zur stimulierten Ramanstreuung des Laserlichts (Ramanzelle) verwendet. Hierbei wird der

Laserstahl in ein unter hohem Druck stehendes Gas fokussiert. Über Stöße mit den Gasmolekülen können Photonen nun Energie abgeben (induzierte Ramanstreuung) , wobei die Energiequantelung von dem Stoßpartner abhängig ist. Dies entspricht einem Stokes-Prozess. Außerdem können Photonen mit Molekülen stoßen, die schon Energie durch vorherige Stöße erhalten haben. Dies entspricht einem Anti-Stokes-Prozess. Die genaue Verschiebung der Energie für verschiedene Gase wird in [50] angegeben.

Um die fundamentale und die Stokes und Anti-Stokes Wellenlängen nach der Ramanzelle zu trennen, wird der Strahl durch ein Pellin-Broka-Prisma gelenkt, wobei die einzelnen Wellenlängen das Prisma unter verschiedenen Winkeln verlassen.

2.6.1.3. Farbstofflaser

Bei einem Farbstofflaser wird ein Farbstoffmolekül durch Absorption von Laserstrahlung optisch gepumpt, d.h. in einen elektronisch angeregten Zustand gebracht. Je nach eingesetztem Farbstoff wird nach schneller Schwingungsrelaxation im angeregten Zustand breitbandig Fluoreszenzstrahlung ausgesendet. Mit einem Beugungsgitter als einem der Spiegel eines optischen Resonators wird nun eine Wellenlänge dieses Emissionsprofilsentlang der optischen Achse reflektiert, so dass durch stimulierte Emission ein Laserstrahl entsteht.

Da Farbstoffe durch den Beschuss mit UV-Licht jedoch eine viel kürzerer Zeit bis zu photolytischen Zersetzung besitzen, wird auf solche Pumpwellenlängen in der Praxis häufig verzichtet. Stattdessen wird der Laserstrahl mittels eines nichtlinearen optischen Kristalls mit sich selbst (Verdopplung) oder mit einem anderen Laserstrahl (Summenfrequenzmischung) überlagert, wobei ein Laserstrahl mit der kombinierten Energie, also einer kürzeren Wellenlänge entsteht. Dies wird durch nichtlineare optische Effekte innerhalb eines Kristalls realisiert.

In dieser Arbeit wurde eine DCM in Ethanol Mischung mittels eines frequenzverdoppelten ND:YAG-Lasers bei 532 nm angeregt, um Laserstrahlung zwischen 602 und 660 nm zu erzeugen. Diese wurde mittels eines Beta-Bariumborat (BBO) Kristalls mit der verdreifachten Wellenlänge (355 nm) des Nd:YAG Lasers gemischt. Hierdurch ist es möglich Laserstrahlung zwischen 223 und 230 nm zu erhalten.

In dieser Arbeit wurde eine DCM in Ethanol Mischung mittels eines 532 nm verdoppelten ND:YAG Lasers angeregt, um Laserstrahlung zwischen 602 nm und 660 nm zu erzeugen. Diese wurde mittels eines Beta-Bariumborat (BBO) Kristalls mit der verdreifachten Wellenlänge (355 nm) des Nd:YAG-Lasers gemischt. Hierdurch ist es möglich Laserstrahlung zwischen 223 und 230 nm zu erhalten.

Die Eigenschaften beider verwendeten Lasersysteme sind in Tabelle 2.2 zusammengefasst:

	Excimer Laser	Farbstofflaser
Typ	Lambda Physics EMG150T	Sirah Cobra-Stretch
Leistung	150 mJ @ 248 nm 2 mJ @ 225 nm	10 mJ @ 225 nm
Pulslänge	20 ns	7 ns
Max. Frequenz	30 Hz	10 Hz

Tabelle 2.2: Eigenschaften der verwendeten Laser.

2.6.2. Detektionssysteme

In dieser Arbeit wurden ausschließlich bildverstärkte Kameras für die Detektion des LIF-Signals verwendet. Die beiden Kameras sind die Imager Intense von LaVision und die fast baugleiche Imager Pro X. Beides sind Kameras bei denen Bildverstärker und Kamera in zwei getrennten Bauelementen realisiert sind.

2.6.2.1. Kameras

Beide Kameras bestehen aus CCD-Chips, auf denen einzelne Pixel des Chips die jeweilige Lichtintensität in eine Zählrate umwandeln. Um ein höheres Signal und eine schnellere Übertragungsgeschwindigkeit der Daten zum Steuercomputer zu gewährleisten, wurde jeweils das Signal von 2×2 Pixeln zusammengefasst, das heißt als das eines Pixels gezählt. Dies reduziert jedoch die Gesamtauflösung der Kamera. Die Daten beider Kameras sind in Tabelle 2.3 zusammengetragen.

	Imager Intense	Imager Pro X2M
Max.Auflösung	1376×1040 Pixel ungebinnt	1600×1200 Pixel ungebinnt
Aufnahmefrequenz	10 Hz Maximale Wiederholrate	30 Hz Maximale Wiederholrate
Pixelgröße	6,45×6,45 μm^2	7,4×7,4 μm^2
Dynamischer Bereich	12 bit	14 bit

Tabelle 2.3: Eigenschaften der verwendeten Kameras

2.6.2.2. Bildverstärker

Um auch bei geringen Signalintensitäten ein genügend hohes Signal zu erhalten, wurden alle Kameras mit einem externen Bildverstärker betrieben. Ein Bildverstärker besteht aus einer Photokathode, durch die aufgenommene Photonen in einen Elektronenstrom umgewandelt werden. Dieser Elektronenstrom wird innerhalb der sogenannten Miko-Kanal-Platte durch eine angelegte Spannung verstärkt und auf einen Phosphorschirm geleitet. Da sowohl die Ansprech- als auch die Abklingrate des Phosphors und der Elektronik in der Größenordnung von

Nanosekunden erfolgt, ist es mittels dieser Detektoren möglich, sehr kurze Belichtungszeiten zu realisieren.

Bei einer bildverstärkten Kamera wird mit dem CCD-Chip der Kamera also nicht das Fluoreszenzlicht selbst aufgenommen, sondern das Licht das der Phosphorschirm aussendet. Als Bildverstärker wurde bei allen Versuchen die „LaVision Intensified Relay Optics“ (IRO) benutzt. Dieser verstärkt Strahlung im Bereich von 200–400 nm effizient (bis zu 100–200 counts pro einfallendem Photon).

2.6.3. Energiedetektion

Um die bei Lasern vorkommende Variation der Energie des emittierten Lichtpulses von Schuss zu Schuss zu korrigieren, wurde während der Messung die Energie simultan gemessen. Hierfür wurde eine Quarzplatte um 45° verkippt im Strahlengang positioniert, über die einige Prozent des Strahl auf eine Photodiode gelenkt wurde (LaVision USB Energy Monitor). Diese Energie wurde mit jedem Bild gespeichert und nach Hintergrundkorrektur des Bildes als Korrekturfaktor benutzt.

2.6.4. Optischer Aufbau

Filter

Um eine selektive Detektion des Fluoreszenzsignals ohne Störung durch Laserstreulicht oder Eigenleuchten der untersuchten Systeme zu ermöglichen wurden verschiedene Filterkombinationen vor der Kamera verwendet. Bei sämtlichen Messungen an Flammen wurde eine Kombination von zwei 230 nm Langpass-Filtern verwendet. Diese ermöglichen es, sowohl die NO-LIF (230–300 nm, Abbildung 2.24), als auch die Fe-LIF (240–350 nm) aufzunehmen und dabei die Laserstrahlung abzublocken. Da es sich in allen Fällen um Wasserstoff-Sauerstoff-Flammen handelt, die keine starke Emission im Bereich des vom Bildverstärker verstärkten Lichts besitzen [51], muss eine Chemilumineszenz nicht herausgefiltert werden.

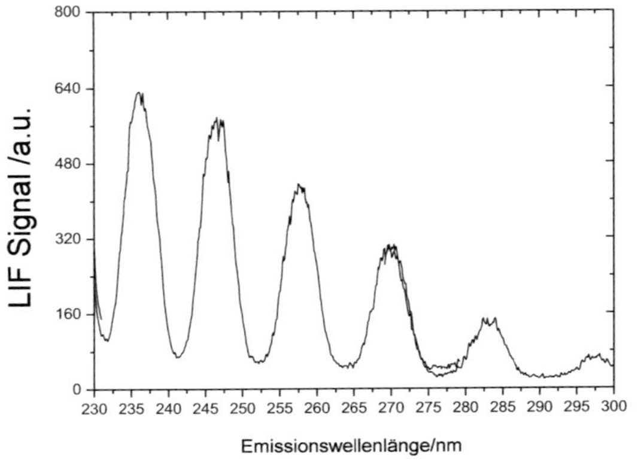

Abbildung 2.24: Fluoreszenzsignal von NO nach Anregung der A-X (0,0) Bande bei 225 nm. Das Spektrum wurde aus Einzelspektren an verschiedenen Messpositionen zusammengesetzt.

Im Falle von Messungen im Plasma sind, abhängig von der jeweiligen Gaszusammensetzung, Emissionen in verschiedenen Wellenlängenbereichen möglich. Abbildung 2.25 zeigt die Emission eines Argon Plasmas mit 30% N_2, welche mittels eines Spektrometers (Ocean Optics) aufgenommen wurde. Es existieren deutliche Emissionen im Bereich zwischen 300 und 400 nm. Da das Plasma eine instationäre Strömung beschreibt, ist es nicht möglich, diese Emission als konstanten Hintergrund zu betrachten, so dass hier die Unterdrückung des Signals über einen schmalbandigen Filter erfolgt. Hierfür wurde ein vierfach-Reflexionsfilter mit einem Bandpass zwischen 230–250 nm vor der Kamera positioniert. Dieser schränkt das NO-LIF-Signal um 50% ein, unterdrückt jedoch fast jedes Störsignal durch das Plasma.

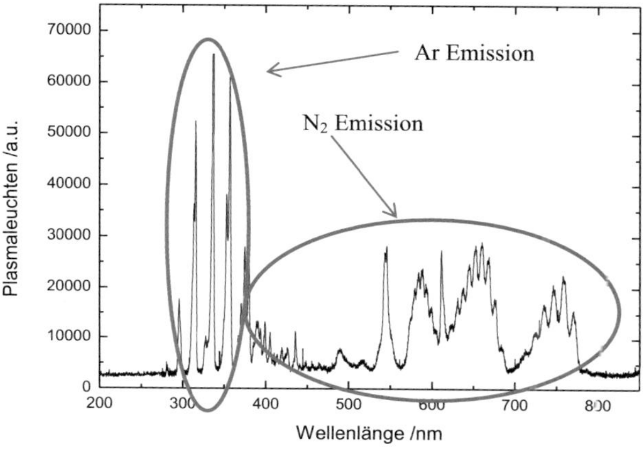

Abbildung 2.25: Emissionsspektrum eines Argon/Stickstoff-Plasmas.

Sättigung

Da die Geschwindigkeit des Fluoreszenzquenchings in Niederdrucksystemen gering ist, kann es in diesen Systemen leicht vorkommen, dass Übergänge gesättigt werden. Hierdurch verlieren Laserenergie und Fluoreszenzsignal bei hohen Laserintensitäten ihre lineare Abhängigkeit (vgl. Kapitel 2.5.3.1). Durch diesen Effekt können sowohl quantitative Messungen verfälscht, als auch relative Signalintensitäten zueinander verändert werden, was die genaue Temperaturbestimmung unmöglich macht. Abbildung 2.26 zeigt hier auf der linken Seite die Abweichung der NO-LIF Signalintensität vom linearen Verhalten. Auf der rechten Seite wird der Einfluss auf ein gemessenes NO-Rotationstemperaturfeld deutlich. Bei zu hohen Leistungsdichten des Lasers können um mehrere hundert Kelvin zu niedrige Maximaltemperatur und ein verfälschtes Abkühlverhalten gemessen werden.

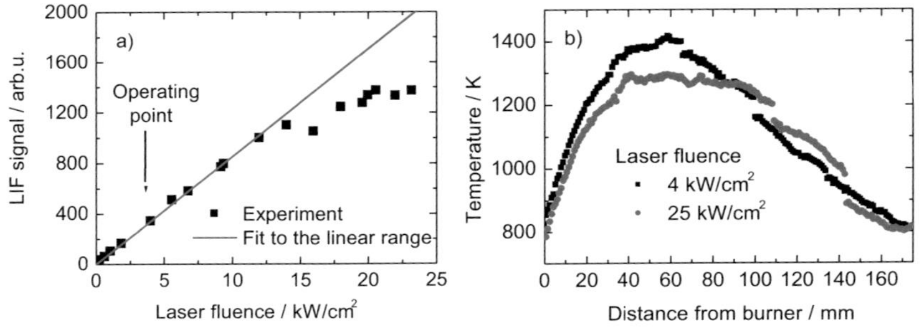

Abbildung 2.26: Auswirkung von Sättigungseffekten auf die berechnete Temperatur. Links die nicht-Linearität des Lasersignals, rechts der Einfluss auf ein gemessenes Temperaturprofil [42].

Um diesem Effekt entgegenzuwirken wurden zwei Maßnahmen bei der Konzeption des Strahlengangs des Anregungslasers getroffen. Zum einen gibt es bei Gaslasern wie dem Excimerlaser oft starke Inhomogenitäten innerhalb des Strahlprofils. Hierdurch kann das LIF Signal in einigen Bereichen des Bildes bereits gesättigt sein, während es in anderen Bereichen noch die lineare Abhängigkeit zeigt. Um diese so genannten hot spots zu vermeiden wurde in den Versuchen mit Gaslasern ein Beamhomogenizer [52] eingesetzt. Dieser homogenisiert das Strahlprofil über Fourier Transformationen, so dass das Strahlprofil im Reaktor quasi homogen ist.

Zum anderen wurden für LIF Anwendungen relativ breite Lichtblätter von 1 cm dicke geformt. Hierdurch kann die Leistung pro Fläche um ein bis zwei Größenordnungen gesenkt werden. Die hierdurch verlorene Tiefenschärfe muss bei der Interpretation der Daten bezüglich eines Vergleichs mit der Simulation berücksichtigt werden.

Korrektur des Strahlprofils

Aufgrund der häufig inhomogenen Intensitätsverteilung innerhalb des Laserstrahlquerschnitts, welche besonders bei Gaslasern vorkommt, muss eine Korrektur der gemessenen LIF-Intensitätsverteilung erfolgen.

Um die Intensitätsverteilung im Profil des Laserlichtblatts zu bestimmen wird der Reaktor in möglichst homogen temperierten Zustand mit einer NO/Ar-Mischung gefüllt und die NO-LIF-Intensitätsverteilung nach einigen Minuten gemessen, damit das Gas sich homogen verteilt hat. Anhand dieser Verteilung lässt sich ein Profil des Laserstrahls erstellen. Neben dieser Methode gibt es noch weitere Möglichkeiten, wie die Verwendung eines Beam-Profilers. Da dieser in der Arbeit nicht zur Verfügung stand, wird hier nur die erste der Methoden benutzt.

Position des Messgebiets im Plasmareaktor

Während bei Messungen im Flammenreaktor die Position des Brenners im Verhältnis zur Kamera verschoben wurde, ist der beobachtete Bereich bei Messungen im Plasma festgelegt.

Die genaue Position des Messbereichs ist in Abbildung 2.27 gezeigt und wird im Folgenden als Messbereich 1 bezeichnet.

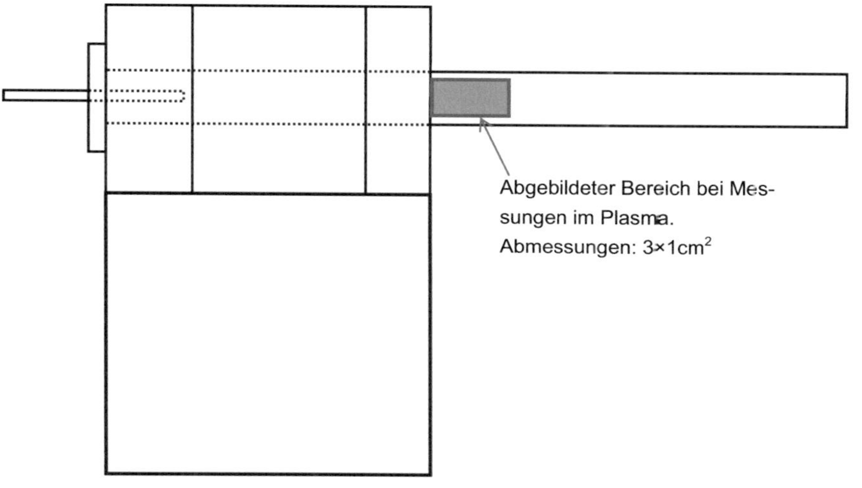

Abbildung 2.27: Messbereich 1 im Plasmareaktor.

2.7. Numerische Simulationen

Die in dieser Arbeit untersuchte Flamme ist wegen ihrer Geometrie besonders für numerische Modellierung geeignet. Daher wurden parallel zu den vorgestellten Messungen von weiteren Mitarbeitern des Instituts Simulationen durchgeführt[53]. Neben dem großen Beitrag durch quantitative Messung von Temperatur und Spezieskonzentrationen für die Modellbildung, verifiziert und erklärt die Simulation die gefundenen Phänomene. Entsprechend validiert die Messung am Experiment die Simulationsergebnisse. Für das vollständige Verständnis der Vorgänge im Reaktor ist es also notwendig, eine Kombination aus Messung und Experiment anzuwenden. Da die Durchführung dieser Simulationen nicht Teil dieser Arbeit war, und nur einige exemplarische Ergebnisse vorgestellt werden, wird auch hier nur kurz auf den theoretischen Hintergrund der Simulationen eingegangen (vgl. hierzu [54]) . Außerdem wird hier nur auf die Simulation der Flammenchemie eingegangen, da die Modellierung der Plasmachemie noch Stand aktueller Forschung ist und noch keine zu den vorgestellten Messungen korrespondierenden Simulationsergebnisse vorliegen.

Allgemein betrachtet ist eine Flamme eine chemisch reagierende Strömung. Das physikalische Problem wird durch Erhaltungsgleichungen für Masse, Spezies, Impuls und Energie in einem kontinuierlichen Medium beschrieben. Materialgesetze zur Beschreibung des molekularen Transportes, die thermische und die kalorische Zustandsgleichung dienen der Schließung des Problems. Die Chemie endlicher Bildungsrate wird durch den Arrhenius-Ansatz beschrieben. Aus dieser Betrachtung resultiert ein System partieller Differentialgleichungen, das sich nur für extrem vereinfachte Fälle, beziehungsweise Grenzfälle geschlossen lösen lässt. In der Regel werden solche Systeme numerisch gelöst.

Zur Modellierung der laminaren Flamme stehen grundsätzlich zwei Ansätze zur Verfügung, die jeweils unterschiedliche Schwerpunkte in der Abbildung der realen Situation legen. Den Idealfall würde die Lösung des vollständigen Problems darstellen, also der Erhaltungsgleichungen für alle beteiligten Stoffe in drei Raumdimensionen und der Zeit. Dies ist derzeit für laminare Flammen nicht praktikabel. Zum einen wegen des resultierenden hohen Speicherbedarfs, zum anderen wegen der oftmals stark divergierenden Zeitskalen von Strömung und chemischen Reaktionen. Aus diesem Grund empfehlen sich zwei Ansätze

- Mehrdimensionale Strömungssimulation, jedoch mit reduzierter oder vereinfachter Abbildung der chemischen Reaktionen
- Reduktion des Problems auf eine eindimensionale, stationäre Strömung, was wiederum eine detaillierte Betrachtung der chemischen Reaktionskinetik erlaubt

Insbesondere der zweite Ansatz wurde im Zusammenhang mit den hier vorgestellten Messungen verfolgt mit dem Ziel die Modelle bzw. Reaktionsmechanismen zu verbessern oder zu entwickeln. Daraus konnten später verkleinerte aber dennoch detaillierte Mechanismen entwickelt werden, die in dem erstgenannten Ansatz erfolgreich angewendet wurden. Im Folgenden wird auf die Modellierung der eindimensionalen Flamme etwas genauer eingegangen, da sie in vielen sehr gut etablierten Programmen (Chemkin, Cantera, Cosilab) verwendet wird.

Die eindimensionale Näherung für Flammen kann für folgende Strömungssituationen angewendet werden

- eine sich frei ausbreitende Flammenfront
- im Staupunkt stabilisierte Flamme
- Gegenstrom-Flamme
- am Brenner stabilisierte Flamme.

Als weitere Kriterien für die Gültigkeit der Näherung werden vorausgesetzt, dass die Strömung laminar ,d.h. kleiner Reynolds-Zahl ist, und dass die Mach-Zahl ebenfalls klein ist. Mit diesen Annahmen können die Transportgleichungen für eine Stromröhre konstanten Querschnitts A_Q formuliert werden zu

$$\rho A \frac{\partial Y_k}{\partial t} + \dot{m}_m \frac{\partial Y_k}{\partial x} + \frac{\partial}{\partial x}\left(\rho A_Q Y_k v_k\right) - A_Q \dot{\mu}_k M_k = 0 \qquad (30)$$

für die Speziesmassenbrüche Y_k und

$$\rho A_Q \frac{\partial T}{\partial t} + \dot{m}_m \frac{\partial T}{\partial x} - \frac{1}{c_p}\frac{\partial}{\partial x}\left(\lambda A_Q \frac{\partial T}{\partial x}\right) + \frac{A_Q}{c_p}\sum_{k=1}^{K} \rho Y_k v_k c_{pk} \frac{\partial T}{\partial x} + \frac{A_Q}{c_p}\sum_{k=1}^{K} \omega_k h_k M_k = 0 \qquad (31)$$

für die Energie als Transportgleichung der Temperatur T. Hierbei ist v_k die Diffusionsgeschwindigkeit, M_k die Molmasse, h_k die spezifische Bildungsenthalpie und c_{pk} die isobare Wärmekapazität der k-ten Komponente; w_k ist der sogenannte chemische Quellterm, der die Bildung der k-ten Komponente beschreibt. Die Wärmeleitfähigkeit λ und die Wärmekapazität c_p hängen von der Zusammensetzung ab. Das Gemisch mit der Dichte ρ wird hier in einem Massenstrom m_m transportiert. Wegen der Annahme einer kleinen Machzahl gilt für den thermodynamischen Druck

$$p = \rho RT = const. \qquad (32)$$

mit der spezifische Gaskonstanten R des Gemisches. Da der Druck eine Randbedingung ist, ist die Dichte als Funktion der Zusammensetzung und der Temperatur bestimmt. Es ist sofort ersichtlich, dass im Fall einer stationären Strömung, also verschwindender Zeitableitungen das System partieller Differentialgleichungen zu einem System gewöhnlicher Differentialgleichungen wird. In dem verwendeten, quell-offenen Programm Cantera [55] werden die Gleichungen dennoch instationär formuliert, weil es dem numerischen Lösungsverfahren dienlich ist. Eine instationäre Lösung ist aber nicht möglich.

Die chemischen Quellterme w_k bezeichnen die Hin- und Rückreaktionen die Bildung und Verbrauch der Spezies beschreiben, wobei die Rate k der einzelnen Reaktionen mit einem modifizierten Arrhenius Ansatz

$$k = F\left(\frac{T}{T_{ref}}\right)^n e^{\frac{-E_a}{RT}} \qquad (33)$$

beschrieben wird. Hier ist F ein Frequenzfaktor und E_a die Aktivierungsenergie bei einer Referenztemperatur T_{ref}.

Für die Modellierung des hier verwendeten Reaktors ist die Näherung einer *am Brenner stabilisierten Flamme* gerechtfertigt, da die Ausdehnung der Flammenfront im Verhältnis zum Brennerdurchmesser klein ist. Hierbei muss die Energieerhaltungsgleichung nicht notwendiger Weise gelöst werden, solange, wie bei den beschriebenen Experimenten, der Temperaturverlauf bekannt ist. Aus diesem Grund bilden die in dieser Arbeit vorgestellten Messergebnisse eine optimale Grundlage für die Validierung von Reaktionsmechanismen.

Eine große Quelle für Unsicherheiten sind bei der Untersuchung / Erforschung von Reaktionsmechanismen, die thermodynamischen Materialeigenschaften der beteiligten Moleküle, Bildungsenthalpie, Bildungsentropie und die Wärmekapazität, sowie die Transportkoeffizienten. Für die Reaktionen der Spezies miteinander sind die Arrhenius-Koeffizienten in vielen

Fällen ebenfalls unbekannt. Diese Eigenschaften werden in aufwendigen Experimenten [56] oder durch ab-initio-Simulation [57] der Quantenchemie ermittelt.

3. Ergebnisse

In diesem Kapitel wird die Anwendung der Multilinien NO-LIF-Thermometrie und der neu entwickelten Quantifizierungsstrategie zur Messung absoluter Konzentrationen von Eisenatomen in zwei praxisnahen Systemen angewandt: einem Niederdruck-Flammenreaktor und einem Mikrowellen-Plasmareaktor. Die Ergebnisse geben direkten Aufschluss über den Einfluss verschiedener Prozessparameter auf syntheserelevante Reaktoreigenschaften wie z.B. das Temperaturfeld. Hierbei wird großer Wert auf den Einfluss der Prekursoren gelegt, da diese in bereits geringen Konzentrationen das Reaktionsgeschehen und somit die Temperaturverteilung in Flammen und Plasmen beeinflussen können. Die experimentellen Daten werden zur Validierung der Simulationsrechnungen benutzt, von denen einige Ergebnisse gezeigt und mit den Messungen verglichen werden.

3.1. Ergebnisse für Partikelsynthese in Niederdruckflammenreaktoren

In diesem Kapitel werden die Multilinien NO-LIF-Thermometrie und das neue entwickelte quantitative Speziesmessverfahren auf den Flammenreaktor angewendet.

3.1.1. Temperaturmessungen in Niederdruckflammenreaktoren

Für die Temperatur in Niederdruck-Syntheseflammen wurden in der Literatur Temperaturverläufe berechnet. Hierbei erwies es sich in früheren Simulationen [58] als besonders schwierig, den Wärmeübertrag an die Wände richtig zu berechnen, so dass simulierte Temperaturen meist zu hoch angenommen wurden. Invasive Verfahren, wie zum Beispiel über Thermoelemente hingegen stören den Gasfluss und benötigen im Niederdruck oft Korrekturen z.B. der Strahlungsverluste. Im partikelproduzierenden Betrieb des Reaktors ergeben sich durch Partikel auf dem Thermoelement zudem Fehler durch z.B. Beschichtung des Thermoelements oder katalytische Effekte. Da jedoch bereits eine Änderung der Maximaltemperatur um weniger als 100 K einen großen Einfluss auf die zu Grunde liegende Chemie des Zerfalls von Prekursoren haben kann, ist es hier notwendig, die Flammentemperatur und ihre räumliche Verteilung so genau wie möglich zu kennen.

Es werden zwei gesonderte Einflüsse auf das Temperaturfeld im Flammenreaktor betrachtet. In einem ersten Schritt wird der Flammenreaktor als einfache Wasserstoffflamme ohne Prekursoren angenommen (Kapitel 3.1.1). Hierbei wird der Einfluss verschiedener Parameter auf das Temperaturfeld gezeigt. Der Einfluss von Prekursoren auf die Flamme wird dann in einem gesonderten Kapitel behandelt (Kapitel 3.1.2).

3.1.1.1. Einfluss verschiedener Flammenparameter

Für den Umsatz von Prekursoren wird in der Anwendung meist eine stark unterstöchiometrische Wasserstoffflamme (ϕ = 0,3) eingesetzt, um einen Sauerstoffüberschuss bei der Oxidation der organischen Liganden der metallorganischen Prekursoren zu garantieren. Der Flamme wird 1/3 Argon bezüglich des Gesamtflusses hinzugemischt. Das Argon hat einerseits die Aufgabe, die Flammentemperatur zu senken, ermöglicht andererseits aber auch die Zugabe von Prekursoren, ohne den Gesamtvolumenfluss zu ändern. Alle Volumenflüsse sind noch einmal in Tabelle 3.1 zusammengefasst.

Gas	Volumenfluss / sccm
O_2	800
H_2	600
Ar_2	500

Tabelle 3.1: Standardbedingungen der Gasströmungen im Flammenreaktor.

Während der Synthese wird die Flamme im Niederdruck betrieben, um die Reaktionszone zu strecken und so eine höhere räumliche Auflösung bei der Messung zu gewinnen. In allen hier gezeigten Messungen betrug der Reaktordruck 30 mbar.

Da die Reaktionszone der Flamme größer ist als die möglichen Beobachtungsfenster des Reaktors, wurde die Position der Brennermatrix gegenüber den Beobachtungsfenstern verschoben. Durch Aneinanderheften benachbarter LIF-Bilder (bzw. ausgewerteter Temperaturfelder) kann man Temperaturfeld über den gesamten experimentell untersuchten Bereich erhalten.

Da sich durch die Verschiebung des Brennerkopfs in der Kammer für jede Brennerposition eine andere Umgebung für die Flamme einstellt, können durch diese Maßnahme allerdings Sprünge im Temperaturprofil entstehen. Diese Veränderungen des Temperaturprofils werde jedoch auch bei der Probenentnahme hervorgerufen, da hier auch der Brennerkopf gegen die Einrichtungen zur Probenentnahme verschoben wird. Um der Flamme jedoch immer die Möglichkeit zu Ende zu brennen zu geben, wurde darauf geachtet, dass stromabwärts die Brennerkammer länger als 30 cm ist.

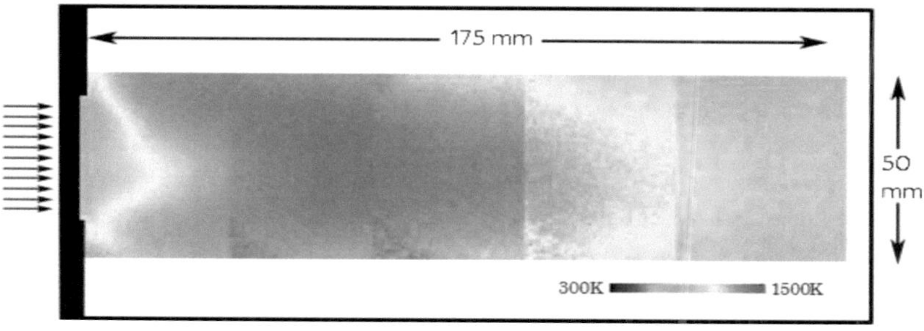

Abbildung 3.1: 2D-Temperaturfeld in einem Flammenreaktor.

In Abbildung 3.1 sieht man das gemessene Temperaturfeld des Niederdruckflammenreaktors. Die Strömung der Flammengase erfolgt von links nach rechts. Der Reaktor wurde horizontal betrieben, wobei die Kamera vertikal oberhalb des Reaktors positioniert ist. Es sind die Temperaturfelder von fünf aufeinander folgenden Brennerpositionen gezeigt.

Deutlich sichtbar ist ein kalter Bereich direkt an der gekühlten Sinterplatte, wobei die Maximaltemperatur ca. 5 cm stromabwärts von der Platte erreicht wird. Die Flammenstruktur ist nicht perfekt zylindersymmetrisch: gerade an der Sinterplatte kann man eine asymmetrische Struktur erkennen. Diese entsteht durch Ablagerungen von Partikeln auf der Sinterplatte selbst, durch die das Gas die Platte nicht gleichverteilt durchströmen kann.

Vergleicht man die Messungen mit Simulationen der Flamme (Abbildung 3.2), erkennt man ein ähnliches Verhalten.

Abbildung 3.2: Simuliertes 2D Temperaturfeld mittels ein-Schritt Chemie (Bereich 50×300 mm^2).

Die Messungen wurden unter anderem verwendet um Simulationsmodelle, die an anderer Stelle [53] unternommen wurden zu verifizieren. Im konkreten Beispiel wurde eine axiale Symmetrie des Reaktors und der Strömung angenommen, um die geometrische Komplexität des Problems zu reduzieren. Aufgrund der sehr kleinen chemischen Zeitskalen war die Berechnung dennoch extrem rechenzeitintensiv. Auch die verwendete Gitterverfeinerungsstrategie wäre mit einer dreidimensionalen Betrachtung des Problems nicht realisierbar. Bei der

Modellierung der chemischen Reaktionskinetik wurden zwei Ansätze unterschiedlicher Detailtiefe verfolgt. Im ersten Ansatz wurde die Wasserstoff-Oxidation auf eine globale Reaktion reduziert, deren Reaktionskoeffizienten so angepasst wurden, dass die Ergebnisse in einem sehr engen Parameterbereich die Messung gut wiedergeben. Dieses Vorgehen liefert augenscheinlich gute Ergebnisse, die jedoch wegen des eingeschränkten Gültigkeitsbereichs nur bedingt für Extrapolationen herangezogen werden können. Im zweiten Ansatz wurde ein detaillierter Reaktionsmechanismus herangezogen. Dieser Mechanismus war jedoch zu umfangreich und besaß ungünstige Lösungseigenschaften, so dass sein Einsatz in einer CFD Berechnung nicht realisierbar war. Stattdessen wurde er in einem iterativen Prozess mit Hilfe der Simulation einer eindimensionalen Modellflamme so reduziert, dass eine große Variationsbreite bzgl. des H_2/O_2-Verhältnisses bei vorgegebenem Druck zuverlässig berechnet werden konnte. Der resultierende Mechanismus enthielt nur noch sechs Elementarreaktionen, deren Koeffizienten nicht weiter angepasst werden mussten. Da damit die eindimensionale Modellflamme zuverlässig berechnet werden konnte, wurde dieser Mechanismus auch in der CFD-Berechnung eingesetzt.

Vergleicht man die Messungen mit Simulationen der Flamme (Abbildung 3.2), erkennt man ein ähnliches Verhalten wie zuvor beschrieben. Zum genaueren Vergleich wurde außerdem die Temperatur der mittleren Stromlinie mit der gemessenen Temperatur entlang der Mittellinie des Reaktors verglichen. Wie man in Abbildung 3.3 sieht, sind die verwendeten Mechanismen fähig, gemessene Temperaturen zu bestätigen. Jedoch stellen diese Rechnungen eine Vereinfachung da, da sie den Einfluss der verschiedenen Brennerpositionen relativ zum Fenster vernachlässigen. Die verschiedenen Messungen sind zudem an verschieden Tagen aufgenommen worden, weshalb sie sich in der absoluten Temperatur unterscheiden, da Faktoren wie Kühlwassertemperatur der Sintermatrix und Umgebungstemperatur des Labors nicht hundertprozentig reproduzierbar waren.

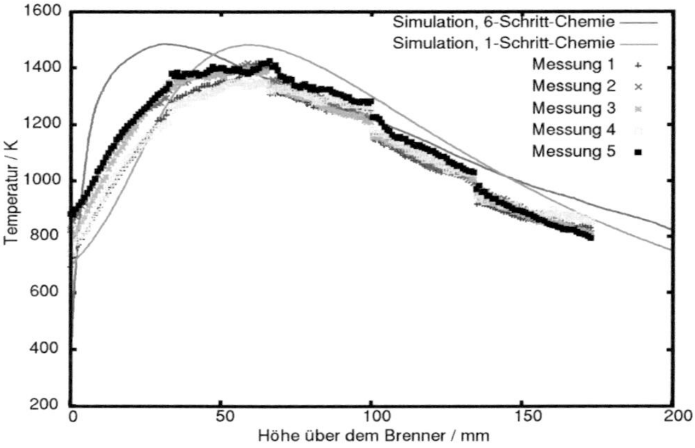

Abbildung 3.3: Simulation der Flammentemperatur auf der Mittelachse mittels eines ein- und eines sechs-Schritt Mechanismus und Vergleich mit fünf Messreihen bei identischen Bedingungen (Symbole).

Die Messung der Temperaturen ist jedoch weiterhin notwendig, da vereinfachte Mechanismen, wie sie für zweidimensionale Temperaturverteilungen notwendig sind, auf spezielle Probleme angepasst sind, und ihre Anwendbarkeit auf andere Reaktorgeometrien oder Flammenkonzepte wie z.B. Diffusionsflammen jeweils fallspezifisch mittels Messungen überprüft werden muss. In Abbildung 3.3 erkennt man Abweichungen der Maximaltemperatur von der gemessenen Temperatur und eine ab 5 cm insgesamt höhere Temperatur. Die hierzu führenden Effekte werden in Kapitel 3.1.1.2 besprochen. Da diese Rechnungen auch mit Einschritt-Chemie bezüglich der Verbrennung sehr lange Rechenzeiten benötigen, wird bei weiteren Parameterstudien größtenteils auf vergleichende Simulationen verzichtet.

In Syntheseflammen mit Parametern wie in Tabelle 3.1 und einer Sinterplatte von 36 mm Durchmesser liegt die Frischgasgeschwindigkeit (ca. 1 m/s) bei weniger als einem Drittel der Flammengeschwindigkeit von Wasserstoff (3,6 m/s). Verwendet man jedoch Prekursoren, deren Dampfdruck nur bei erhöhter Temperatur in einem Bereich liegen, in dem sie für den Einsatz in Bubblersystemen sinnvoll sind, kann es vorkommen, dass diese Prekursoren an der gekühlten Sintermatrix kondensieren, und diese mit der Zeit verschmutzt. Hierdurch können Teile der Sintermatrix nicht mehr von Gas durchflossen werden, wodurch sich die effektive Austrittsfläche der Sintermatrix verkleinert und sich dadurch die Frischgasgeschwindigkeit signifikant erhöht.

Dies hat zwei negative Einflüsse auf den Reaktor: Zum einen ist es in diesem Fall nicht mehr möglich, genaue Aussagen über das Strömungsfeld zu machen, so dass die Diskrepanz zwischen Simulation und Experiment weiter zunimmt. Zum anderen kann durch eine starke Verschmutzung die Frischgasgeschwindigkeit im Zentrum der Strömung dieselbe Größenordnung wie die Flammengeschwindigkeit erreichen, so dass es zu einem Abheben der Flamme kommen kann. Dieses Verhalten kann in Abbildung 3.4 an einem Temperaturfeld für eine verschmutze Sintermartrix beobachtet werden, wo man einen ausgeprägten kalten Bereich nahe des Brennerkopfs sieht. Außerdem sind in dem Temperaturfeld einige für LIFSim nicht berechenbare Bereiche in schwarz dargestellt.

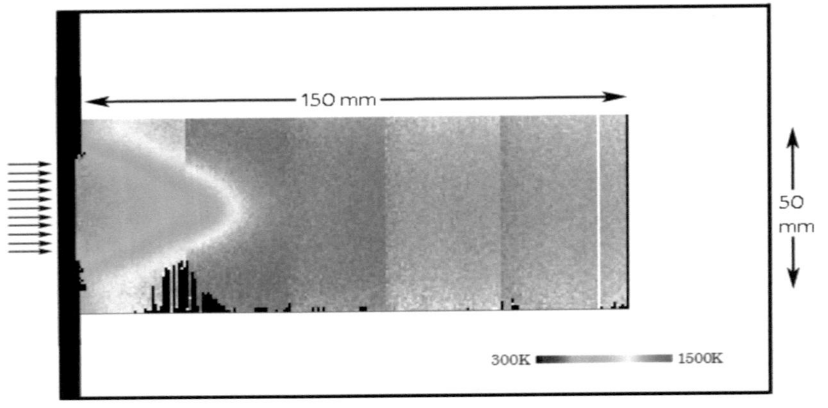

Abbildung 3.4: Temperaturfeld für Brenner mit teilweise verschmutzter Sintermatrix und größerer Brennkammer als in Abbildung 3.1.

Außerdem kann man in diesem Beispiel erkennen, dass die Temperatur bei größeren Abständen von der Sintermatrix höher ist, als dies bei Abbildung 3.1 der Fall war. Dies kann dadurch begründet werden, das in dieser Reaktorkonfiguration ein größerer Brennkammerdurchmesser (150 mm vs. 100 mm) gewählt wurde. Hierdurch lässt sich der Einfluss des Wärmeübertrags auf die Wände vermindern, und es lassen sich so Synthesebedingungen einstellen, die bei gleicher Gaszusammensetzung ein anderes Temperaturfeld erzeugen.

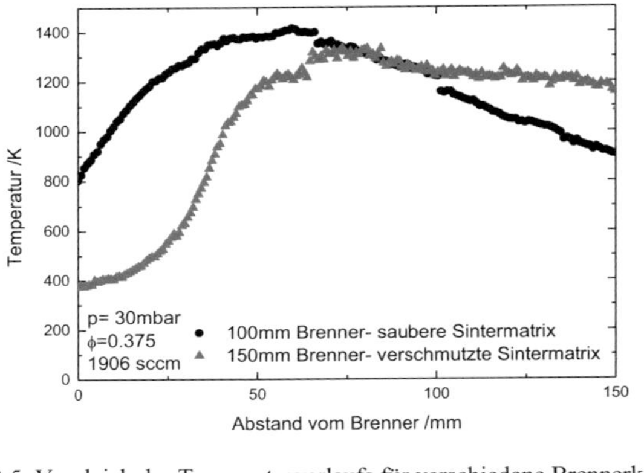

Abbildung 3.5: Vergleich des Temperaturverlaufs für verschiedene Brennerkonfigurationen

Die abgehobene Flamme hat den Vorteil, da sie in einem instabilen Gleichgewicht zwischen brennerstabilisierter Flamme und dem Erlöschen der Flamme betrieben wird, dass bereits geringe Änderungen an den Betriebsbedingungen der Flamme und der Flammenkinetik einen großen Einfluss auf ihre Struktur nahe der Sintermatrix haben (vgl. Kapitel 3.1.2). Hierdurch sind sie gut geeignet für die Bestimmung des Einflusses von Additiven, die nur einen geringen Effekt auf die ansteigende Flanke des Temperaturprofils besitzen.

3.1.1.2. Bestimmung der Symmetrie

Für die Simulation der zum Teil komplexen Reaktionen, die während der Synthese von Nanopartikeln auftreten, muss das Modell der Partikelbildung auf ein 1D bzw. 2D Modell vereinfacht werden. Hierfür wir angenommen, dass die Strömung innerhalb des Reaktors eine zylindrische Symmetrie besitzt. Da in vielen Reaktoren aufgrund der angeschlossenen Messapparaturen eine waagerechte Strömungsrichtung notwendig ist, ist hier mit einem Einfluss des Auftriebs und einer Verteilung der heißen Gase im oberen Bereich des Reaktors zu rechnen.

Um diesen Effekt zu quantifizieren wurden NO LIF Messungen in einer Ebene parallel zur Brenneroberfläche durch das Fenster auf der dem Brennerkopf entgegengesetzten Seite aufgenommen und für verschiedene Höhen der Messebene über dem Brenner zu einer dreidimensionalen Temperaturverteilung zusammengesetzt. Hierbei ergibt sich wieder das Problem, dass sich bei jeder Verschiebung des Brenners eine neue Umgebung einstellt, so dass hierdurch wieder kein geschlossenes Temperaturfeld, sondern sich Temperatursprünge zwischen den einzelnen Messpositionen einstellen.

Betrachtet man die Position der heißesten Bereiche der Flamme in Abbildung 3 6, so fällt auf, dass dieser ca. 2-5cm oberhalb der Brennermitte liegt. Da die Sinterplatte jedoch genau in der Mitte liegt, muss diese Diskrepanz durch ein Aufsteigen des Gases in den ersten 5 cm der Flamme verursacht werden. Hierdurch verliert die Flamme ihren eindimensionalen bzw. zweidimensionalen Charakter, und muss als dreidimensionales Problem betrachtet werden. Da jedoch sämtliche Partikelbildungsmechanismen und Vereinfachungen der Modellierung der Chemie bei dreidimensionaler Rechnung zu einer nicht mehr handhabbaren Anzahl von Gleichungen führen würden und deshalb maximal in zwei Dimensionen zu behandeln sind, könnte dieser Fall nur entlang berechneter Stromfäden erfolgen. Da hier keine einfach zu beschreibende Beziehung zwischen Höhe über dem Brenner und Verweilzeit in der Flamme mehr besteht, ist diese Brennergeometrie nicht erwünscht.

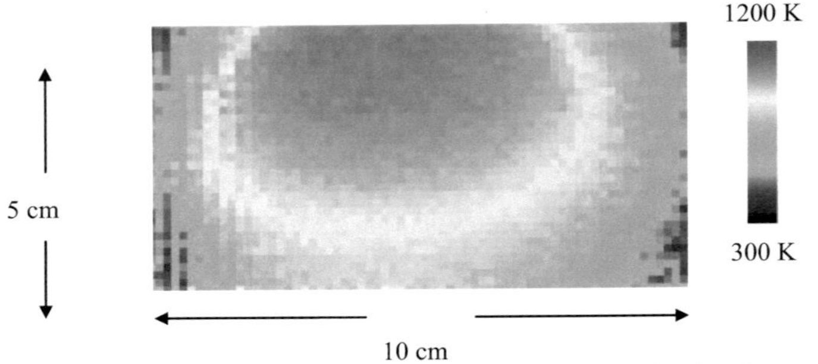

Abbildung 3.6: 2D-Temperaturprofil in einer Ebene 5cm über dem Brenner für einen liegenden Brennerbetrieb.

Im Vergleich hierzu wurde ein Brenner im vertikalen Betrieb vermessen, in dem die Brennkammer um 90° gekippt wurde. Um den optischen Zugang auf eine Ebene parallel zur Brenneroberfläche so gut wie möglich zu realisieren, wurde die Richtung der Gasströmung von unten nach oben gewählt. Diese Betriebsart hat für die Partikelsynthese Nachteile gegenüber einer Flussrichtung von oben nach unten, da Partikel auf die Sintermatrix fallen, und diese so verstopfen können. Da die in diesem Reaktor produzierten Materialmengen jedoch verhältnismäßig gering sind, wurde der baulich einfacher zu realisierenden optischen Zugänglichkeit Priorität eingeräumt.

Ein Temperaturfeld für diesen Brennerbetrieb ist in Abbildung 3.7 zu sehen. Hier sieht man im Vergleich zu Abbildung 3.6 die heißeste Stelle des Reaktors in der Mitte. Da die Temperaturverteilung nun nicht durch Auftriebseffekte in der Symmetrie beeinflusst wird, kann man hier im unteren Bereich des Bildes Einflüsse der Sintermatrix sehen, die sonst durch Auftriebseffekte überlagert werden.

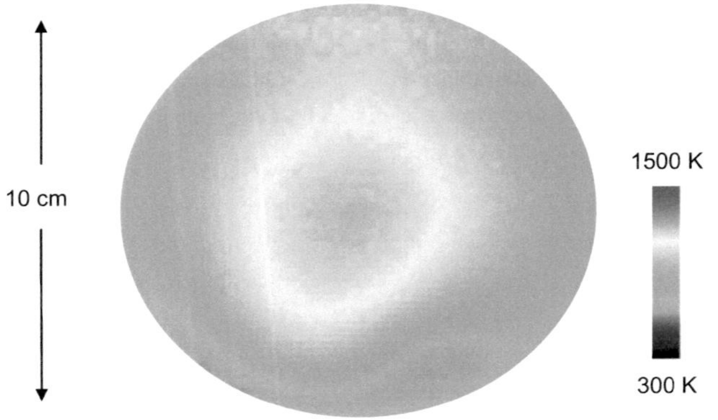

Abbildung 3.7: 2D-Temperaturverteilung in einer horizontalen Ebene 5 cm über dem Brenner für einen aufwärtsbrennenden Betrieb.

Da insgesamt der senkrechte Betrieb eine bessere Simulierbarkeit der Ergebnisse verspricht, und es zudem ermöglicht, auch kleine Veränderungen des Temperaturfelds genauer zu betrachten, wurde in den meisten Messungen ein senkrechter Reaktor betrieben. Diese Betrachtung gilt analog auch für weitere Reaktorkonzepte.

3.1.2. Charakterisierung der Flammensynthese von Eisenoxid aus Eisenpentacarbonyl und Vergleich mit Simulationsrechnungen

Eisenpentacabonyl ($Fe(CO)_5$) ist ein häufig verwendeter Prekursor für die Synthese von Eisenoxid Nanopartikeln. Daneben wurde es in den 20er und 30er Jahren des 20. Jahrhunderts als mögliches Antiklopfmittel für Motoren diskutiert [59,60]. Daher ist ein starker Einfluss auf die Flammenstruktur zu erwarten. Da Eisenatome wie bereits in Kapitel 2.4 erwähnt eine Anregungswellenlänge in dem bisher verwendeten NO-Wellenlängenbereich besitzen, wurden diese Messungen im Wellenzahlbereich zwischen 44350 cm^{-1} und 44390 cm^{-1} durchgeführt. Als Flammentyp wurde die abgehobene Flammenkonfiguration gewählt. Hierdurch kann der Bereich, in dem die Temperatur ansteigt, in dem also sämtliche Zwischenreaktionen stattfinden, genauer beobachtet werden. Wie man in Abbildung 3.8 sehen kann gibt es für alle Prekursorkonzentrationen einen relativ großen Bereich nahe am Brennerkopf, in dem die Gas Zimmertemperatur besitzen, bevor sie sich weiter stromabwärts erhitzen. Hierbei verschiebt sich die Flamme näher an die Sinterplatte für steigende Konzentrationen von $Fe(CO)_5$. Außerdem erhöht sich die Maximaltemperatur der Flamme um ca. 100 K. Ein Abfall der Temperatur stromabwärts der Flamme ist bei keiner Konzentration zu sehen.

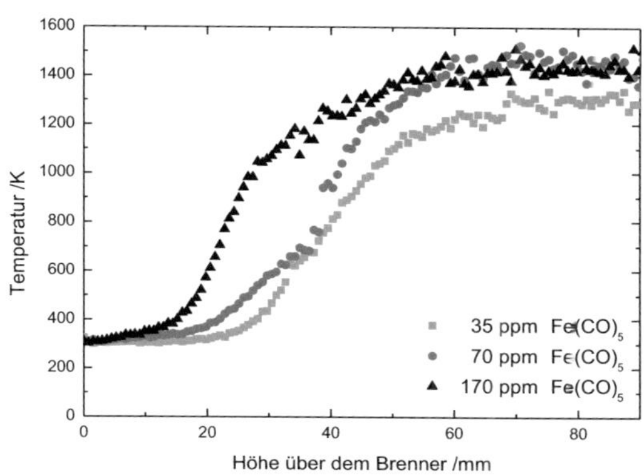

Abbildung 3.8: Temperatur entlang der zentralen Achse im Flammenreaktor für verschiedene Prekursorkonzentrationen.

Da diese abgehobene Flamme durch unregelmäßige Verstopfungen der Sinterplatte entstanden ist, ist die Simulation der Effekte ohne weiteres nicht möglich. Es konnte daher lediglich ein Vergleich des Temperatureinflusses bei $Fe(CO)_5$-Zugabe zu der in Kapitel 3.1.1 beschriebenen Flammenkonfiguration durchgeführt werden. Abbildung 3.9 zeigt eine Erhöhung der Maximaltemperatur der Flamme um 100 K, was in etwa dem gemessenen Wert entspricht. Da die Flamme in den Rechnungen bereits auf der Sinterplatte anliegt, kann man hier keine Veränderung der Flammenposition erkennen, lediglich die Ausdehnung der heißen Zone vergrößert sich in den Rechnungen. Da der Bereich, in dem die Temperatur wieder sinkt, erst bei Höhen über dem Brenner eintritt, die in der verwendeten Reaktorkonfiguration nicht erreicht werden können, kann dieser Effekt im Rahmen der Arbeit nicht validiert werden.

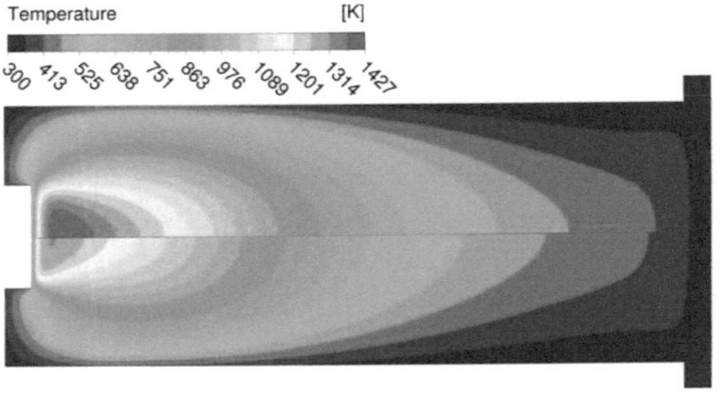

Abbildung 3.9: 2D-Simulation für eine Flamme ohne (unten) und mit (oben) $Fe(CO)_5$[53].

Als Begründung für die starke Temperaturerhöhung wird analog [61] eine Rekombinationsreaktion des Wasserstoffs mit Eisenhydroxid und einem Stoßpartner X gesehen (Formeln 34 – 37). Hierbei wird aus zwei Wasserstoffatomen molekularer Wasserstoff gebildet (Formel 37)

$$FeOH + H \leftrightarrow FeO + H_2 \tag{34}$$

$$FeO + H_2O + X \leftrightarrow Fe(OH)_2 + X \tag{35}$$

$$Fe(OH)_2 + H \leftrightarrow FeOH + H_2O \tag{36}$$

$$H + H \leftrightarrow H_2 \tag{37}$$

Hierdurch kann die Flammentemperatur bereits durch Hinzugabe einiger ppm von in [61] beschriebenen Metallen, wie z.B. Eisen, Chrom oder Blei stark erhöht werden. Der genaue Temperatureinfluss kann jedoch nur durch CFD-Rechnungen und nicht durch einfache Überlegungen der Reaktionsenthalpie quantifiziert werden.

Außerdem wurde mittels des in Kapitel 2.5 vorgestellten Verfahrens die Verteilung von atomarem Eisen innerhalb des Reaktors gemessen. Abbildung 3.10 zeigt eine 2D-Verteilung von neutralen Eisenatomen in der Mittelebene des Reaktors, wobei die Messebene 1 cm dick ist, um Sättigungseffekte im LIF zu vermeiden. Hier fällt auf, dass in dem Bereich, der auch im Temperaturprofil kalt war, kein Eisen vorliegt. Dieses bildet sich erst weiter stromabwärts, um dann wieder in Folgereaktionen verbraucht zu werden.

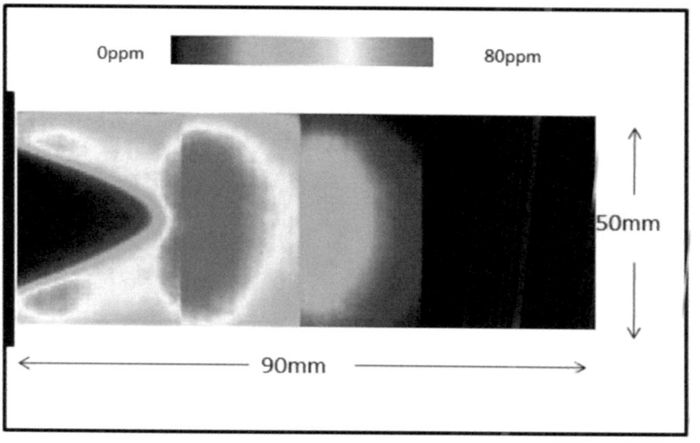

Abbildung 3.10: 2D-Verteilung der Konzentration von atomarem Eisen in einer Flamme mit $Fe(CO)_5$, zusammengesetzt aus Einzelbildern bei verschiedenen Flammenpositionen.

Um einen besseren Vergleich zu Temperaturen und 1D Rechnungen zu haben wurden analog zur Temperatur Profile entlang der mittleren Achse des Reaktors ausgewertet. In Abbildung 3.11 sieht man die Konzentration von atomarem Eisen für einen 1 cm breiten und durch das Lichtblatt 1 cm dicken Bereich entlang der Mittelachse des Brenners senkrecht zur Sintermatrixoberfläche. Man beobachtet, dass die Eisenatome mit zunehmender Konzentration des Prekursors, analog zur Verschiebung des Temperaturgradienten, näher an der Sinterplatte entstehen. Auch die Breite des Bereichs, in dem atomares Eisen vorliegt, sinkt mit steigender Konzentration von $Fe(CO)_5$. Dies kann durch die erhöhte Stoßwahrscheinlichkeit zwischen zwei Eisenatomen erklärt werden.

Aus der Theorie [62] ist bekannt, dass bei Zerfall von $Fe(CO)_5$ das Abspalten der ersten CO-Gruppe der die meiste Energie benötigende Prozess ist. Daher kann man davon ausgehen, dass der Zeitpunkt, an dem atomares Eisen gebildet wird, auch gleichzeitig der Zeitpunkt ist, an dem der $Fe(CO)_5$-Zerfall beginnt.

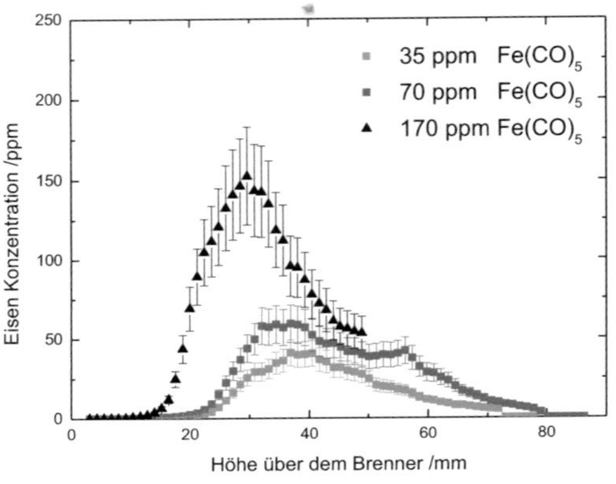

Abbildung 3.11: Eisenatomkonzentration entlang der zentralen Achse im Flammenreaktor für verschiedene Prekursorkonzentrationen. Der Fehler wurde analog zu Kapitel 2.5 bestimmt.

Da die Simulation des Prekursorzerfalls sowie der entsprechenden Folgereaktionen der Fragmente untereinander und mit den Flammengasen unter Berücksichtigung des Strömungsfeldes mit heutigen Computern kaum bewältigt werden kann [63], sind die vergleichenden Rechnungen einfacherer gehalten. Hier wurde die gemessene Temperatur als Eingangsgröße für die Simulation vorgegeben, und sämtliche chemischen Reaktionen hiermit berechnet. Ein Vergleich der so berechneten mit gemessenen Höhenprofilen ist in Abbildung 3.12 dargestellt.

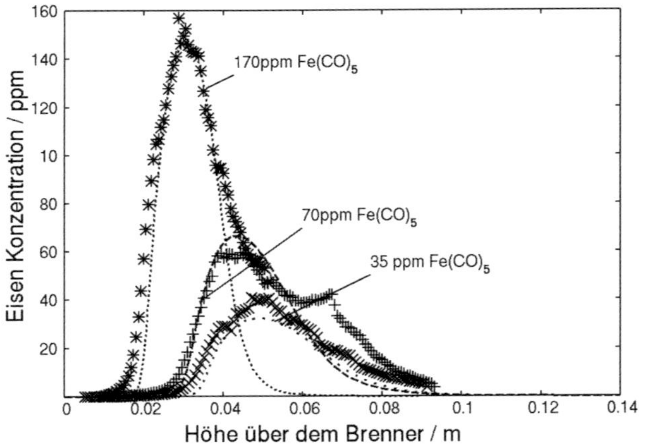

Abbildung 3.12: Vergleich von gemessenen (Symbole) und gerechneten (Linien) Eisenatom-Konzentrationsprofile als Funktion des Abstands vom Brennerkopf für unterschiedliche Prekursor-Konzentrationen [53].

Hierbei sieht man auf der steigenden Flanke eine bessere Übereinstimmung zwischen Simulation und Messung als auf der abfallenden Flanke der Eisenatomverteilung. Dies kann durch die Simulation erklärt werden, da diese nur Reaktionen in der Gasphase berücksichtigt, auf der abfallenden Flanke jedoch schon erste Partikel entstehen, weswegen hier eine Zwei-Phasen-Rechnung notwendig wäre.

Zusammenfassend lässt sich sagen, dass während Eisen im Vergleich zu den in [61] beschriebenen Metallen einen eher moderaten Einfluss auf die Flammenstruktur hat, kann dieser durch benutzen einer abgehobenen Flammengeometrie erhöht werden, und ihn so besser zu visualisieren. Außerdem ist der Zerfall des Eisen-Prekursors besser verstanden, als dies bei anderen Prekursoren der Fall ist. Hierdurch können die gemessenen Daten mit Simulationsrechnungen besser verglichen werden.

3.2. Ergebnisse für Partikelsynthese in Mikrowellenplasmareaktoren

Im Vergleich zu der relativ einfachen Interpretation der Ergebnisse im Flammenreaktor ist bei Plasmareaktoren schon allein die Interpretierbarkeit der Ergebnisse nicht sicher. Außerdem ist die Unterscheidung zwischen Reaktorgasen und Additiven nicht mehr so strikt wie im Falle des Flammenreaktors, da hier schon geringe Dosen bestimmter Stoffe die gesamte Temperatur und Thermalisierung stark verändern können.

3.2.1. Eigenschaften der NO-Rotationsbesetzung in Plasmen

Für die Auswertung der in Plasmen bestimmten NO-Rotationstemperaturen ist es notwendig, einige Vorbetrachtungen über die Thermalisierung des NO-Moleküls zu machen. Wenn die Besetzung der Zustände im NO-Molekül durch externe Anregung nicht-thermisch ist, werden sie sich nach einer gewissen Zeit umverteilen, um eine thermische Verteilung herzustellen. Dabei gibt es bei Molekülen die charakteristischen Zeiten des Rotations-Energie-Transfers (RET) und der Vibrations-Energie-Transfers (VET). Diese sind im Allgemeinen nicht identisch, und hängen von der Quantenzahl des nicht-thermisch besetzten Niveaus und verschiedenen Umgebungsparametern, wie zum Beispiel dem Druck, der Temperatur und der Badgasumgebung ab. Literaturarbeiten geben für 1 bar und 300 K eine RET-Zeit für NO in Luft eine Zeit von 2 ns an [64], in Niederdruck-Plasmen wird eine ähnliche Größenordnung angenommen [65]. Die VET-Zeiten liegen in Niederdruck-Plasmen bei bis zu 50 µs [65]. Die typische Strömungsgeschwindigkeit der Gase innerhalb des Plasmareaktors liegt bei 1 m/s, was bedeuten würde, dass sowohl Vibration als auch Rotation außerhalb der Antenne im thermischen Gleichgewicht vorliegen müssen.

Außerdem wird in [65] darauf verwiesen, dass NO-LIF in Plasmen stärker gequencht wird, als dies von der Theorie her erwartet würde. Dieser Effekt kann nicht erklärt werden, und kann deshalb eine zusätzliche Fehlerquelle darstellen, da nicht bekannt ist, in wie weit dieser Effekt das temperaturabhängige Spektrum verfälschen kann.

3.2.1.1. Modellierbarkeit der Ergebnisse für Plasmareaktoren

Plasmen sind strömungsmechanisch anders als Gase zu betrachten. Bei langsamen Strömungsgeschwindigkeiten werden Plasmen von Gasen umströmt, so dass sie sich fast wie starre Körper verhalten. Um dies zu verhindern ist die Düse, aus der das Gas für den Reaktor einströmt, so klein gewählt, dass sich Geschwindigkeiten von 100 m/s einstellen, um das Gas durch das Plasma strömen zu lassen. Durch diese hohen Austrittsgeschwindigkeiten bilden sich jedoch Wirbel, so dass sich ein instationäres Strömungsfeld ausbildet. Da bei der gegenwärtigen Konstruktion der gesamte Bereich innerhalb der Antenne nicht optisch zugänglich war, und die Simulation der strömungsmechanischen Eigenschaften in der Literatur bisher nicht erfolgreich war, sind keine genauen Aussagen über die Wirbelstruktur möglich.

Die in Kapitel 3.1.1.2 besprochenen Überlegungen über horizontale und vertikale Betriebsweisen von Synthesereaktoren und der daraus folgenden Einschränkungen für eine mögliche Simulierbarkeit gelten ebenfalls für den Plasmareaktor. Da jedoch die Wirbeleffekte sämtliche Erleichterungen, die durch einen senkrechten Betrieb bei der Betrachtung der Strömung als eindimensionales Problem und Detektion kleinerer Inhomogenitäten innerhalb des Temperaturfeldes an sich verhindern, wurde im Falle des Plasmareaktors auf einen senkrechten Betrieb verzichtet. Dies ermöglicht es zudem, die im Rahmen dieser Arbeit gewonnenen Ergebnisse auch auf frühere im waagerechten Reaktorbetrieb durchgeführte Messungen anzuwenden.

Im Rahmen der Simulierbarkeit muss bei sämtlichen Messungen außerdem die zeitliche Stabilität der Temperaturprofile, welche sich durch die Stabilität der NO-Verteilung ausdrückt, betrachtet werden.

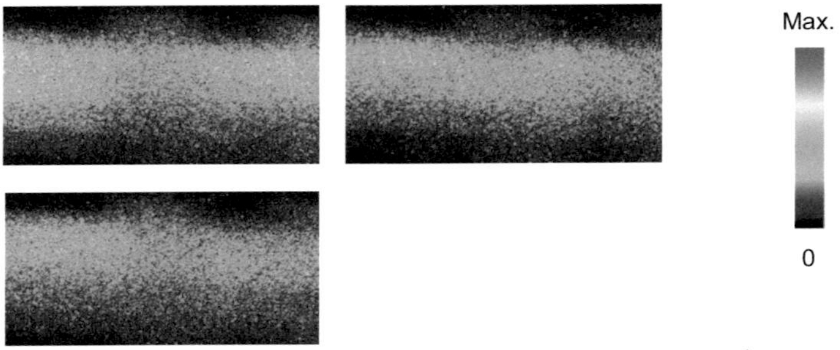

Abbildung 3.13: Rohbilder der NO-LIF-Verteilung bei Anregung mit 44421 cm^{-1} (Messbereich 1).

Betrachtet man die Rohbilder der NO LIF Verteilung in Abbildung 3.13, so sieht man eine im ungefähr gleichbleibende Verteilung von NO im Reaktor. Bei genauerer Betrachtung erkennt man jedoch Pulse von NO innerhalb der Verteilung, welche instationären Bedingungen entsprechen. Durch diese nichtkonstante Verteilung von NO ist die Annahme, über die gesamte Messdauer (d.h. Aufnahmezeit von Anregungsspektren) würde ein konstantes Probenvolumen untersucht, hinfällig, was bei der Temperaturauswertung letztlich zu einer größeren Messungenauigkeit führen wird. Vergleicht man diese Fluktuation mit den in [42] angestellten Betrachtungen zu turbulenten Flammen, so ist der Fehler gering. Daher kann man von einer mittleren Temperatur ausgehen, welche im allgemeinen dem tatsächlichen Mittel der Temperaturen entspricht, wobei bei Temperaturen von unter 1000 K, wie sie in den meisten in Kapitel 2.2.2.1 besprochenen Fällen vorliegen, man von einem Fehler, der zu etwas zu hohen gemittelten Temperatur (vgl. [42]) führt, ausgehen kann. Dieser systematische Fehler ist in derselben Größenordnung wie die Messungenauigkeit, so dass die Übertragbarkeit der Ergebnisse auf Messungen nicht verändert wird.

Aus den Pulsabständen lässt sich außerdem eine Fluktuation unter Berücksichtigung der durchschnittlichen Gasgeschwindigkeit berechnen. Hieraus ergibt sich für einen Gasdurchfluss von 2000 sccm eine mittlere Geschwindigkeit von ca. 1 m/s, was bei einem Pulsabstand von ca. 1 cm einer Frequenz von ca. 100 Hz entspricht. Dies entspricht in der Größenordnung der Frequenz der Netzspannung von 50 Hz, so dass diese Störung hierauf zurückzuführen ist.

3.2.1.2. Thermalisierung innerhalb und außerhalb der Antenne

Um die Thermalisierung der Rotationsniveaus des NO-Moleküls bzw. das Vorhandensein von Nichtgleichgewichten genauer zu untersuchen ist das Multi-Linien-LIF-Verfahren nicht geeignet. Es kann zwar Indikatoren liefern, dass das System nicht ausreichend thermalisiert ist, indem das berechnete Spektrum sich nicht dem gemessenen anpassen lässt, aber für quantitative Aussagen über die Thermalisierung ist es nicht geeignet. Hierfür liefert das Boltzmann-Plot-Verfahren verlässlichere Daten, da hierbei direkt die Besetzung der einzelnen Niveaus abgelesen werden kann. Man kann davon ausgehen, dass innerhalb der Antenne die Wahrscheinlichkeit für ein thermisches Gleichgewicht geringer ist als außerhalb der Antenne.

Zum besseren Verständnis dieser Vorgänge wurden fünf Löcher mit einem Durchmesser von 4 mm auf Höhe der mittleren Ebene des Glasrohrs gebohrt (Abbildung 3.14). Ein kleiner Durchmesser verhindert, dass die Mikrowelle aus der Antenne entweichen kann. Bei diesen Bohrungen ist darauf zu achten, dass die Löcher auf der Innenseite der Antenne möglichst kantenfrei (entgratet) sind, um Spitzeneffekte und daraus resultierende Felderhöhungen zu vermeiden. Diese können zu so hohen Temperaturen führen, dass selbst das Quarzglasrohr an diesen Stellen schmelzen kann.

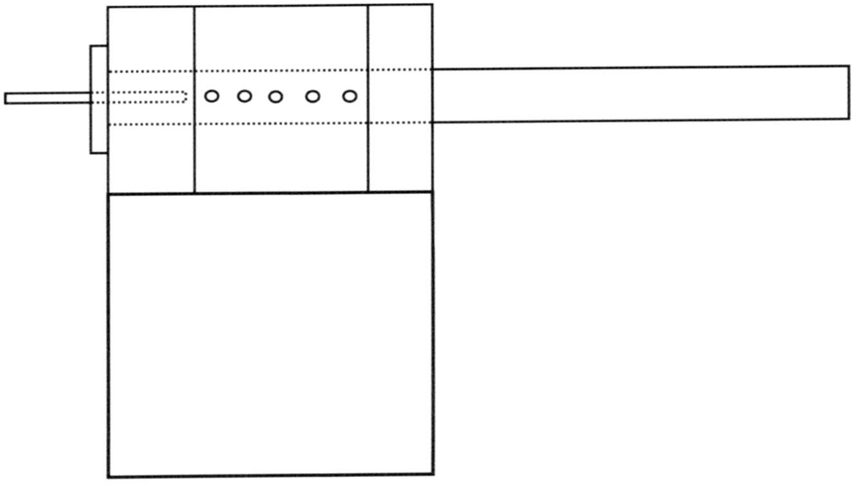

Abbildung 3.14: Plasmareaktor mit fünf Löchern zum besseren optischen Zugang zur Antenne.

Da nur einer der Peaks im für die Temperaturbestimmung verwendeten NO-Spektrum (R_{21}(17,5), bei 44412cm^{-1}) isoliert vorkommt, kann aus diesem Spektrum ohne mathematische Entfaltung der Peaks (was zu Fehlern führen könnte) keine Besetzung der einzelnen Niveaus berechnet und damit kein Boltzmann-Plot ermittelt werden. Daher wurde für die Boltzmann-Plot-Berechnungen ein Bereich zwischen 44350 und 44450 cm^{-1} ausgewählt, in dem neun isolierte Übergänge vorliegen.

Um die thermische Besetzung innerhalb der Antenne quantifizieren zu können, sind in Abbildung 3.15 die Besetzung innerhalb und außerhalb der Antenne aufgetragen. Betrachtet man die Besetzung außerhalb der Antenne (2 mm stromabwärts des Ausgangs) sieht man für Grundzustände mit einer Energie unterhalb von 2000 cm^{-1} ein thermisches Verhalten. Oberhalb von 2000 cm^{-1} sind jedoch außerhalb der Antenne die Zustände nicht thermisch besetzt. Dies entspricht dem in [69] beschriebenen Verhalten für nicht-thermalisierte Zustände, dass höhere Energieniveaus eine höhere Wahrscheinlichkeit besitzen, nicht-thermisch besetzt zu sein. Warum diese Zustände nicht thermalisiert sind, obwohl sie kleine RET-Zeitskalen aufweisen, kann hier nicht geklärt werden.

Für die Anwendbarkeit des NO-LIF-Verfahrens auf das Plasma außerhalb der Antenne bedeutet dies, dass vier der 20 Übergänge eine gewisse Wahrscheinlichkeit besitzen, nicht thermisch besetzt zu sein. Da diese jedoch bei den meisten im Plasma betrachteten Temperaturen nicht besetzt sein sollen, und auch keine Besetzung gemessen werden kann, lässt sich zumindest ausschließen, dass diese Niveaus mehr als thermisch erwartet besetzt sind. Daher ist in Temperaturbereichen unterhalb von 1500 K kein Fehler zu erwarten. Ob und wie sich die Besetzung der energetisch höher liegenden Niveaus bei Temperaturen oberhalb von 1500 K auswirkt, muss für verschiedene Betriebspunkte im Einzelfall bestimmt werden.

Keiner dieser 4 Übergänge liegt im Bereich von 44406 und 44426 cm^{-1}. In wie weit Übergänge mit hoher Grundzustandsenergie in diesem Bereich nicht-thermisch besetzt sind lässt sich leider nicht feststellen, da sämtliche durch Überlappung mehrerer Übergänge entstehen.

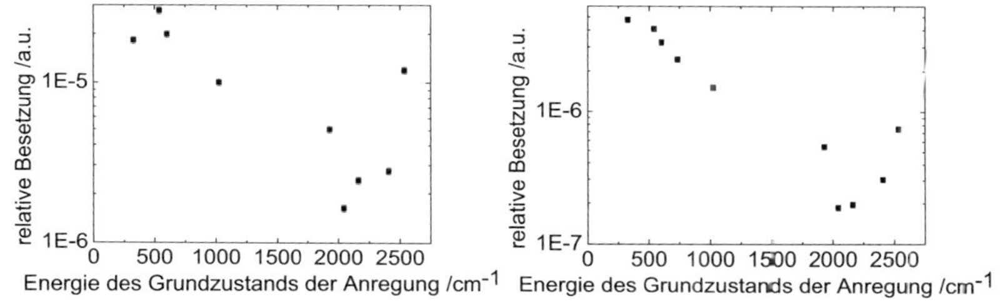

Abbildung 3.15: Boltzmannplot für NO-Linien innerhalb (links) und außerhalb (rechts) der Plasmaantenne.

Ein anderes Bild zeigt sich für die Besetzung innerhalb der Antenne durch das mittlere der fünf Beobachtungslöcher. Hier lässt sich auch im niederenergetischen Bereich keine thermische Besetzung der einzelnen Niveaus bestimmen. Die höher energetischen Niveaus sind stärker besetzt, als dies außerhalb der Antenne der Fall ist. Außerdem gibt es eine Überbesetzung um 500 cm^{-1}, was einer Energie von 0,062 eV entspricht. Vergleicht man dies mit in Kapitel 2.2.2.1 beschriebenen typischen Energien im Plasma, liegen diese für elektronische bzw. ionische Anregungen zu niedrig. Daher muss davon ausgegangen werden, dass es sich um eine charakteristische Energie handelt, deren Ursprung hier nicht geklärt werden kann. Ähnliche Abhängigkeiten der Besetzung der Rotationszustände von der Bildungschemie wurden auch für andere zweiatomige Moleküle gefunden [71].

Der Übergang zwischen dem nicht-thermischen und dem thermischen Bereich des Plasmas liegt in einem Bereich des Reaktors, der optisch nicht zugänglich ist. Daher ist es nicht möglich, die Thermalisierung der Rotationsniveaus selbst zu untersuchen und mit in Kapitel 3.2.1 beschriebenen Zeiten zu vergleichen.

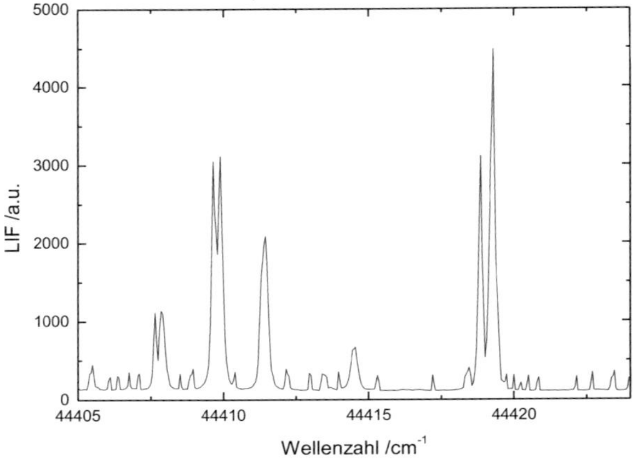

Abbildung 3.16: NO-LIF-Anregungsspektrum innerhalb der Plasmaantenne. Durch Instabilitäten des Plasmas entstehen zusätzliche Fehler als Hintergrundrauschen zwischen den Anregungslinien.

Betrachtet man nun das innerhalb der Antenne gemessene NO-Anregungsspektrum im Bereich zwischen 44405 und 44425 cm^{-1}(Abbildung 3.16), so fällt auf, dass die Verhältnisse der einzelnen Peaks zueinander keiner einheitlichen Temperatur entsprechen. Dies wird bei Betrachtung einer Spektrenanpassung deutlich, die kein befriedigendes Ergebnis liefert (Abbildung 3.17). Außerdem sieht man deutliche Nebenpeaks, die jedoch nicht durch definierte Laseranregung entstanden sind, sondern durch stochastische Fluktuationen innerhalb des Plasmas, welches zu einer Zu- bzw. Abnahme der Plasmalumineszenz (und damit des Hintergrundsignals) im Transmissionsbereich des NO Filters geführt hat.

Geht man also davon aus, dass die Qualität des Fits mit zunehmender nicht-thermischer Besetzung abnimmt, kann für sämtliche Messungen mit fehlerfreiem Fit auch von thermischer Besetzung ausgegangen werden. Eine Überprüfung mittels Boltzmann-Plot Messung ist wegen des extrem großen für Boltzmann-Plots benötigten Messbereichs in der Regel nicht praktikabel. Ob diese Annahme in jedem Einzelfall richtig ist muss geprüft werden.

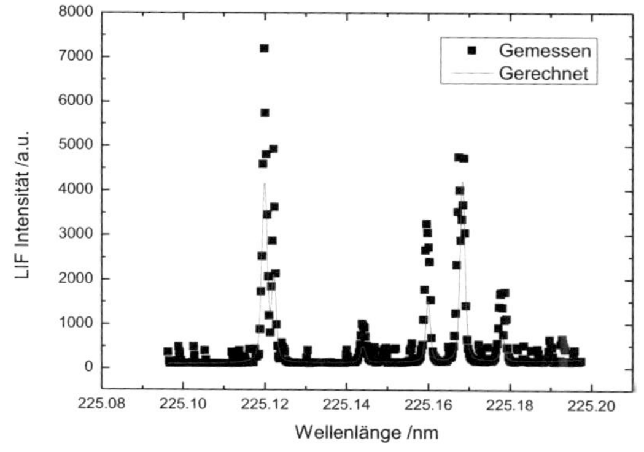

Abbildung 3.17: Vergleich von einem gemessenen (Symbole) und berechneten (Linie) NO-LIF-Spektrum bei nicht-thermischer Besetzung.

3.2.1.3. Abhängigkeit der Gastemperatur von verschiedenen Prozessparametern

Während in Flammen eine Temperaturerhöhung nur durch chemische Reaktionen während der Verbrennung entsteht, gibt es für Plasmen durch die Einkopplung der Energie der Mikrowelle in Atome und Moleküle einen weiteren, dominierenden Mechanismus. Dies kann über die Art der Moleküle im Gas angepasst werden.. Außerdem kann mehr Energie in das Gas eingekoppelt werden, und über Druck- und Volumenfluss die Aufenthaltsdauer der Moleküle in der Mikrowellenentladung, variiert werden. Im Folgenden werden alle Einflüsse auf die NO Rotationstemperatur einzeln untersucht. Die Veränderung der Plasmastruktur in Abhängigkeit dieser äußeren Parametervariationen kann eine wichtige Eingangsgröße darstellen um Modelle zur Plasmasimulation zu validieren.

Reproduzierbarkeit der Messungen

Da die in dieser Arbeit diskutierten Temperatur-Messverfahren im Vergleich zu den in der Literatur zur Plasmadiagnostik [70,72] verwendeten Verfahren den Vorteil haben das Temperaturfeld zweidimensional aufzunehmen, kann man nicht aus früheren Messungen schließen, dass die gemessene Temperatur für Mikrowellenplasmen bei sämtlichen Messungen reproduzierbare Temperaturen liefert. Durch die starken Turbulenzen innerhalb der Antenne könnte das Strömungsfeld nicht reproduzierbar sein, oder eine zeitlich schwankende Temperatur die gemessene Temperatur verfälschen.

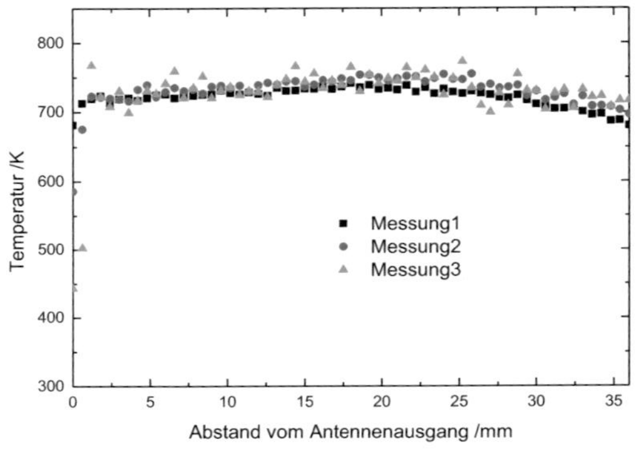

Abbildung 3.18: Vergleich von Messungen an verschiedenen Tagen bei gleichen Bedingungen.

Wie man in Abbildung 3.18 sieht, liegen Temperaturwerte aus Messungen, die bei denselben Bedingungen, aber an verschiedenen Tagen durchgeführt wurden, aufeinander, so dass sich verschiedene Bedingungen reproduzierbar einstellen lassen. Bei allen Profilen bleibt die Temperatur über den gesamten beobachteten Bereich im Rahmen der Streuung der Temperaturwerte nahezu gleich. Erst ab einem Abstand von 25 mm vom Antennenausgang beginnt sich das Gas langsam abzukühlen.

Gaszusammensetzung

Da sich die Leuchterscheinung des Plasmas schon bei der Beimischung geringer Konzentrationen eines Stoffes signifikant ändert, ist davon auszugehen, dass schon geringe Zugaben von NO als Temperaturtracer die Temperatur im Plasma ändern. In Abbildung 3.19 sieht man Ergebnisse aus einem Argon/Sauerstoff Plasma mit einer variierenden Beimischung von NO. Wie man sieht, kann bereits eine Beimischung von einigen tausend ppm von NO, welche auf Flammen keinen Einfluss haben, zu einer Veränderung der Temperatur um 100 K und mehr im Plasmaführen. Dabei steigt die Maximaltemperatur mit steigender NO-Konzentration.

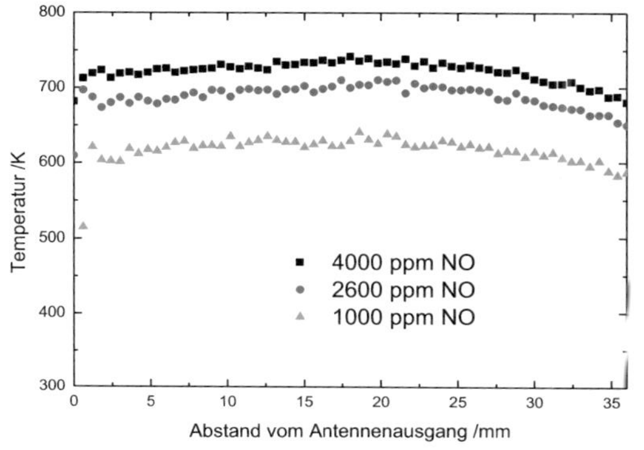

Abbildung 3.19: NO-Rotationstemperatur des Plasmas für verschiedene Beimischungen von NO als Temperaturtracer.

Wegen dieses Einflusses wurde in den meisten Messungen in einem Plasma auf die Zugabe von NO verzichtet, und stattdessen ein Sauerstoff/Stickstoff/Argon-Plasma betrieben. In diesem wird durch Reaktionen zwischen Stickstoff und Sauerstoff bereits eine ausreichende NO-Konzentration für Temperaturmessungen erzeugt. Sollte bei Plasmen jedoch eine Beimischung von NO notwendig sein, wird dies im Folgenden bei den Versuchen erwähnt.

Für die Synthese von oxidischen bzw. substöchiometrischen Nanopartikeln im Plasmareaktor muss der Sauerstoffgehalt variiert werden. Hierbei wurde überprüft, in wieweit sich die Eigenschaften des Plasmas für verschiedene Ar/O_2-Verhältnisse bei konstantem Gesamtfluss ändern. Um eine Reaktion des Sauerstoffs mit Stickstoff, deren Reaktionsgeschwindigkeit im Plasma unbekannt ist, zu vermeiden, wurde dieser Versuch mit NO-Zugabe (1000 ppm) durchgeführt.

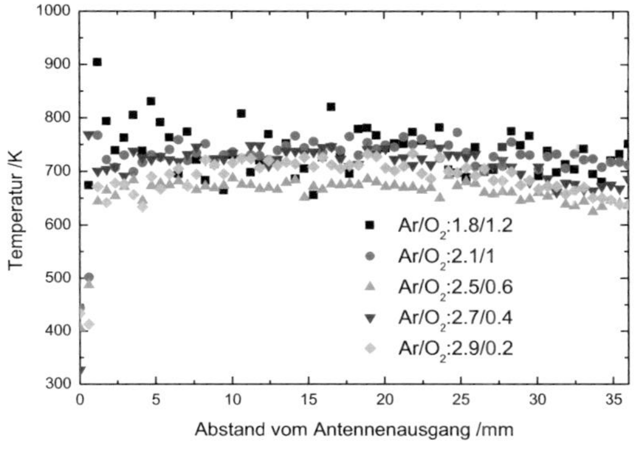

Abbildung 3.20: NO-Rotationstemperatur für verschiedene Ar/O_2-Verhältnisse.

Wie man in Abbildung 3.20 sieht, hat die Sauerstoffkonzentration keinen Einfluss auf die NO-Rotationstemperatur. Lediglich das Signal/Rausch-Verhältnis fällt mit steigendem Sauerstoffanteil, was mit einer sinkenden NO-Konzentration einhergeht. Dies lässt sich über Oxidation des NO-Moleküls zu NO_2, bzw. der Zersetzung von NO in N_2 und O_2 durch Reaktionen mit Sauerstoff, erklären, wobei die Reaktionsgeschwindigkeit mit steigender Sauerstoffkonzentration stark zunimmt.

Betrachtet man Sauerstoffbeimischung in geringeren Konzentrationen (Abbildung 3.21, hier einer Verringerung der Konzentration von 2600 ppm auf 1600 ppm, wobei 1600 ppm die geringste im Aufbau mögliche Konzentration war), fällt eine leichte Erhöhung der Maximaltemperatur um ca. 30 K auf. Die Temperatur liegt bei diesen Messungen jedoch 100 K unterhalb der Temperatur bei höherer Sauerstoffbeimischung. Dieser Effekt entsteht durch die zunehmende Instabilität des Plasmas bei so geringen Beimischungen von zweiatomigen Molekülen, die das Plasma normalerweise innerhalb der Antenne stabilisieren [73]. Innerhalb der ersten 5 mm sieht man dementsprechend, dass mit abnehmender Sauerstoffkonzentration die Temperatur um mehr als 100 K erhöht ist, da durch die steigende Instabilität das Plasma bereits teilweise außerhalb der Antenne liegt.

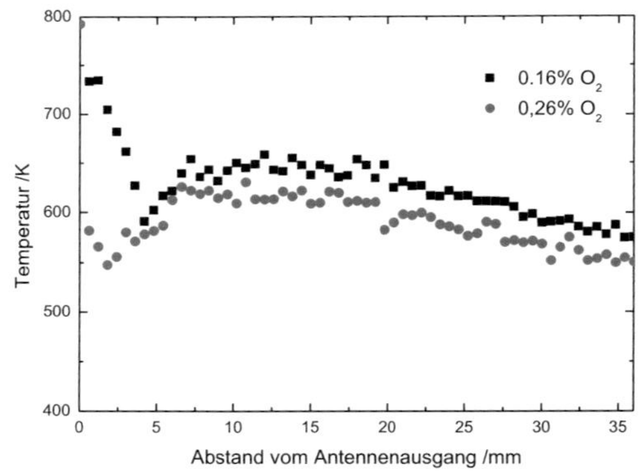

Abbildung 3.21: NO-Rotationstemperatur für niedrige Sauerstoffbeimischungen.

Bei einem N_2/O_2-Plasma ohne Argonzugabe erhöht sich die NO-Rotationstemperatur um 1000 K, wie man an einem 500 sccm O_2 und 500 sccm N_2-Plasma bei 30 mbar und 200 W eingekoppelter Energie in Abbildung 3.22 sehen kann. Hier hat das Plasma bereits am Austritt eine Temperatur von 1650 K, kühlt sich jedoch innerhalb der ersten 35 mm bereits um 400 K ab. Da Argon ein guter Energiespeicher im Plasma ist [74], ist dieses Abkühlverhalten auf das fehlende Argon zurückzuführen.

Für Durchflüsse von jeweils mehr als 2 slm einer stöchiometrischen N_2/O_2-Mischung kann es außerdem zu einem nicht vollständig thermalisierten Plasma kommen. In Abbildung 3.23, einem Plasma mit 1500 sccm N_2 bzw. O_2, das ansonsten identisch zu Abbildung 3.22 ist, erkennt man ein Ansteigen der NO-Rotationstemperatur nach Austritt aus der Antenne um ca. 150 K, obwohl keine exotherme Reaktion vorliegen kann. Durch die relativ hohe Flussgeschwindigkeit können die freien Elektronen in höherer Konzentration außerhalb der Antenne vorliegen, was zu einer Thermalisierung des Plasmas erst außerhalb der Antenne führt. Warum dies nur ohne Argon auftritt benötigt Simulationsrechnungen, die im Rahmen dieser Arbeit nicht durchgeführt wurden.

Der Beitrag von Argon zum RET des NO-Moleküls ist um den Faktor vier geringer als der anderer Moleküle [65], weshalb ein Fehler in der Thermalisierung des NO-Moleküls in Argon-losen Plasmen ausgeschlossen werden kann.

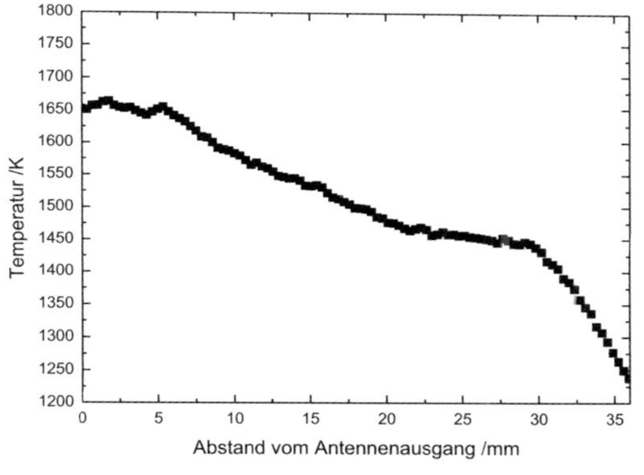

Abbildung 3.22: NO-Rotationstemperatur für ein N_2/O_2-Plasma ohne Ar-Zugabe bei niedrigen Gasflüssen.

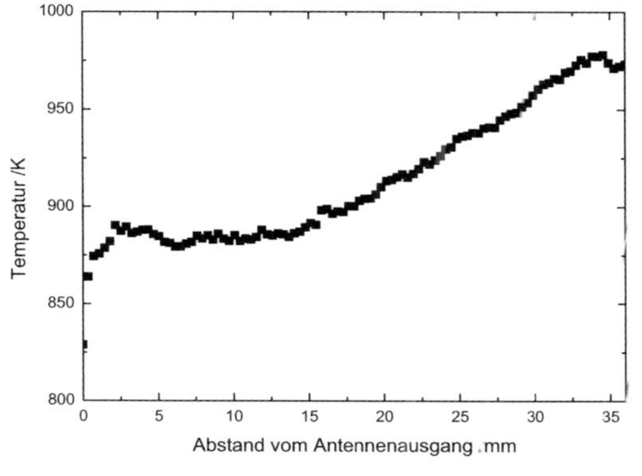

Abbildung 3.23: NO-Rotationstemperatur für ein N_2/O_2-Plasma ohne Ar-Zugabe bei hohen Gasflüssen.

Bei Plasmen ohne Argon-Zugabe kann sich außerdem in der Mitte des Plasmas ein Gasstrahl bilden, der eine viel geringere Temperatur als das übrige Gas besitzt. Prinzipiell ist so ein Gasstrahl innerhalb der Antenne erwünscht, da er wie in Kapitel 3.2.1.1 beschrieben notwendig ist, um mit Frischgas in das strömungsmechanisch zähe Plasma einzudringen. Durch zu hohe Eindringgeschwindigkeiten können jedoch Teile des Gases nicht die Maximaltemperatur erhalten. Ein solcher Fall ist in Abbildung 3.24 zu sehen. Hier bildet sich ein weniger heißer Bereich in der Mitte des Plasmas, während das restliche Plasma unverändert ist.

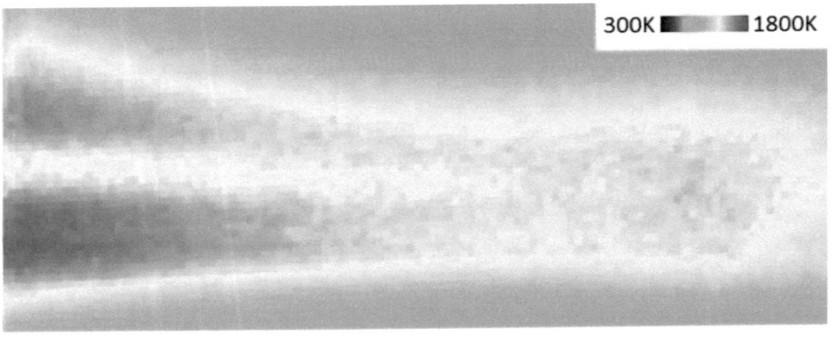

Abbildung 3.24: 2D-NO-Rotationstemperaturverteilung für ein N_2/O_2-Plasma (Messbereich 1).

Insgesamt lässt sich bei Argon-freien N_2/O_2-Plasmen eine Abnahme der Maximaltemperatur mit höheren Gesamtflüssen feststellen. Dies ist ein starkes Indiz dafür, dass bereits bei geringen Flüssen sämtliche Energie der Mikrowellenstrahlung im Gas deponiert ist, so dass zusätzliches Gas lediglich einen Abkühleffekt hat. Da die in Argon-freien Plasmen vorkommenden Effekte, so wie die meisten Plasmaeffekte bislang größtenteils unverstanden und schwer zu simulieren sind, wurde bei allen weiteren Messungen Argon hinzugegeben.

Eingekoppelte Leistung

Bei der Einkopplung von Mikrowellenleistung in ein Plasma gibt es einen Anteil, der vom Plasma absorbiert wird und einen Anteil, der reflektiert wird und so nicht für das Plasma zur Verfügung steht. Um den Einfluss der absorbierten Leistung auf die Gastemperatur zu quantifizieren, wurde die Leistung variiert und um die reflektierte Leistung korrigiert.

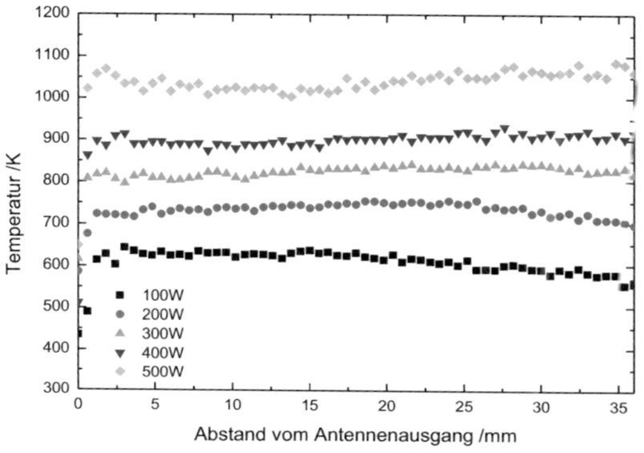

Abbildung 3.25: NO Rotationstemperatur des Plasmas für verschiedene eingekoppelte Mikrowellenleistungen

Abbildung 3.25 zeigt, dass sich die NO-Rotationstemperatur mit der eingekoppelten Leistung erhöht. Die Erhöhung der Maximaltemperatur, die im Reaktor gemessen werden kann verläuft dabei linear zur Erhöhung der eingekoppelten Leistung. Bei der Leistungsvariation änder sich das Abkühlungsverhalten außerhalb der Antenne dabei kaum, lediglich bei 100 W bzw. 200 W eingekoppelter Leistung sieht man eine Abkühlung ab ca. 20 mm Abstand vom Antennenausgang. Die Temperaturerhöhung ist ein Indikator dafür, dass in Plasmen mit Argon bei einem Druck von 30 mbar in dem hier betrachteten Energiebereich immer genug Zustände vorhanden sind, um weitere Leistung zu deponieren.

Die Abhängigkeit der Temperatur von der Leistung zeigt, das nur ein geringer Anteil der eingekoppelten Leistung zu einer Temperaturerhöhung führt: Bei einer Wärmekapazität des Gases von 33 J/mol K und einem Durchfluss von 2 slm, was $14{,}9 \times 10^{-4}$ mol/s entspricht, sollte eine Erhöhung der Mikrowellenleistung um 100 W in einer Temperaturerhöhung von 2013 K resultieren. Ein großer Teil dieser Leistung wird jedoch über Wärmestrahlung an die Umgebung und an das Kühlwasser abgegeben.

Druck innerhalb des Reaktors

Durch eine Erhöhung des Drucks innerhalb des Reaktors ändern sich zwei grundlegende Mechanismen, die für die Temperatur innerhalb des Reaktors wichtig sind. Zum einen erhöht sich die Aufenthaltsdauer der Gase innerhalb der Antenne, wodurch diese länger der Mikrowellenstrahlung ausgesetzt sind. Hierdurch kann mehr Energie in das Gas eingekoppelt werden. Zum anderen erhöht der Druck die Anzahl zwischenmolekularer Stöße pro Zeiteinheit. Hierdurch kann ein mögliches thermisches Nichtgleichgewicht schneller ausgeglichen werden. Beide Mechanismen lassen vermuten, dass ein höherer Druck zu einer höheren Rotationstemperatur im NO führen wird.

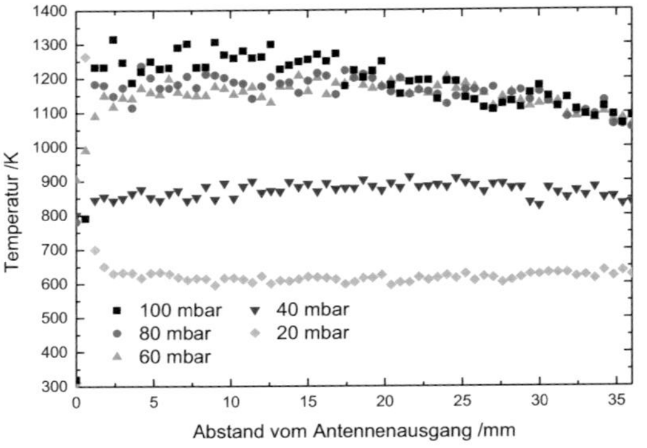

Abbildung 3.26: Druckabhängigkeit der NO-Rotationstemperatur für 200 W Mikrowellenleistung.

Abbildung 3.26 dass sich bei einem 200 W Plasma eine Sättigung der Temperatur bei 60 mbar und 1200 K einstellt. Dies zeigt, dass das Gas sowohl einen thermalisierten Zustand erreicht, als auch alle Energie aus der Mikrowelle auf das Gas übertragen wurde. Auch auf das Abkühlverhalten hat die Druckerhöhung keinen Einfluss mehr. Lediglich die Temperaturmessung wird durch hohe Drücke negativ beeinflusst; Die Temperaturvariationen entlang der Strömungsachse nehmen bei 100 mbar zu.

Druck und Energievariation, aber auch Versuche mit dem Gesamtfluss in Argon-freien Plasmen, zeigen, dass die Energieeinkopplung in Plasmen in den meisten Fällen nicht optimal ist, und dass Faktoren wie die Aufenthaltsdauer der Gase in der Antenne einen mindestens genau so großen Einfluss auf die Temperatur während des Partikelwachstums besitzen, wie die eingekoppelte Energie selbst. Für die Konzeption von zukünftigen Partikelsyntheserouten muss daher in Betracht gezogen werden, dass man mit Parametern wie Gesamtfluss und Druck nicht nur die Stoßwahrscheinlichkeiten der Partikel untereinander und die chemische Umgebung, in der die Partikel wachsen, beeinflusst, sondern auch einen maßgeblichen Einfluss auf die Temperatur-Zeit-Historie der Partikel ausübt, der teilweise größer ist als die Temperaturänderung durch die tatsächlich ins System eingekoppelte Energie. Aus Gründen der Energieeffizienz des Synthesevorgangs kann außerdem in Prozessen, in denen die Partikelbildung unabhängig vom Druck ist, zukünftig überlegt werden, ob eine Erhöhung der Reaktortemperatur durch Druckerhöhung (s Abbildung 3.26) und nicht durch zusätzliche Energie erreicht wird.

3.2.2. Einfluss von Prekursoren auf Temperaturverteilungen im Plasmareaktor

Metallorganische Prekursoren enthalten oft im Verhältnis zu den Metallatomen überproportional viele Wasserstoffatome (z.B. TEOS enthält 20 mal mehr Wasserstoff Atome als Silizium Atome). Dank der relativ geringen Wärmekapazität der im Plasma vorliegenden Gase kann durch die Reaktion der Wasserstoffatome mit hinzugegebenem Sauerstoff eine Flamme innerhalb des Plasmas zünden, die einen Einfluss auf die Temperatur und die Strömungseigenschaften hat.

Da das das Plasma einschließende Quarzrohr einige hundert Kelvin kälter ist als die Trägergase, lagern sich bei Zugabe des Prekursors durch Thermophorese Partikel an der Innenwand des Quarzrohrs ab. Hierdurch kann es bei einigen stark im UV absorbierenden Stoffen wie TiO_2 zu einem sofortigen Verlust der optischen Transmission für das Fluoreszenzsignal kommen. Bei anderen Stoffen wie SiO_2 kann die Verschmutzung je nach Konzentration des Prekursors nach einigen Minuten eintreten, und somit das Fluoreszenzsignal verfälschen

Um Verschmutzungen zu verhindern, wurde im Rahmen dieser Arbeit ein Plasmareaktor entwickelt, bei dem die Wände durch einen Schleiergasstrom geschützt sind. In Abbildung 3.27 sieht man einen Querschnitt der Co-Flow-Antenne. Hierbei wird innerhalb der stromabwärts der Antenne liegende Platte die Strömung vom bisher verwendeten Quarzrohr (Innenquarzrohr) in ein Rohr mit größerem Radius (Außenquarzrohr, 50 mm) geleitet. Entlang der Innenwand dieses Rohres kann nun ein Schleiergasstrom durch einen Ring von 1 mm großen Düsen ein Hüllstrom hinzugegeben werden. Die Distanz, von Innenrohr und Außenrohr kann durch Wahl des Innenrohrs angepasst werden.

Diese Konstruktion kann den Ablagerungsprozess allerdings nur verlangsamen und die Messzeit auf einige Stunden verlängern, eine Belegung der Wände kann jedoch auch mit dieser Maßnahme nicht vollständig verhindert werden

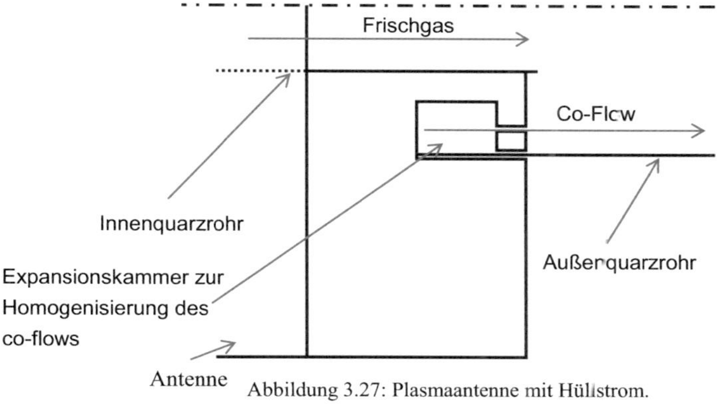

Abbildung 3.27: Plasmaantenne mit Hüllstrom.

Um den gesamten Bereich des Co-Flows mit der Kamera zu erfassen, wurde der Messbereich ausgedehnt (Abbildung 3.28). Dieser wird im Folgenden als Messbereich 2 bezeichnet.

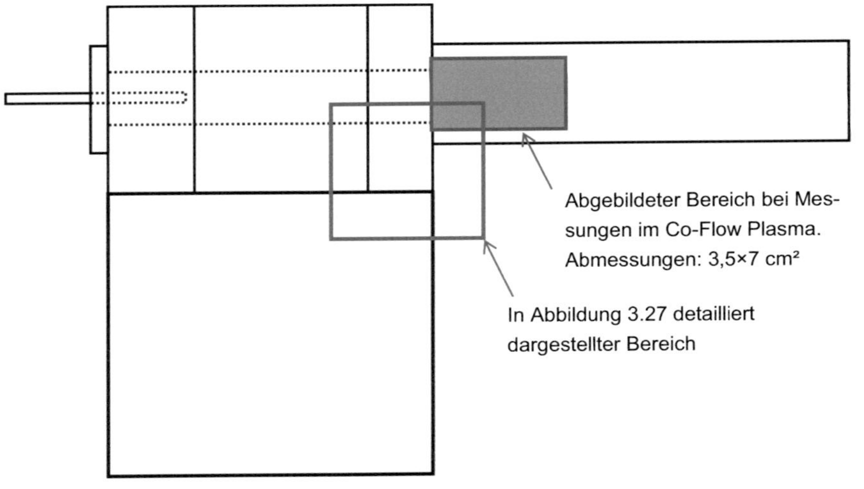

Abbildung 3.28: Von der Kamera abgebildeter Bereich im Co-Flow-Betrieb (Messbereich 2).

Im Rahmen dieser Arbeit wurde der Einfluss von vier verschiedenen Prekursoren auf die Plasmatemperatur betrachtet:

- *Eisenpentacarbonyl* ($Fe(CO)_5$) als ein Prekursor für die Synthese von Eisen und Eisenoxidnanopartikeln
- *Hexamethyldisiloxan* ($C_6H_{18}OSi_2$, HMDSO) als Prekursor für die Synthese von SiO_2-Nanopartikeln.
- *Tetraethylorthosilicat* ($C_8H_{20}O_4Si$, TEOS) als zweiter SiO_2-Prekursor
- *Tetraisopropyltitanat* ($C_{12}H_{28}O_4Ti$, TTIP) als TiO_2-Prekursor, der TEOS im chemischen Aufbau ähnelt

Beispielhaft wird der Aufbau der beiden Silizium-Prekursoren in Abbildung 3.29 gezeigt.

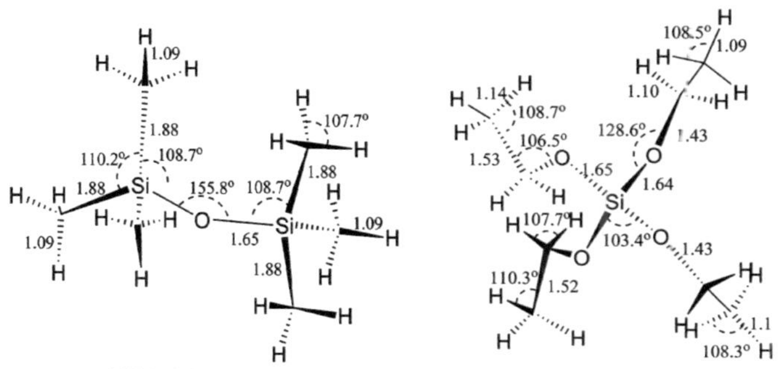

$(CH_3)_3OSiO(CH_3)_3$ $(C_2H_5O)_4Si$ (TEOS)

Abbildung 3.29: Molekulare Geometrie von HMDSO (links) und TEOS (rechts) [75].

Sämtliche Co-Flow-Plasmen wurden mit einem Gesamtfluss von 1 slm betrieben, wobei das Argon/Sauerstoff Verhältnis zwischen 1 slm Argon zu 0 slm Sauerstoff und 0,6 slm Argon zu 0,4 slm Sauerstoff sowie die Prekursorbeimischung zwischen 0 und 500 ppm variiert wurden. Als Co-Flow wurden 6 slm Stickstoff verwendet.

3.2.2.1. Charakterisierung des co-flow-Plasma-Reaktors

Wie bereits in Kapitel 3.2.1.1 besprochen, ist die Strömung innerhalb des Plasmareaktors stark turbulent. Durch eine unstetige Erweiterung des Reaktordurchmessers am Einströmpunkt der Hüllströmung können zusätzliche Verwirbelungen innerhalb des Reaktors entstehen. Außerdem kann der Hüllstrom durch Wirbel in das Innenrohr des Reaktors gelangen.

Zur Untersuchung der Wechselwirkung zwischen Hüllstrom und Plasmastrom wurde Sauerstoff dem Plasmastrom und Stickstoff dem Hüllstrom hinzugegeben und auf sonstige NO-Beimischung verzichtet. Anhand der NO-Verteilung lässt sich nun der Bereich ermitteln, in dem Sauerstoff und Stickstoff sich gemischt haben. Um ein mögliches Rückströmen von N_2 in das Innenrohr zu untersuchen, ragt das Quarzrohr mit der O_2-Zumischung bei ersten Versuchen in das größere Rohr hinein.

Wie man in Abbildung 3.30 sieht, mischen sich N_2 und O_2 bereits innerhalb des Innenrohrs, so dass im Synthesebetrieb von einer vollständigen NO-Verteilung ausgegangen werden kann. Hierbei war der Fluss durch das Innenrohr ein Gemisch aus 1 slm Ar und 1 slm Sauerstoff, während der Hüllstrom aus 6 slm Stickstoff bestand. Der Druck lag bei 30 mbar, die eingekoppelte Energie bei 200 W.

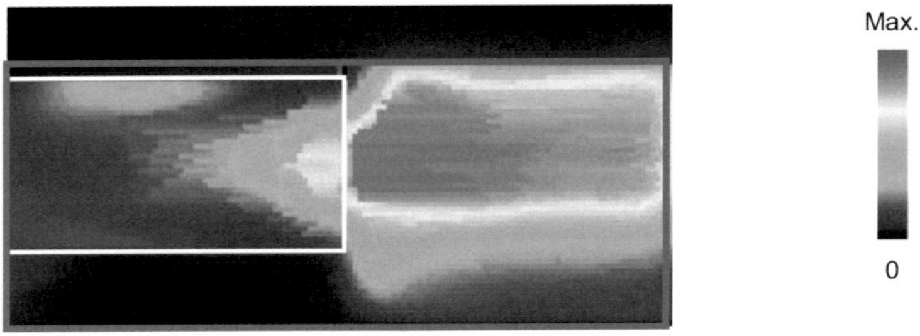

Abbildung 3.30: Qualitative NO-Verteilung im Co-Flow Plasma Betrieb. Es ist eine deutliche Rückströmung von N_2 in das Innenrohr erkennbar. Obere Begrenzung des Signals ist nicht die Reaktorwand sondern das Lasersheet. Das Innenrohr ist in weiß eingezeichnet. Der Bereich des Laserstrahls in Rot (Messbereich 2).

Hätte man laminare Strömung im Rohr, würde man eine spätere Mischung beider Stoffe oder sogar ein Rückströmen von O_2 in den Co-Flow-Bereich erwartet. Wie jedoch Simulationen der Stromlinien und Geschwindigkeiten in Abbildung 3.31 erkennen lassen, liegt im rechten Abschnitt des Innenrohrs ein Gebiet mit verschwindend geringer Geschwindigkeit vor, so dass hier ein Rückströmgebiet für die äußere N_2-Strömung existiert. Es sollte jedoch erwähnt werden, dass diese Simulation für ein kaltes Gas, für ein strömungsmechanisch als Gas zählendes Plasma, und stationäre Bedingungen durchgeführt wurde, so dass sich das Verhalten bestenfalls qualitativ mit den Messergebnissen vergleichen lässt.

Da sowohl Messung als auch Simulation auf ein instationäres Verhalten des Plasmas hinweisen, wird im Folgenden nicht nur der Einfluss der Prekursoren auf das Temperaturfeld, sondern auch auf die Verteilung von NO im Plasma betrachtet. Dieser gibt einen Hinweis darauf, wie sehr die Partikelsynthese und die „kalte“ Flamme, die bei der Verbrennung der verbleibenden organischen Prekursorreste entsteht, einen Einfluss auf das Strömungsfeld haben.

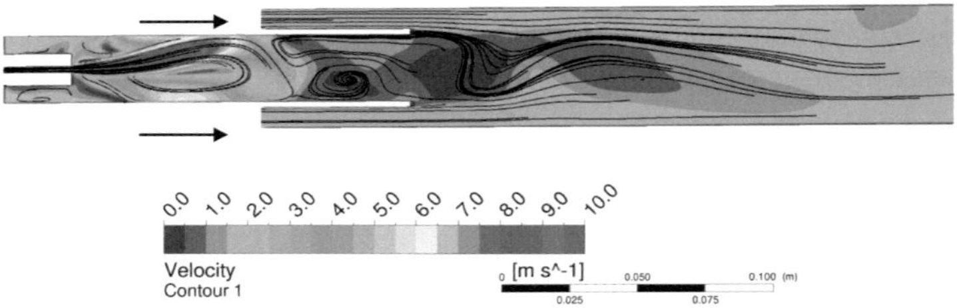

Abbildung 3.31: Simuliertes Geschwindigkeitsfeld für den Co-Flow Betrieb. Die Strömungslinien zeigen Fluss gegen die Hautströmungsrichtung[76].

Für eine Charakterisierung der chemischen Reaktionen innerhalb des Reaktors hat dieser Reaktortyp also neben dem Vorteil, dass deutlich längere Messzeiten möglich sind, den Nachteil, dass viele der Reaktionen schon innerhalb der Antenne auftreten, da die Verweilzeit innerhalb des nicht einsehbaren Bereichs durch die Rezirkulation erhöht wird.

3.2.2.2. Plasmasynthese von SiO_2 aus HMDSO

Während es für die Synthese von Si-Partikeln unbedingt notwendig ist, sauerstofffreie Prekursoren (hauptsächlich Silane) zu verwenden gibt es für die Synthese von SiO_2-Partikeln weniger gefährliche Alternativen. HMDSO ist hierbei der chemisch interessanteste Prekursor, da in seiner chemischen Konfiguration nicht vollständig oxidiertes Silizium vorliegt und sich daher substöchiometrische Intermediate bilden können. Leider sind die kinetischen Vorgänge beim HMDSO Zerfall und der anschließenden Partikelsynthese noch nicht komplett verstanden [14]. Für den Zerfall von HMDSO werden in der Literatur verschiedene Mechanismen diskutiert, wie z.B. eine Kombination aus Elektronenbeschuss und Stößen mit Ionen.

Betrachtet man zuerst die NO-Verteilung innerhalb des Plasmas (Abbildung 3.32, unten), die als Indikator für das Mischungsverhalten dient, sieht man schon hier einen erheblichen Einfluss von HMDSO. Während NO im Falle des Co-Flow Betriebs ohne Prekursoren (Abbildung 3.32, oben) oder auch mit allen anderen im Rahmen in dieser Arbeit vermessenen Prekursoren eine inhomogene Verteilung besaß da es zu Verwirbelungen kam, ist NO im Betrieb mit HMDSO immer homogen im gesamten Reaktor verteilt. Diese Homogenität existiert sowohl zeitlich als auch räumlich. Die zeitliche Homogenität zeigt sich in dem besseren Signal-Rauch-Verhältnis der berechneten NO-Verteilung.

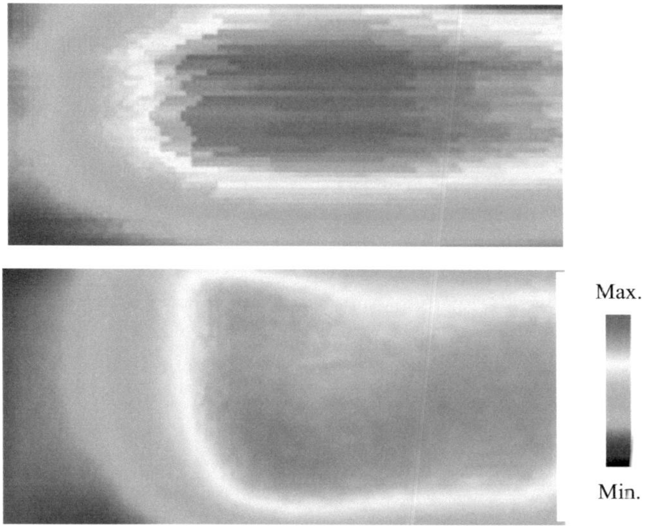

Abbildung 3.32: NO-Verteilung in einem Plasma ohne Prekursor (oben) und während der Synthese von SiO_2 aus HMDSO (unten), Strömungsrichtung des Gases von links nach rechts (Messbereich 2).

Da die Strömung innerhalb eines Plasmas jedoch so gut wie nicht verstanden ist, kann diese Änderung der NO-Verteilung an dieser Stelle nur phänomenologisch beschrieben werden, wobei auf die weitere Forschung verwiesen werden muss, wenn es um die Begründung des Phänomens geht. Dieser Effekt hat jedoch den Einfluss, dass die NO-Anregungsspektren bei der Beimischung von HMDSO zum Frischgasstrom eine viel geringere Fluktuation aufweisen. Auf diese Weise sind die gemessenen Temperaturen mit geringeren Fehlern behaftet.

Betrachtet man die NO-Rotationstemperatur für eine konstante Anfangskonzentration von HMDSO bei verschiedenen Sauerstoffbeimischungen (Abbildung 3.33), fällt auf, dass sich die Temperatur bei einer Zunahme der Sauerstoffkonzentration erhöht. Dies lässt den Schluss zu, dass die zugefügte Energie aus einer chemischen Reaktion von Prekursorfragmenten mit Sauerstoffatomen entsteht. Die andere Möglichkeit der Temperaturerhöhung, ist eine Veränderung der Thermalisierung von NO. Da es jedoch in keiner anderen Messung ein Indiz dafür gab, dass die Konzentration von Sauerstoff im Plasma einen Einfluss auf die Thermalisierung haben könnte, sondern dass vielmehr gezeigt wurde, dass bei hohen Sauerstoffkonzentrationen in Prekursor-freien Plasmen die Sauerstoffbeimischung überhaupt einen Einfluss auf das Plasma hat (s. Kapitel 3.2.1.3), ist diese Möglichkeit auszuschließen.

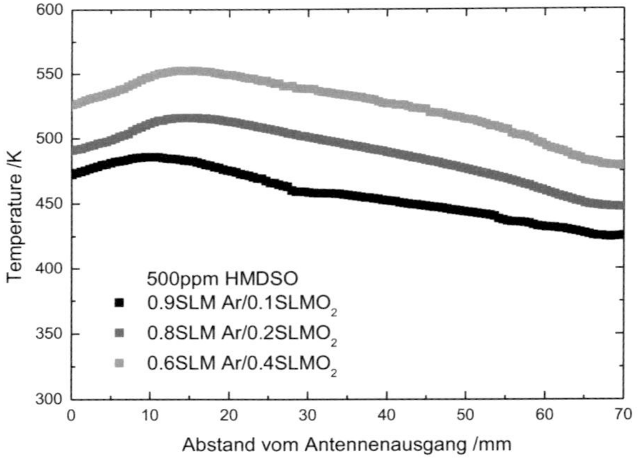

Abbildung 3.33: Einfluss der Sauerstoff-Konzentration auf die NO-Rotationstemperatur während der SiO_2-Synthese aus HMDSO.

Abbildung 3.34: NO-Rotationstemperaturfeld ohne (oben) und mit 100 ppm HMDSO (unten), (Messbereich 2).

Deutlich sichtbar in Abbildung 3.33 verschiebt sich die Flammenfront bei einer Erhöhung der Sauerstoffkonzentration von 10 auf 20% stromabwärts, bei höheren Konzentrationen jedoch nicht mehr auf die Erhöhung des Sauerstoffs reagiert, so dass sich bzgl. der Sauerstoffkonzentration ein stationärer Zustand ausbildet. Das Abkühlverhalten ist jedoch für alle Prekursorbeimischungen identisch.

Analog zur Veränderung der NO-Verteilung ändert sich auch die zweidimensionale Struktur des Temperaturfeldes (Abbildung 3.34). Während sich im Fall ohne Prekursor (oben) eine deutlich erhöhte Temperatur in der Mitte des Innenrohrs zeigt, ist die Temperatur bei Plasmen mit HMDSO über den gesamten Rohrquerschnitt homogen verteilt. Auf die Begründung dieser Homogenisierung wird analog zur homogenen NO-Verteilung hier verzichtet.

Betrachtet man jedoch eine Variation der HMDSO-Beimischung bei konstant gehaltener Sauerstoffkonzentration (Abbildung 3.35) fällt auf, dass der Einfluss der Prekursorkonzentration zwar sichtbar, aber im Vergleich zum Einfluss des Sauerstoffs geringer ist. Hier steigt die Maximaltemperatur bei einer Erhöhung der Prekursorkonzentration um einen Faktor fünf um lediglich 50 K, eine Verschiebung des Maximums lässt sich hier nicht feststellen.

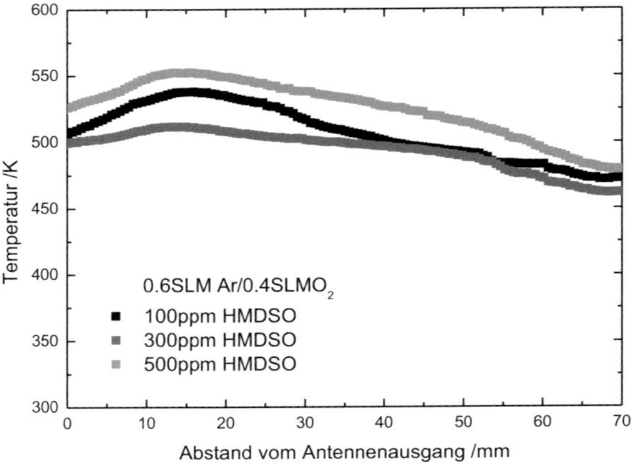

Abbildung 3.35: Einfluss der Prekursorkonzentration auf die NO-Rotationstemperatur während der SiO_2 Synthese aus HMDSO.

Da bei der Zersetzung von HMDSO kein freier Sauerstoff erzeugt wird, um NO zu produzieren, wurde die Sauerstoffbeimischung sukzessive gesenkt, um Temperaturen zu messen, die möglichst nahe dem Zustand ohne externe Sauerstoffzugabe entsprechen. Dies erlaubt Rückschlüsse auf die Kinetik und die Oxidationseigenschaften beim Prekursorzerfall. Zur vollständigen Oxidation eines HMDSO-Moleküls sind zwölf Sauerstoffmoleküle notwendig. Dies bedeutet, dass bei 1 slm Gasstrom mit 500 ppm HMDSO mindestens 6 sccm O_2 notwendig sind, um alles HMDSO zu oxidieren. Außerdem wird noch Sauerstoff für die Bildung von NO benötigt.

Dieser Synthesefall ist von Interesse für die Partikeleigenschaften, da hier zu wenig Sauerstoff vorliegt, um sämtliches Silizium zu oxidieren, andererseits aber die Bindung zwischen Silizium und Sauerstoff so stark ist, dass trotzdem keine reinen Silizium-Partikel entstehen können. Ein Temperaturprofil für diesen Fall ist in Abbildung 3.36 gezeigt. Hier bildet sich für geringe Sauerstoffbeimischungen in den ersten 10 mm nach dem Antennenausgang ein heißer Bereich, der danach auf den folgenden 40 mm rapide abkühlt. Dies bedeutet, dass das Plasma außerhalb der Antenne existiert.

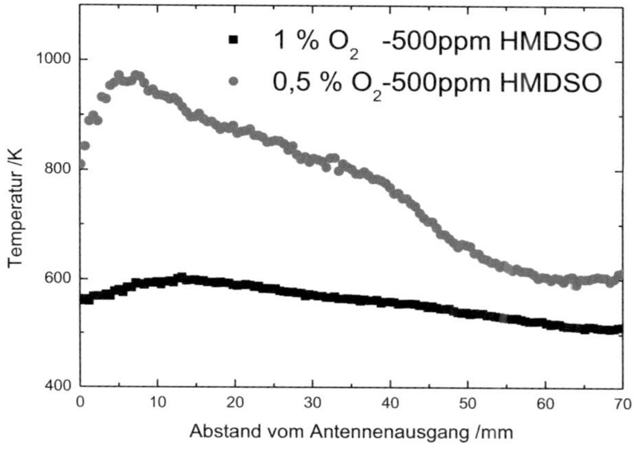

Abbildung 3.36: Einfluss der Sauerstoffkonzentration bei geringer Sauerstoff-Zugabe auf die NO-Rotationstemperatur während der SiO_2 Synthese aus HMDSO.

Betrachtet man den Bildungsort von NO im Reaktor, so fällt auf, dass bei Sauerstoffkonzentrationen von 6000 ppm oder weniger die Bildung von NO näher an der Mikrowellenantenne, aber auch später als bei Plasmen ohne Prekursor (Abbildung 3.37).

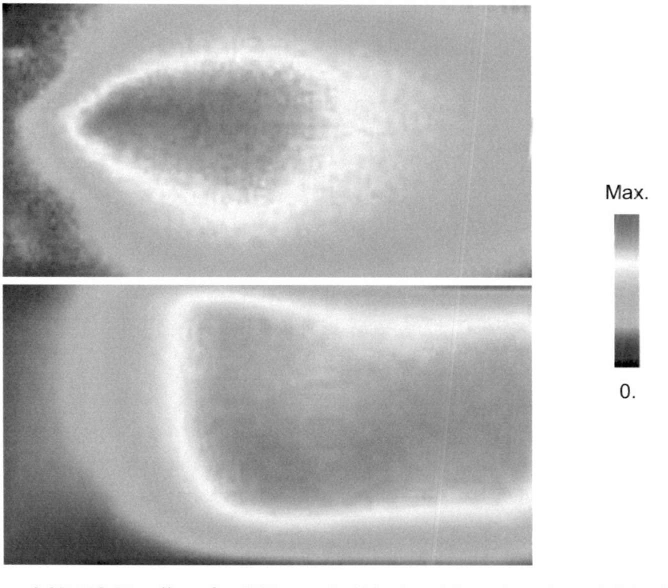

Abbildung 3.37: NO-Verteilung für 5000 ppm O_2 (Oben) und für 10% O_2 (unten) (Messbereich 2). Für beide Messbereiche wurden verschiedene Skalen gewählt

Dies erscheint auf den ersten Blick nicht intuitiv, da ein Mangel an Sauerstoff die Bildung von NO eigentlich verlangsamen sollte. Da die Strömungsmechanik im Plasma bisher schlecht verstanden ist, und eine NO-Diagnostik innerhalb der Antenne zur Zeit nicht möglich ist, kann dieses Phänomen im Rahmen dieser Arbeit nicht erklärt werden.

Weiter stromabwärts nimmt die NO-Konzentration im leicht unterstöchiometrischen Fall ab, was dafür spricht, dass NO wieder dissoziiert und der Sauerstoff mit Fragmenten des HMDSOs reagiert.

Betrachtet man das NO-Anregungsspektrum für Plasmen mit HMDSO und geringer Sauerstoff-Beimischung fallen Übergänge im Anregungsbereich auf, die nicht zum NO-Molekül gehören.

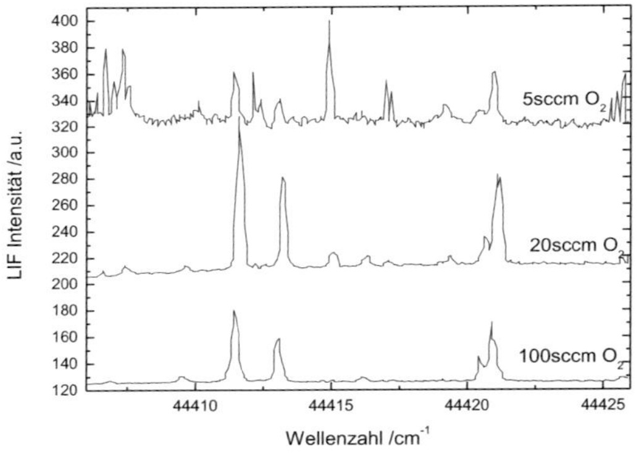

Abbildung 3.38: NO-Anregungsspektrum für verschiedene Sauerstoffkonzentrationen bei 500 ppm HMDSO.

Abbildung 3.38 zeigt das Anregungsspektrum für verschiedene Beimischungen von Sauerstoff zum Plasma während der Synthese aus HMDSO. Wie man deutlich erkennt, erscheinen bei geringeren Konzentrationen (20 sccm O_2) einige Linien, die schließlich bei 5 sccm O_2 auf dieselbe Größenordnung wie die NO-LIF-Signale angewachsen sind. Bei Abwesenheit von Sauerstoff lassen sich diese Peaks nicht detektieren.

Erweitert man den Anregungsbereich zu einem Bereich mit aus der Literatur bekannten Übergangswellenlängen von SiO [77], sieht man eine Übereinstimmung (Abbildung 3.39) hinsichtlich der Position. Da es sich bei den Literaturdaten um reine Absorptionsquerschnitte handelt, kann man hinsichtlich der Intensität keine Übereinstimmung erwarten. Die gute Übereinstimmung lässt bei dem gemessenen Signal auf SiO schließen.

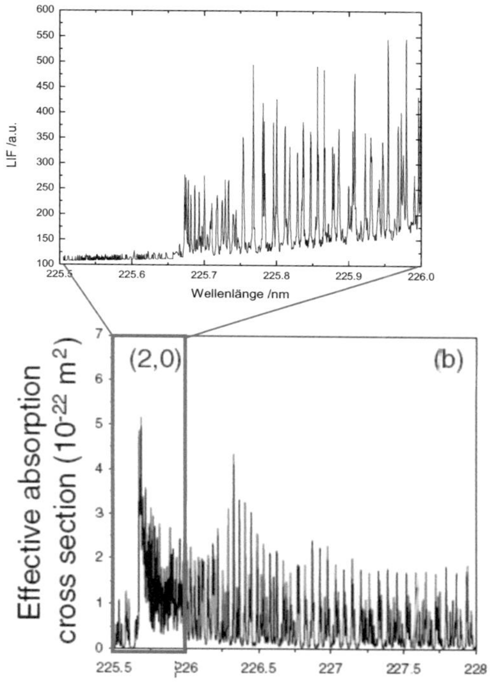

Abbildung 3.39: Oben gemessene LIF-Intensität während der HMDSO Synthese ohne NO, unten: SiO Absorptionsquerschnitt aus [77].

Betrachtet man die räumliche Verteilung der einzelnen gemessenen Peaks erkennt man zwei verschiedene Bereiche, in denen verschiedene Peaks stärker sind. Hierfür sind exemplarisch in Abbildung 3.40 zwei Verteilungen gezeigt. Hierbei bedeutet Bereich 1 ein weiterer, ca. 35 mm langer Bereich im Reaktor, der ca. 5 mm hinter dem Antennenausgang beginnt, während Bereich 2 nur in den ersten 10 mm nahe dem Antennenausgang liegt. Dies deutet auf zwei Temperaturbereiche durch mit deutlich unterschiedlichen Temperaturen hin. Durch theoretische Extrapolation der in Abbildung 3.36 gemessenen Temperaturen auf den sauerstofffreien Fall kann erwartet werden, dass sich der Bereich, in dem das Plasma außerhalb der Antenne vorliegt sich verbreitert. Hierbei läge Bereich 2 in dem Teil, in dem man das Plasma außerhalb der Antenne vermutet, was zu deutlich höheren Temperaturen führt.

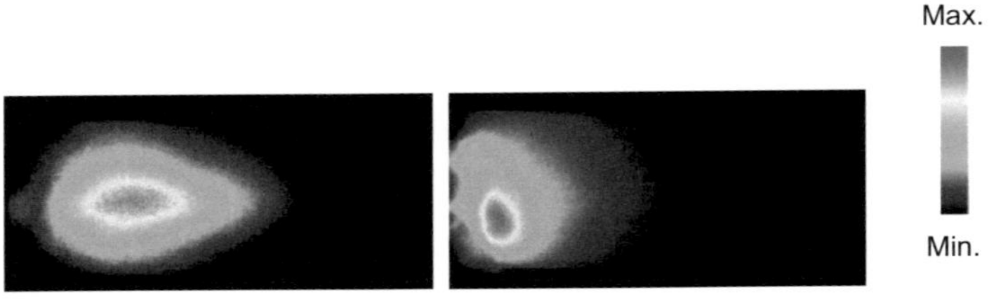

Abbildung 3.40: SiO-LIF Verteilung in Bereich1 (links) und 2 (rechts) (Messbereich 2).

Es fällt auf, dass das Signal nahe an der Antenne (Bereich 2) intensiver als das räumlich verteilte (Bereich 1) ist. Laut der Theorie aus Kapitel 2.3.3, Abbildung 2.9 wird erwartet, dass die Hochtemperaturanregungen (Bereich 2) einen Bandenkopf im Anregungsspektrum bilden, falls es sich um ein zweiatomiges Molekül handelt.

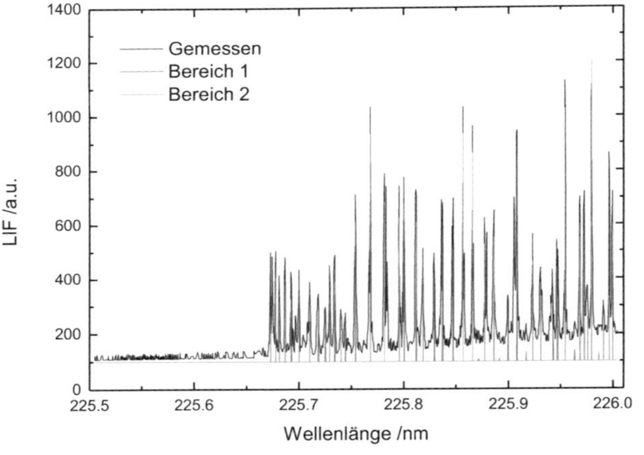

Abbildung 3.41: Anregungsspektrum von SiO mit eingezeichneter räumlicher Zuordnung des LIF-Signals.

In Abbildung 3.41 sind die jeweiligen räumlichen Bereiche des LIF-Signals farblich markiert. Es wird das erwartete Verhalten gezeigt, wobei die Übergänge mit höherer Grundzustandsenergie (Bereich 2) jeweils die Bandenköpfe bilden. Die Berechnung dieser Spektren aus spektroskopischen Grundlagen (Kapitel 2.3.3) ist theoretisch möglich, hierauf wurde jedoch im Rahmen dieser Arbeit verzichtet.

3.2.2.3. Vergleich der Synthese von SiO_2 aus HMDSO und TEOS

Während TEOS auch in sauerstofffreien Plasmen volloxidiertes SiO_2 bildet, ist es bei HMDSO nötig, Sauerstoff für die vollständige Oxidation des Siliziums dem Plasma hinzuzugeben. In kinetischen Betrachtungen wird die Partikelbildung von HMDSO und TEOS

Prekursoren verglichen [78]. Hierbei wird in einfachster Näherung angenommen, dass die Partikelbildung bei sonst gleichen Randbedingungen nur von der Zerfallskinetik der Prekursoren abhängt. Im Rahmen dieser Arbeit werden zwei Fälle betrachtet: Die Synthese in Anwesenheit und in Abwesenheit von Sauerstoff.

Da beide Prekursoren organische Reste besitzen, kann es in Anwesenheit von Sauerstoff zu exothermen Reaktionen kommen, so dass sich „kalte Flammen“ im Plasma bilden können. Außerdem haben aus TEOS gebildete Partikel eine geringere Wahrscheinlichkeit in die Wände zu diffundieren. Dies ist ein in dieser Arbeit empirisch beobachteter Effekt, dessen theoretische Begründung im Rahmen dieser Arbeit nicht gegeben werden kann. Hierdurch ist es jedoch möglich, für eine kurze Messdauer Plasmen mit TEOS als Prekursor ohne Co-Flow zu betrachten, und so die Auswirkungen von chemischen Reaktionen zu erkennen, die bei co-flow-Betrieb größtenteils innerhalb der Antenne stattfinden würden.

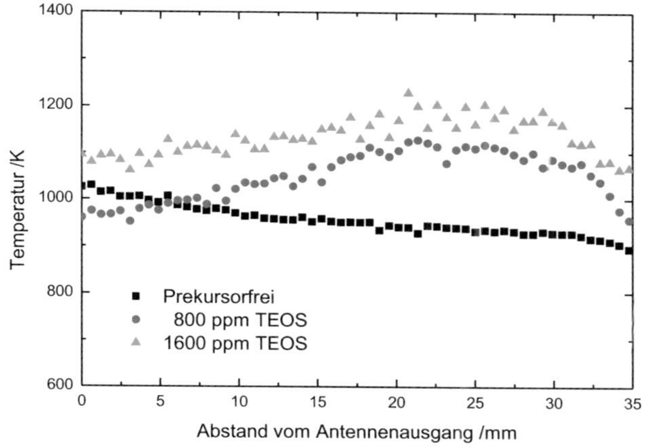

Abbildung 3.42: NO-Rotationstemperatur für ein Plasma mit und ohne TEOS

Abbildung 3.42 präsentiert Temperaturprofile auf der Mittelachse des Reaktors für ein 0,5 slm O_2/0,5 slm N_2 Plasma, wobei die TEOS Konzentration variiert wurde. Es zeigt sich deutlich eine Temperaturerhöhung außerhalb der Antenne. Hierbei erhöht sich die Maximaltemperatur mit steigender TEOS Konzentration. In der TEOS-freien Vergleichsmessung hingegen sieht man nur einen Temperaturabfall mit steigendem Abstand von der Antenne. Berechnet man nun die Energiefreisetzung durch vollständige Verbrennung aller organischen Bestandteile von TEOS, und vergleicht die freiwerdende Energie mit der Wärmekapazität der Gase im Plasma ergibt sich folgendes Bild:

Nach dem Zerfall von TEOS entstehen zunächst Ethanol und Ethen als stabile Moleküle [56]. Da der Zerfall durch Ionenstöße bzw. Elektronenbeschuss induziert wird, trägt er selbst nicht zur Energiebilanz der NO-Rotationstemperatur bei. Durch die Oxidation beider Zwischenprodukte wird eine Energie von 2594 kJ/mol frei, was bei 1600 ppm einer Energie von 4,15 kJ pro mol Gesamtstoffmenge ergibt. Die Gase im Plasma haben eine Wärmekapazität von 33 J/(mol K) woraus eine Temperaturerhöhung um 125 K resultiert. Man kann die Temperaturerhöhung durch die Flammenfront aus der Messung nicht exakt bestimmen, jedoch die messbaren Maximaltemperaturen vergleichen. Diese liegen bei 1600 ppm TEOS ca. 150 K über den Maximaltemperaturen ohne Prekursor, während die Temperatur am Ort der Maximaltemperatur ca. 200 K über der Temperatur ohne Prekursor liegt . Im Rahmen dieser Abschätzung stellt man in Abb. 3.42 eine gute Übereistimmung mit dem Experiment fest, so dass die beobachtete Temperaturerhöhung bei Anwesenheit des Prekursors als das Resultat der ablaufenden exothermen Reaktion interpretiert werden kann.

Betrachtet man jedoch die Variation der gemessenen Temperaturwerte über die Länge der Messstrecke in Abb. 3.42 im Falle der erhöhten TEOS Konzentration, so erhöht sich dieses, da auch auf der Wand abgeschiedene Partikel in größeren Mengen die Transmission des LIF-Signals stören. Um dies auszuschließen und außerdem einen besseren Vergleich mit dem Einfluss von HMDSO zu erhalten, wurden außerdem Messungen mit Hilfe des Co-Flow Rohrsystems durchgeführt.

Vergleicht man zuerst die plasmastabilisierende Wirkung von HMDSO mit der Wirkung von TEOS auf die NO-Verteilung fällt auf, dass sich durch TEOS-Beimischung die Struktur der NO-Verteilung kaum ändert (Abbildung 3.43).

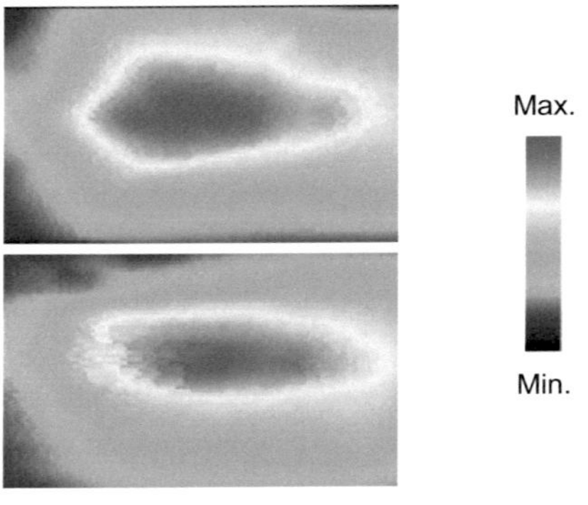

Abbildung 3.43: NO-Verteilung bei der SiO_2-Synthese aus TEOS mit (oben) und ohne (unten) zusätzlichen Sauerstoff (Messbereich 2).

Hier wird außerdem die Verteilung von NO für den Prekursor TEOS mit und ohne zusätzlichen Sauerstoff im Plasma gezeigt. Dabei erkennt man leichte Unterschiede der Struktur, da die NO-Verteilung für Plasmen mit externem Sauerstoff nahe an der Antenne breiter ist. Dies ist jedoch ausschließlich ein Effekt der Mittelungen bei der Datenaufnahme, da TEOS-Plasmen bei sinkendem Sauerstoffgehalt instabiler werden, und so die Konturen der NO-Verteilung immer weiter verwischen.

Interessant ist außerdem, dass man in den NO Anregungsspektren keine weiteren Peaks bei Absenkung des Sauerstoffgehalts wie bei HMDSO (vgl. Abbildung 3.38) erkennen kann. Dies ist ein weiterer Indikator dafür, dass es sich bei den in Abbildung 3.38 bis Abbildung 3.41 detektierten Stoffen um SiO handelt, da dieses Zwischenprodukt bei der Synthese von TEOS bei den vorliegenden Temperaturen nicht vorkommt.

Vergleicht man die Fälle der Variation der Sauerstoffbeimischung (Abbildung 3.44), so zeigt sich mit steigender TEOS-Konzentration kaum eine Erhöhung der Temperatur. Vergleicht man dagegen den Einfluss mit der Veränderung des TEOS-Gehalts im sauerstofffreien Fall, sieht man eine deutlichere Erhöhung der Maximaltemperatur, sowie ein deutliches Temperaturmaximum, welches auf eine Flammenfront hindeutet. Erhöht man die TEOS-Konzentration von 100 ppm auf 300 ppm, so erhöht sich die Maximaltemperatur um ca. 150 K auf 680 K. Außerdem rückt die „Flammenfront" näher an die Antenne heran. Außerdem ist auffällig, dass sich der Punkt, an dem die Temperatur des Sauerstoff-freien Plasmas sich der des sauerstoffbeladenen annähert, so gut wie nicht ändert, so dass circa 50 mm hinter dem Antennenausgang kein Einfluss des Sauerstoffs mehr detektierbar ist.

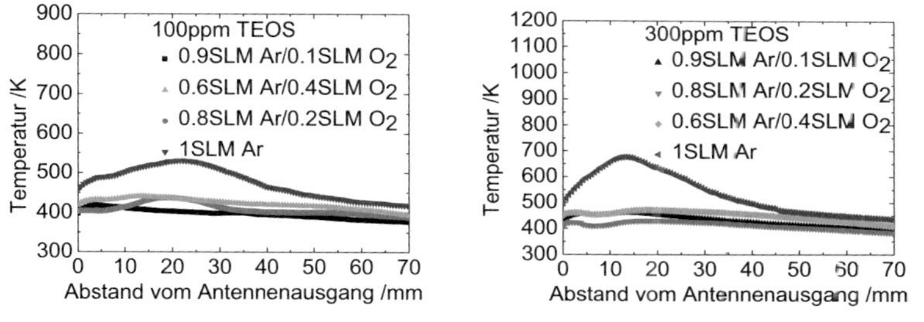

Abbildung 3.44: NO-Rotationstemperatur für Plasmen mit 100 ppm TEOS (links) und 300 ppm TEOS (rechts) für verschiedene Argon/ Sauerstoff Verhältnisse

Dies ist wieder ein viel stärkerer Einfluss als dies im Plasma ohne Prekursor der Fall ist, was darauf schließen lässt, dass die Temperaturerhöhung nicht nur durch Verbrennung von Prekursor-Fragmenten, sondern auch durch die effektivere Einkopplung von Energie in den nicht oxidierten Prekursor verursacht sein kann. Jedoch ist der Effekt wieder geringer als im Falle der HMDSO Beimischung.

Vergleicht man nun den Einfluss von HMDSO und von TEOS auf Mikrowellenplasmen fällt auf, dass beide sich unterschiedlich auf das Temperaturfeld auswirken. Während bei HMDSO eine Temperaturvariation sowohl bei Variation der Prekursor als auch der Sauerstoffkonzentration im Bereich einiger 100 K liegen kann, ist sie bei TEOS fast eine Größenordnung kleiner. Auf diese Weise ist es schwer, eine Änderung der Partikeleigenschaften beim Austausch der beiden Stoffe gegeneinander nur an der Zersetzung fest zu machen.

Im Rahmen der Temperatur-Zeit-Historie, ist es daher, wenn auch nur empirisch, möglich, ein nahezu identisches Temperaturfeld für beide Prekursoren im Reaktor zu erzeugen. Hierbei wird jedoch die für TEOS benötigte höhere eingekoppelte Energie für eine Erhöhung des Ionisationsgrades sorgen, und so einen großen Einfluss auf die Dekomposition der Prekursoren durch Stöße mit Ionen, auf die Elektronendichte, und so indirekt wieder auf den Zerfall haben. Betrachtet man jedoch das Strömungsfeld, dessen Auswirkungen sich in den Messungen indirekt durch die NO Verteilung messen lassen, kann hier der Einfluss von HMDSO nicht so einfach durch Variation der Parameter ausgeglichen werden, da heutzutage noch nicht komplett verstanden ist, wie sich das Strömungsfeld eines Plasmas maßschneidern lässt. So wird es schwer, ein Experiment zu entwickeln, in dem nur die chemische Kinetik in beiden Prekursor-Systemen, die man im Erscheinen von Intermediaten wie SiO deutlich sieht, isoliert betrachtet werden kann.

3.2.2.4. Vergleich des Einflusses von TEOS und TTIP

Da sich TTIP und TEOS vom molekularem Aufbau her sehr ähneln und auch dieselben durch Pyrolyse freigesetzten reaktiven CH_3-Radikale liefern, kann vermutet werden, dass für beide Prekursoren ähnliche Verhältnisse im Plasma vorliegen.

Frühere Studien [42] haben gezeigt, dass TTIP bei Konzentrationen von einigen hundert ppm auf das Temperaturfeld von Niederdruckflammen keinen Einfluss hat. Im Falle der Plasmasynthese wird jedoch eine wie bei TEOS beobachtete Flammenfront erwartet.

Bei der Synthese von TiO_2 aus TTIP erweist es sich aufgrund des niedrigen Dampfdrucks von TTIP als schwierig, hohe Konzentrationen des Prekursors in die Gasphase zu überführen. Daher erfolgen hier die Vergleiche nur für geringe Konzentrationen. Da die Veränderung der Energieeinkopplung bereits für wenige ppm des Prekursors sichtbar wird, kann diese sehr gut beobachtet werden. Jedoch reichen diese geringen Konzentrationen nicht aus, um die chemischen Effekte nach Prekursorzerfall zu beobachten.

Im Falle des TTIP fällt jedoch auf, dass die NO Konzentration zeitlich nicht mehr konstant ist (Abbildung 3.45), so dass es nicht möglich ist eine aussagekräftige zeitlich gemittelte Temperatur zu bestimmen. In Abbildung 3.46 sieht man beispielhaft ein Temperaturprofil für eine Beimischung von 300 ppm TTIP zum Plasmastrom.

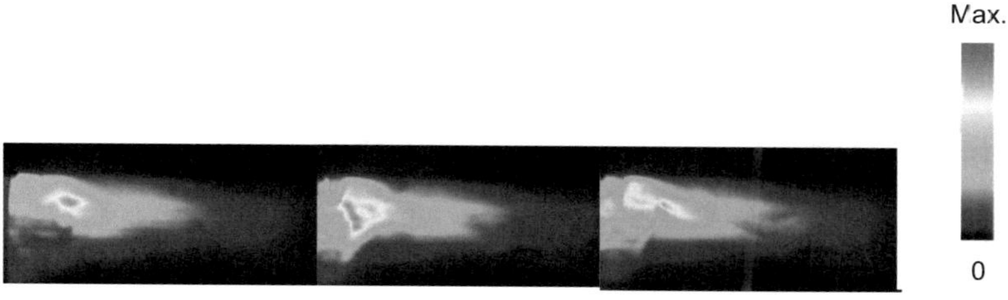

Abbildung 3.45: Momentanaufnahmen der NO-LIF-Verteilung bei Anregung mit 44411cm^{-1} bei TEOS-Beimischung (Messbereich 2).

Abbildung 3.46: Temperaturfeld aus 50 gemittelten NO-LIF-Aufnahmen bei jeder der 200 verschiedenen Wellenzahl-Positionen während der Synthese von TiO_2 aus TTIP (Messbereich 2).

Hieraus lässt sich eine so stark destabilisierende Wirkung des TTIP auf das Plasma vermuten, dass zumindest in dem im Rahmen dieser Arbeit behandelten Reaktortyp keine reproduzierbaren zeitlich mittelnden Temperaturmessungen möglich sind. Dies führt außerdem direkt zu der Frage, ob in dieser Konfiguration, Partikel mit enger Größenverteilung synthetisiert werden können.

Ungeklärt ist bisher, warum sich der Prekursor TTIP so viel anders auf die Plasmaströmung und damit die Stabilität des Plasmas auswirkt, als dies bei TEOS der Fall ist. Da bei der Einkopplung der Energie von Mikrowellen in Moleküle die Anzahl der Freiheitsgrade in Rotation und Vibration der wichtigste Faktor ist, kann die Zahl der Freiheitsgrade ausgeschlossen werden, da beide Moleküle chemisch gleich aufgebaut sind. Es muss sich vielmehr um eine Auswirkung des TiO_2 auf das Strömungsfeld handeln, die das SiO_2 nicht besitzt. Zur genauen Klärung dieses Phänomens sind jedoch quantenmechanische Rechnungen beider Moleküle erforderlich, so dass diese Frage hier nicht zur Genüge geklärt werden kann.

3.2.2.5. Erweiterung der Eisenatomdetektion auf ionische Spezies

Während des Zerfalls von $Fe(CO)_5$ innerhalb des Plasmas kann die in Kapitel 2.5 eingeführte Systematik zur Detektion von neutralen Eisenatomen auch auf Eisenionen ausgeweitet werden. Dies ermöglicht bisher aber nur eine qualitative Detektion der Ionenverteilungen bei einer Anregung von $44411 cm^{-1}$ [43].

Problematisch für die Eisenatomdetektion ist, dass im Falle eines Co-Flow betriebenen Reaktors sämtliche Reaktionen, an denen atomares bzw. ionisches Eisen teilnimmt, bereits innerhalb der Antenne auftreten, so dass sich außerhalb der Antenne kein ungebundenes Eisen mehr detektieren lässt. Im Falle des hüllstromfreien Betriebs ist die Messzeit jedoch durch die Verschmutzung des Quarzrohrs zu gering, um eine Bestimmung von Temperaturen mit dem Multilinien-NO-LIF-Verfahren zu ermöglichen. Deswegen kann die Verteilung von atomarem und ionischem Eisen an dieser Stelle nur qualitativ erfolgen.

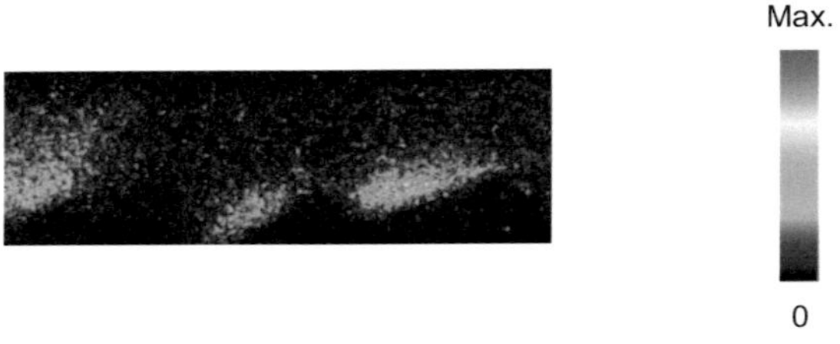

Abbildung 3.47: Verteilung von Fe^{+}-LIF innerhalb eines Plasmareaktors. Momentaufnahme (Messbereich 1).

In Abbildung 3.47 sieht man exemplarisch, dass atomares und ionisches Eisen nur in „Paketen“ durch den Reaktor wandert. Vergleicht man diese periodische Struktur der Eisenionenverteilung mit der periodischen Struktur des Plasmas in Kapitel 3.2.1.1 fällt bei sonst gleichen Betriebsbedingungen eine deutlich schnellere Pulsfolge auf, was einer erhöhten Frequenz der Fluktuation von 200–1000 Hz entspricht.

3.2.2.6. Temperatureinfluss von Eisenpentacarbonyl

Da Eisenpentacarbonyl fünf CO-Gruppen besitzt, wurde in einer ersten Testreihe überprüft, ob durch mögliche Dissoziation des CO-Moleküls freie Sauerstoffatome entstehen, die mit N-Atomen im Plasma genug NO bilden, um Temperaturmessungen zu ermöglichen. Es bildet sich jedoch kein NO. Dies kann darauf zurückgeführt werden, dass entweder die CO-Bindung stark genug ist, um im Plasma nicht zerstört zu werden, oder sämtlicher in der Antenne gebildeter Sauerstoff bereits innerhalb der Antenne mit Eisen bzw. Kohlenstoff reagiert.

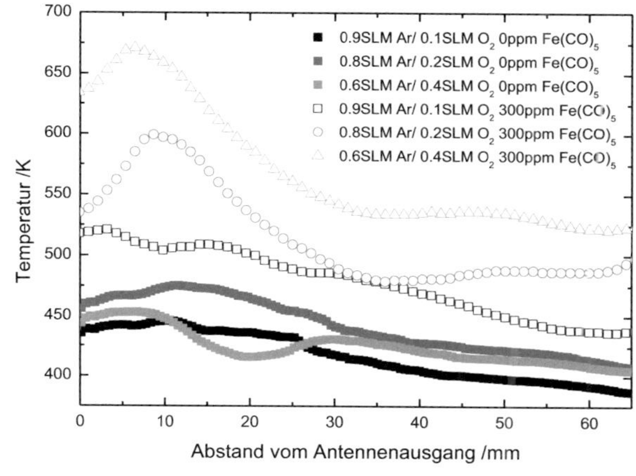

Abbildung 3.48: NO-Rotationstemperatur im Plasma mit und ohne $Fe(CO)_5$.

Vergleicht man in Abbildung 3.48 die Temperaturverläufe mit und ohne $Fe(CO)_5$, sieht man, dass $Fe(CO)_5$ für eine Erhöhung der Plasmatemperatur um bis zu 200 K führen kann. Hierbei ist nicht nur die $Fe(CO)_5$-Beimischung, sondern auch die Sauerstoffkonzentration ein entscheidender Faktor. Für Sauerstoffbeimischung von mehr als 20% kann man außerdem ein Maximum im Temperaturprofil für die NO-Rotationszustände ca. 4 mm außerhalb der Antenne sehen. Diese Struktur ähnelt der Temperaturerhöhung im Falle von TEOS-Beimischung (Kapitel 3.2.2.3).

Betrachtet man die möglichen Gründe für eine Erhöhung der Temperatur außerhalb der Antenne sind zwei verschiedene Mechanismen möglich. Zum einen kann NO noch nicht thermalisiert sein, und so im Bereich nahe dem Antennenausgang nicht die Temperatur der umgebenden Gase besitzen. Zum anderen kann durch Reaktionen der organischen Prekursorfragmente mit den Umgebungsgasen Wärme entstehen.

Da sich in diesem Bereich des Plasmas wie in Kapitel 3.2.2.5 gezeigt kein atomares oder ionisches Eisen mehr befindet, müssen diese bei kinetischen Betrachtungen nicht berücksichtigt werden. Deshalb muss von mindestens in FeO vorliegendem Eisen ausgegangen werden. Ein Vergleich der Bildungsenthalpien zwischen FeO und Fe_2O_3 ist jedoch schwierig, da es bildungskinetisch noch nicht ausreichend verstanden ist, auf welchem Reaktionspfad das gasförmig auftretende FeO bzw. FeO_2 zudem nur als Festkörper auftretenden, Fe_2O_3 reagiert. Hier müssen also eine Bruttoreaktion zwischen Gas und Festkörper abgeschätzt werden, wobei ein unbekannter Fehler wegen des Phasenübergangs gemacht wird. Eine weitere Ungewissheit ist die Temperatur, da die Enthalpie nur für thermalisierte Fälle definiert ist. Hier muss also wieder die Annahme der Thermalisierung aller Spezies gemacht werden, so dass sich der Energiegewinn durch die exotherme Rektion schreiben lässt als:

$$4\text{FeO}\left(\Delta H = \frac{251kJ}{mol}\right) + \text{O}_2\left(\Delta H = \frac{0kJ}{mol}\right) \rightarrow 2\text{Fe}_2\text{O}_3\left(\Delta H = \frac{-818kJ}{mol}\right) - \Delta H_{\text{Phasenübergang}} + \Delta H \quad (38)$$

Diese Energie von über 0,6 MJ/mol würde mehr als genügen um die Temperaturerhöhung im System zu erklären. Da es jedoch mehrere unwägbare Energieverlustsmechanismen gibt, ist hier keine endgültige Aussage zu treffen.

Interessant ist hierbei jedoch, dass bei geringer Sauerstoffbeimischung keine Flammenfront auftritt. Da eine Variation des Sauerstoffs die Flammenfront bei hohen Sauerstoffkonzentrationen nicht weiter verschiebt, kann nach bestehender Datenlage nicht davon ausgegangen werden, dass es sich beim Ausbleiben der Flammenfront um ein Verschieben in die Antenne handelt. Vielmehr scheint bei Beimischung von 10% Sauerstoff nicht genügend reaktiver Sauerstoff vorzuliegen, um die Reaktion vom FeO zum Fe_2O_3 zu ermöglichen. Da jedoch auch bei dieser Konfiguration kein atomares Eisen mehr vorliegt, scheint die Oxidation des atomaren Eisens bereits in der Antenne abgeschlossen. Die Möglichkeit, dass sich bei so geringen Sauerstoffkonzentrationen die gesamte Reaktionszone weiter stromabwärts verschiebt, kann ausgeschlossen werden, da sich an der Reaktorwand bereits nahe am Antennenausgang Partikel absetzen.

3.2.2.7. Zusammenfassung der Messungen im Co-Flow Plasma

Zusammenfassend zeigen bereits geringe Dosen sämtlicher Prekursoren einen großen Einfluss auf die NO-Rotationstemperaturen innerhalb des Plasmas. Außerdem kann bei allen Prekursoren eine Verschiebung des Maximums der Temperatur in einen Bereich außerhalb der Antenne beobachtet werden. Obwohl sich dies bei allen Prekursoren über die Kinetik der organischen Prekursorfragmente beschreiben lässt, ist nicht auszuschließen, dass es sich lediglich um Thermalisierungsphänomene handelt, und eine Beimischung von Prekursoren das Nichtgleichgewicht des Plasmas lediglich erhöht.

Da jedoch ein Hüllstrom, der eine erforderliche genügend lange Messzeit garantiert gleichzeitig viele der grundlegenden Reaktionen und Spezies weiter stromaufwärts in die Antenne verlagert, ermöglicht es dieses Reaktorkonzept nur grundlegende Einflüsse zu detektieren, jedoch nicht, den kompletten Reaktionspfad zu beobachten. Hierfür wäre es notwendig, die Fensterspülung auf das strömungsmechanische Problem des Plasmas anzupassen und die Rückströmung in die Antenne zu minimieren. Dies ist jedoch rein empirisch nicht realisierbar und erfordert ein Verständnis der Strömungseigenschaften des Plasmas. Hier wird zukünftig die Simulation gefragt sein, in Zusammenarbeit mit begleitenden Messungen das Strömungsfeld des Plasmas zu verstehen.

4. Zusammenfassung und Ausblick

Für die Synthese von hochreinen Nanopartikeln im technischen Mengenmaßstab ist das Verständnis der grundlegenden Mechanismen innerhalb von Nanopartikelreaktoren wichtig. Im Rahmen dieser Arbeit wurden Techniken, die in der Flammendiagnostik etabliert sind auf Reaktoren zu Synthese von Nanopartikeln erweitert und angewandt und die Ergebnisse mit Simulationsrechnungen verglichen. Die Untersuchungen erfolgten sowohl in Flammen- als auch in Mikrowellenplasma-Reaktoren.

Für die Untersuchung wurden zwei auf der Laser-induzierten Fluoreszenzspektroskopie (LIF) basierte Techniken verwendet. Mittels der Multi-Linien-NO-LIF-Thermometrie wurde die Rotationstemperatur von NO gemessen, das den Frischgasen in geringen Mengen zugesetzt oder im Reaktionsprozess gebildet wurde. Über eine Anpassung von simulierten Anregungsspektren an die bei Variation der Anregungswellenlänge gemessenen Signalintensitäten wurde jeweils die lokale Temperatur berechnet. Durch wiederholte Anwendung auf die Bildpunkte von flächig aufgenommenen Signalintensitäten wurde die Temperaturverteilung innerhalb von Querschnittsebenen im Prozess ermittelt. Die Genauigkeit der bestimmten Temperatur liegt hierbei im Bereich von ±2%. Für die quantitative Bestimmung der räumlichen Verteilung der Konzentration von atomarem Eisen wurde ein neues Verfahren entwickelt, das auf der Kombination von LIF und Absorptionsmessungen beruht. Dieses Verfahren ermöglicht es, auch in inhomogenen Verteilungen mit einer Genauigkeit von ±20% die Konzentration zu bestimmen.

Für den Flammenreaktor wurde der Einfluss der Reaktionsbedingungen auf das Temperaturfeld untersucht. Hierdurch lassen sich verschiedenartige Temperaturprofile einstellen, um so die Verweilzeit-Temperaturgeschichte des reagierenden Gasgemischs und der sich bildenden Partikel zu beeinflussen. Ein Vergleich mit Simulationsrechnungen auf Basis der Kopplung von numerischer Fluiddynamik und detaillierten chemischen Reaktionsmechanismen zeigt ein schnelleres Abkühlverhalten als erwartet, wofür Auftriebsprozesse innerhalb des Reaktors als hauptverantwortlich erkannt wurden. Um diesen Einfluss zu vermeiden, wurde der Brenner umgebaut und in der Folge mit vertikaler Strömungsrichtung betrieben. In Messungen mit Prekursoren für die Synthese von Eisenoxidpartikeln wurde gezeigt, wie Prekursoren selbst die Flammenchemie beeinflussen und daher in den chemischen Reaktionsmechanismen berücksichtigt werden müssen. Mit dem neu entwickelten Detektionsverfahren für atomares Eisen konnten Konzentrationsverteilungen aufgenommen und mit der Simulation verglichen werden. Das hierfür entwickelte Verfahren kann prinzipiell auf weitere Materialsysteme angewandt werden.

Während das Verständnis der Prozesse in Flammenreaktoren weit entwickelt ist, gibt es im Bereich der Plasmasynthese noch zahlreiche offene Fragen. Hier besteht das Verständnis vieler Einflüsse auf das NO-Rotationstemperaturfeld nur aus experimentellen Beobachtungen, während eine theoretische Beschreibung der Prozesse nicht umfassend möglich und nicht Ziel dieser Arbeit ist. Im Rahmen dieser Arbeit wurden Druck, Mikrowellenleistung und Gaszusammensetzung variiert, um den Einfluss dieser Parameter auf die Temperaturverteilung separat zu untersuchen.

Zum besseren Verständnis der Zerfallschemie der Prekursoren und der anschließenden Partikelsynthese wurde ein Co-Flow-Plasma-Reaktor entwickelt, bei dem die Belegung der Fenster und Reaktorwände mit Partikeln unterdrückt wird. Somit wurden Messzeiten ermöglicht, die ausreichen, um den Temperatureinfluss einzelner Prekursoren systematisch zu erfassen. Hierbei fällt auf, dass bei Anwesenheit von Sauerstoff die Wärmefreisetzung aus der Verbrennung der organischen Komponenten der Prekursoren zu einer weiteren signifikanten Temperaturzunahme außerhalb der Mikrowellenantenne führt. Einzelne Prekursoren wie z.B. HMDSO haben einen starken Einfluss auf das Temperaturfeld und die Speziesverteilung im Reaktor.

Da die Simulation der Strömung im Plasma aufgrund der stark variablen Viskositäten komplex ist und die Kinetik der chemischen Reaktionen zwischen Ionen und Prekursoren weitgehend unbekannt ist, ist es momentan nicht möglich, zuverlässige Simulationsrechnungen auszuführen, die einen direkten Vergleich mit den Messungen erlauben. Die vorliegenden Messergebenisse werden aber helfen, die Simulationen in Zukunft weiter entwickeln zu können .

Für zukünftige Messungen wird es wichtig sein, neue und strömungsmechanisch angepasste Reaktorkonzepte mit zusätzlicher Fensterspülung und möglichst geringer Fluktuation zu entwickeln. Hierdurch wäre es möglich, Chemie und Strömung getrennt zu variieren, um so den Einfluss und die Interaktion beider zu verstehen.

Die Übertragung der neuen Messverfahren auf Reaktoren im Technikumsmaßstab steht unmittelbar bevor. Dies wird es zukünftig ermöglichen, auch in technischen Anlagen Prozesse zu optimieren, und so eine Massenproduktion von maßgeschneiderten Nanomaterialien zu realisieren. Erste Messungen zeigen bereits gute Anwendbarkeit und unterstützen somit das theoretische Verständnis der Reaktionsprozesse in Produktionsanlagen.

5. Publikationen

Begutachtete Publikationen

- H. Kronemayer, P. Ifeacho, C. Hecht, T. Dreier, H. Wiggers, C. Schulz, *Gas-temperature imaging in a low-pressure flame reactor for nanoparticle synthesis with multi-line NO-LIF thermometry*, Appl. Phys. B **88**, 373-377 (2007)
- C. Hecht, H. Kronemayer, T. Dreier, H. Wiggers, C. Schulz, *Imaging measurements of atomic iron concentration with laser-induced fluorescence in a nanoparticle synthesis flame reactor*, Appl. Phys. B **94**, 119-125 (2009)
- S. Staude, C. Hecht, I. Wlokas, C. Schulz, B. Atakan, *Experimental and numerical investigation of $Fe(CO)_5$ addition to a laminar premixed hydrogen/oxygen/argon flame*, Z. Phys. Chem. **223**, 639-649. (2009)
- N. Petermann, N. Stein, G. Schierning, R. Theissmann, C. Hecht, C. Schulz, H. Wiggers, *Plasma synthesis of nano structures for improved thermoelectric properties*, J. Phys. D: Appl. Phys. **44**, 174034 (2011)
- C. Hecht, N. v. d. Schoot, H. Kronemayer, I. Wlokas, R. Lindken, C. Schulz, *Visualization of the Gas Flow in Fuel Cell Bipolar Plates using Molecular Flow Tagging Velocimetry and Micro Particle Image Velocimetry*, Exp. Fluid., in press (2011)
- C. Hecht, A. Abdali, T. Dreier, C. Schulz, *Gas-temperature imaging in a microwave-plasma nanoparticle-synthesis reactor using multi-line NO-LIF thermometry*, Z. Phys Chem., in press (2011)

Konferenzbeiträge

- H. Kronemayer, P. Ifeacho, C. Hecht, T. Dreier, H. Wiggers, C. Schulz, *Gas-temperature imaging in a low-pressure flame reactor for nano-particle synthesis with multi-line NO-LIF thermometry*, European Combustion Meeting (ECM), Chania, Griechenland, 2007
- C. Hecht, H. Kronemayer, P. Ifeacho, T. Dreier, H. Wiggers, C. Schulz, *Atomic LIF spectroscopy for species-concentration measurements in a low-pressure flame reactor for nanoparticle synthesis*, Gordon Conference on Laser Diagnostics in Combustion, Poster, Oxford, Großbritannien, 2007
- H. Kronemayer, P. Ifeacho, J. Yin, C. Hecht, H. Wiggers, C. Schulz: *Tunable diode-laser absorption spectroscopy for gas-temperature measurements in a direct-flame fuel cell system and a flat-flame nano-particle synthesis reactor* (Gordon Conference on Laser Diagnostics in Combustion, Poster, Oxford, Großbritannien, 2007).

- C. Hecht, H. Kronemayer, T. Dreier, H. Wiggers, C. Schulz, *Imaging measurements of atomic iron concentration in a nanoparticle synthesis flame reactor with laser-induced fluorescence*, International Symposium on Combustion, Poster, Montréal, Kanada, 2008
- C. Hecht, H. Kronemayer, T. Dreier, H. Wiggers, C. Schulz, *Imaging measurements of atomic iron concentration in a nanoparticle synthesis flame reactor with laser-induced fluorescence,* 2nd International Workshop on Semiconducting Nanoparticles, Duisburg, 2008
- I. Wlokas, S. Staude, C. Hecht, B. Atakan, C. Schulz, *Measurement and simulation of Fe-atom concentrations in premixed $Fe(CO)_5$-doped low-pressure H2/O2 flames*, European Combustion Meeting (ECM), Wien, Österreich, 2009
- H. Yang, C. Hecht, T. Dreier, H. Wiggers, C. Schulz, *3-Dimensional temperature imaging in a low-pressure flame reactor for nano-particle synthesis using tomographic tunable diode laser absorption and multi-line nitric-oxide laser-induced fluorescence imaging*, European Combustion Meeting (ECM), Wien, Österreich, 2009
- A. Karthabil, M. Leschowski, C. Hecht, T. Dreier, C. Schulz, *Spatially and spectrally resolved chemiluminescence and temperature measurements in counterflow-diffusion flames*, European Combustion Meeting (ECM), Wien, Österreich, 2009
- C. Hecht, I. Wlokas, T. Dreier, H. Wiggers, C. Schulz, *Quantitative atom concentration measurements in a low-pressure flame reactor for nanoparticle synthesis*, Gordon Conference on Laser Diagnostics in Combustion, Poster, Waterville Valley, USA, 2009
- C. Hecht, H. Yang, T. Dreier, H. Wiggers, C. Schulz, *3-D temperature imaging in a low-pressure flame reactor for nanoparticle synthesis using tomographic TDLAS and multi-line NO-LIF*, Gordon Conference on Laser Diagnostics in Combustion, Poster, Waterville Valley, USA, 2009
- C. Hecht, H. Yang, T. Dreier, C. Schulz, *In-Situ Laser Diagnostics of Temperature, Intermediate Species Concentration and Particle Sizes in Gas-Phase Nanoparticle Synthesis*, (Laser Applications to Chemical and Environmental Analysis (LACEA), San Diego, USA, 2010
- C. Hecht, N. v. d. Schoot, H. Kronemayer, Lindken, C. Schulz, *Visualization of the Gas Flow in Fuel Cell Bipolar Plates using Molecular Flow Tagging Velocimetry and Micro Particle Image Velocimetry* 15th Int. Symp. on Applications of Laser Techniques to Fluid Mechanics, Lisbon, Portugal, 2010

- I. Wlokas, C. Hecht, C. Schulz, *Numerical evaluation of molecular flow seeding measurements in fuel cells*, Jahrestreffen der Fachausschüsse CFD und Mischungsvorgänge, Poster, Dortmund 2011
- I. Wlokas, C. Hecht, C. Schulz, *Model for the formation of* Fe_2O_3 *in premixed* $Fe(CO)_5$*-doped low-pressure* H_2/O_2 *flames*, European Combustion Meeting (ECM), Cardiff, Großbritannien, 2011

6. Literatur

[1] M.-C. Daniel, D. Astruc: Chemical Reviews **104**, 293 (2003)

[2] H. Ogawa, M. Nishikawa, A. Abe: Journal of Applied Physics **53**, 4448 (1982)

[3] H. Takagi, H. Ogawa, Y. Yamazaki, A. Ishizaki, T. Nakagiri: Applied Physics Letters **56**, 2379 (1990)

[4] F.E. Kruis, H. Fissan, A. Peled: Journal of Aerosol Science **29**, 511 (1998)

[5] O. Salata: Journal of Nanobiotechnology **2**, 3 (2004)

[6] P. Roth: Proceedings of the Combustion Institute **31**, 1773 (2007)

[7] S.E. Pratsinis: Progress In Energy And Combustion Science **24**, 197 (1998)

[8] T. Huelser, S.M. Schnurre, H. Wiggers, C. Schulz: *Gas-Phase Synthesis of Highly-Specific Nanoparticles on the Pilot-Plant Scale* (NSTI-Nanotech, Anaheim, CA., 2010, 330)

[9] D. Xia, D. Li, Z. Ku, Y. Luo, S.R.J. Brueck: Langmuir **23**, 5377 (2007)

[10] P.C. Ohara, W.M. Gelbart: Langmuir **14**, 3418 (1998)

[11] M.T. Swihart: Current Opinion in Colloid & Interface Science **8**, 127 (2003)

[12] P. Ifeacho, T. Huelser, H. Wiggers, C. Schulz, P. Roth: Proc. Combust. Inst. **31**, 1805 (2007)

[13] D. Vollath: Journal of Nanoparticle Research **10**, 39 (2008)

[14] M. Creatore, Y. Barrell, J. Benedikt, M.C.M.v.d. Sanden: Plasma Sources Science and Technology **15**, 421 (2006)

[15] H.R. Orthner, P. Roth: Materials Chemistry and Physics **78**, 453 (2003)

[16] L. Mädler, H.K. Kammler, R. Mueller, S.E. Pratsinis: Journal of Aerosol Science **33**, 369 (2002)

[17] D. Lindackers, M.G.D. Strecker, P. Roth, C. Janzen, S.E. Pratsinis: Combust. Sci. Tech. **123**, 287 (1997)

[18] K. Hitzbleck, H. Wiggers, P. Roth: Applied Physics Letters **87**, 093105 (2005)

[19] N. Bohr: Philos. Mag. **26**, 1 (1913)

[20] Haken: *Atom- und Quantenphysik. Einführung in die experimentellen und theoretischen Grundlagen* (Springer 1993)

[21] A.C. Eckbreth: *Laser diagnostics for combustion temperature and species* (Gordon and Breach, Amsterdam 1996)

[22] W. Demtröder: *Laserspektroskopie. Grundlagen und Techniken* (Springer, Berlin-Heidelberg-New York 2000)

[23] G. Herzberg: *Molecular spectra and molecular structure. I. Spectra of diatomic molecules* (Krieger, Malabar, Florida 1950)

[24] M.D. DiRosa, K.G. Klavuhn, R.K. Hanson: Combust. Sci. and Tech. **118**, 257 (1996)

[25] S. Svanberg: *Atomic and molecular spectroscopy: basic aspects and practical applications* (Springer 2004)

[26] G. Skandan, Y.J. Chen, N. Glumac, B.H. Kear: Nanostructured Materials **11**, 149 (1999)

[27] K. Kohse-Höinghaus, J.B. Jeffries: *Applied Combustion Diagnostics* (Taylor and Francis, New York 2002)

[28] M.G. Allen: Measurement Science and technology **9**, 545 (1998)

[29] S.T. Sanders, J. Wang, J.B. Jeffries, R.K. Hanson: Appl. Opt. **40**, 4404 (2001)

[30] Tunable diode-laser absorption-based sensors for the detection of water vapor concentration, film thickness and temperature , *Ph.D Thesis*, Univeristy Duisburg-Essen, Duisburg, (2011)

[31] W.G. Bessler, F. Hildenbrand, C. Schulz: Appl. Opt. **40**, 748 (2001)

[32] D.R. Crosley, G.P. Smith: Combustion and Flame **44**, 27 (1982)

[33] B.A. Cruden, M.V.V.S. Rao, S.P. Sharma, M. Meyyappan: J. Appl. Phys. **91**, 8955 (2002)

[34] M. Aldén, S. Wallin, W. Wendt: Appl. Phys. B **33**, 205 (1984)

[35] E.W. Kaiser, K. Marko, D. Klick, L. Rimai, C.C. Wang, B. Shirinzadeh, D. Zhou: Combust. Sci. and Tech. **50**, 163 (1986)

[36] P.A. Bonczyk, J.A. Shirley: Combust. Flame **34**, 253 (1979)

[37] W.G. Bessler, C. Schulz: Appl. Phys. B **78**, 519 (2004)

[38] D.W. Marquardt: Journal of the Society for Industrial and Applied Mathematics **11**, 431 (1963)

[39] W.G. Bessler, C. Schulz, V. Sick, J.W. Daily: *A versatile modeling tool for nitric oxide LIF spectra (http://www.lifsim.com)* (3rd Joint meeting of the US sections of The Combustion Institute, Chicago, 2003, PI1)

[40] H. Kronemayer, W.G. Bessler, C. Schulz Appl. Phys. B **81**, 1071 (2005)

[41] W. Bessler: *Dissertation, Quantitative Bestimmung von Stickoxid-Konzentrationen verteilungen und Temperaturen in Flammen in einem weiteren Druckbereich mit Hilfe der laserinduzierten Fluoreszenz* (Universität Heidelberg, Physikalisch-Chemisches-Institut, Heidelberg 2003)

[42] H. Kronemayer: *Laser-based temperature diagnostics in practical combustion systems*, Heidelberg, 2007)

[43] Y. Ralchenko: NIST Atomic spectra Darabase (Version 3.1.2), [Online]. Available: http://physics.nist.gov/asd3 [2007, August 1] National Institute of Standards and Technology (2007)

[44] K. Kohse-Höinghaus, J.B. Jeffries, R.A. Copeland, G.P. Smith, D.R. Crosley: Proc. Combust. Inst. **22**, 1857 (1989)

[45] J. Bittner, K. Kohse-Höinghaus, U. Meier, T. Just: Chem. Phys. Lett. **143**, 571 (1988)

[46] M. Versluis, N. Georgiev, L. Martinsson, M. Aldén, S. Kröll: Appl. Phys. B **65**, 411 (1997)

[47] H.U. Poll, C. Winkler, D. Margreiter, V. Grill, T.D. Märk: International Journal of Mass Spectrometry and Ion Processes **112**, 1 (1992)

[48] F.K. Kneubühl, S. M.W.: *Laser* (Teubner Studienbücher, Leibzig 1999)

[49] C.A. Brau, in C.K. Rhodes (Ed.): *2nd ed. Topics in Applied Physics* (Springer, Berlin, 1984)

[50] T. Dreier, A. Dreizler, J. Wolfrum: Appl. Phys. B **55**, 381 (1992)

[51] R.W. Schefer, W.D. Kulatilaka, B.D. Patterson, T.B. Settersten: Combustion and Flame **156**, 1234 (2009)

[52] S. Pfadler, F. Beyrau, M. Löffler, A. Leipertz: Opt. Express **14**, 10171 (2006)

[53] I. Wlokas: Persönliche Mitteilung

[54] I. Wlokas: *Simulation von Mehrkomponenten-Str¨omungen bei kleinen Mach-Zahlen*, Universität Duisburg Essen, Duisbrug, 2006)

[55] D.G. Goodwin: *An Open-Source, Extensible Software Suite for CVD Process Simulation* (in F.M. M. Allendorf, and F. Teyssandier (Ed.), Chemical Vapor Deposition XVI and EUROCVD, 2003, 155)

[56] J. Herzler, J.A. Manion, W. Tsang: The Journal of Physical Chemistry A **101**, 5500 (1997)

[57] M. Fikri, A. Makeich, G. Rollmann, C. Schulz, P. Entel: Journal of Physical Chemistry A **112**, 6330 (2008)

[58] A. Kowalik, P. Ifeacho, H. Wiggers, C. Schulz, P. Roth: *TiO2 nanoparticle formation in a premixed flame and a plasma reactor: comparison between experiment and numerical simulation* (European Combustion Meeting (ECM), Chania, Greece, 2007)

[59] W. Hieber: Zeitschrift für Elektrochemie und angewandte physikalische Chemie **43**, 390 (1937)
[60] K. Berl: Angewandte Chemie **42**, 167 (1929)
[61] G.T. Linteris, M.D. Rumminger, V.I. Babushok: Progress in Energy and Combustion Science **34**, 288 (2008)
[62] M.D. Rumminger: Combust. Flame **116**, 207 (1999)
[63] R. Hilbert, F. Tap, H. El-Rabii, D. Thévenin: Progress in Energy and Combustion Science **30**, 61 (2004)
[64] S. Lee, J. Luque, J. Reppel, A. Brown, D.R. Crosley: The Journal of Chemical Physics **121**, 1373 (2004)
[65] D. Studer, P. Boubert, P. Vervisch: Applied Physics Letters **97**, 201501 (2010)
[66] A. Grill: *Cold Plasma Materials Fabrication: From Fundamentals to Applications* (IEEE Computer Soc Pr 1994)
[67] B.-O. Cho, J. Wang, J.P. Chang: Journal of Applied Physics **92**, 4238 (2002)
[68] H.N. Chu, E.A. Den Hartog, A.R. Lefkow, J. Jacobs, L.W. Anderson, M.G. Lagally, J.E. Lawler: Physical Review A **44**, 3796 (1991)
[69] R. Hippler, S. Pfau, M. Schmidt, K.H. Schoenebach (Eds.), *Low Pressure Plasma Physics* (Wiley-VCH Verlag, Berlin, 2001)
[70] L. Tomasini, A. Rousseau, G. Gousset, P. Leprince: Journal of Physics D: Applied Physics **29**, 1006 (1996)
[71] H. Meinel, L. Krauss: Journal of Quantitative Spectroscopy and Radiative Transfer **9**, 443 (1969)
[72] X.-M. Zhu, W.-C. Chen, Y.-K. Pu: Journal of Physics D: Applied Physics **41**, 105212 (2008)
[73] H. Matusiewicz: Spectrochimica Acta Part B: Atomic Spectroscopy **47**, 1221 (1992)
[74] U.M. Kelkar, M.H. Gordon, L.A. Roe, Y. Li: Journal of Vacuum Science & Technology A: Vacuum, Surfaces, and Films **17**, 125 (1999)
[75] W. Phadungsukanan, S. Shekar, R. Shirley, M. Sander, R.H. West, M. Kraft: The Journal of Physical Chemistry A **113**, 9041 (2009)
[76] C. Weise: Persönliche Mitteilung
[77] O. Motret, F. Coursimault, J.M. Pouvesle: Journal of Physics D: Applied Physics **37**, 1750 (2004)
[78] K. Aumaille, C. Vallée, A. Granier, A. Goullet, F. Gaboriau, G. Turban: Thin Solid Films **359**, 188 (2000)

7. Abkürzungsverzeichnis

A	Hyperfeinstrukturaufspaltungskonstante
A_{21}	Einsteinkoeffizient der spontanen Emission
A_Q	Querschnitt
B	Rotationskonstante
b_{12}	Einsteinkoeffizient der stimulierten Absorption
b_{21}	Einsteinkoeffizient der stimulierten Emission
C	Vakuumlichtgeschwindigkeit
c_p	Wärmekapazität
c_{pk}	Isobare Wärmekapazität der Komponente k
E	Gesamtenergie
E_a	Aktivierungsenergie
$E_{coloumb}$	Coloumbenergie
E_{Darwin}	Darwinterm
E_{eei}	Energiebeitrag der Elektron-Elektron Wechselwirkung
E_{hfs}	Energiebeitrag der Hyperfeinstruktur
E_{jj}	Energiebeitrag der elektronischen Abschirmung für große Z
E_{ls}	Energiebeitrag der Spin-Bahn-Wechselwirkung
E_{LS}	Energiebeitrag der elektronischen Abschirmung für kleine Z
E_{rel}	Relativistische Energiekorrektur
$E_{Vibration}$	Vibrationsenergie
F	Vektorsumme aus I und J_e
F	Frequenzfaktor
f_b	Boltzmannfaktor
g	Entartungsfaktor
H	Hamiltonoperator
h_k	Spezifische Bildungsenthalpie
HMDSO	Hexamethyldisiloxan
I	Kernspin
I_{laser}	Laserintensität

I_{LIF}	Fluoreszenzintensität
I_t	Trägheitsmoment
j	Gesamtdrehimpuls eines Elektrons
J	Rotationsquantenzahl
J_e	Gesamtdrehimpuls aller Elektronen
J_{ges}	Gesamtdrehimpuls
k	Kraftkonstante der chemischen Bindung
k	Reaktionsrate
l	Bahndrehimpuls
L	Gesamtbahndrehimpuls aller Elektronen
LIF	Laserinduzierte Floreszenz
m	Magnetische Quantenzahl
m_0	Ruhemasse des Elektrons
M_k	Molmasse
m_m	Massenstrom
n	Hauptquantenzahl
NO	Stickstoffmonoxid
p	Impuls des Elektrons
Q	Stoßlöschkonstante
R	Gaskonstante
r_{ij}	Abstand zweier Elektronen
s	Elektronenspin
S	Gesamtspin aller Elektronen
S_{LIF}	Fluoreszenzleistung
T	Kinetische Energie
T	Temperatur
TEOS	Tetraethylorthosilicat
TTIP	Tetraisopropyltitanat
V	Gesamte potentielle Energie
V_n	Potentielle Energie eines Potentials
V_{rot}	Rotationsenergie

w_k	Chemischer Quellterm
Y_K	Speziesmassenbruch
Z	Kernladungszahl
α	Sommerfeldsche Feinstrukturkonstante
β	Reziproke Temperatur
Γ	Spektraler Überlapp
ε	Zähleffizienz der Kamera
λ	Wärmeleitfähigkeit
μ	Reduzierte Masse
ν	Vibrationsquantenzahl
ν_k	Diffusionsgeschwindigkeit
ω	Vibrationsfrequenz
Ω	Raumwinkel

8. Danksagung

Ganz herzlich möchte ich Herrn Professor Dr. Christof Schulz für die Aufnahme in seine Arbeitsgruppe und die damit verbundene Möglichkeit danken, mich mit einem interessanten und faszinierenden Forschungsgebiet zu beschäftigen. Christof, danke für deine ständige Unterstützung bei sämtlichen Fragen und Problemen während meiner Promotionszeit, und danke für die tolle Betreuung und Förderung in den letzten Jahren.

Ein besonderer Dank geht an Herrn Dr. Thomas Dreier. Deine Hilfe im Labor und dein umfassendes Wissen über optische Messtechnik haben diese Arbeit erst ermöglicht.

Bei den vielen Mitarbeitern der Arbeitsgruppe, mit denen ich in den letzten Jahren in verschiedenen Projekten zusammengearbeitet habe möchte ich auch an dieser Stelle danken: Helmut, Burghard, Frank, Huinan, Martin, Ralf, Hartmut, Pascal, Ali, Wei, Rongchao, Ahmad, Omid, Jan, Andrew, Iain, Irenaeus, Sebastian, Claudia, Susanne, Nils, Helge, Sonja, Marlin, Khadijeh und allen wissenschaftlichen Mitarbeitern des IVG einen großen Dank für die schöne Zeit mit euch.

Ein großes Dankeschön geht auch an die technischen Mitarbeiter der AG Schulz: Dieter, Ludger, Birgit, Natascha, Beate und Jörg. Danke, dass ihr im Labor fast alles für mich möglich gemacht habt.

Danke an das gesamte Team des Technikums am IUTA, Sophie, Tim, Mathias, Stefan und Vladimir für die schöne Zeit beim Aufbau und den Messungen.

Danke an Nadine und Ralph vom Zentrum für Brennstoffzellenforschung, für die gemeinsamen Messungen, und viele Diskussionen, die mir ein ganz anderes Gebiet der Forschung aufgezeigt haben.

Ohne die Werkstätten der Universität, die sämtliche meiner Sonderwünsche unter Zeitdruck immer rechtzeitig hergestellt haben, wäre diese Arbeit nicht in dieser Qualität und kurzen Zeit entstanden. Danke an Uli Visser und das Team der mechanischen Werkstatt, an Ingo Kitzmann und das Team der Elektronikwerkstatt und an Martin Jerman und die Optikwerkstatt und die Glasbläserei.

Meinen Eltern Wolfgang und Monika Hecht möchte ich für die Unterstützung während meines gesamten Studiums danken.

Zu guter Letzt möchte ich Miriam danken, die auch in den stressigsten Zeiten meiner Promotion stets zu mir gehalten hat.

Appendix

Betriebsbedingungen der einzelnen Messreihen im Plasmareaktor:

Abb. 3.14	Argon: 2 slm Sauerstoff: 1 slm NO: 3 sccm Druck: 30 mbar Mikrowellenleistung: 200 W
Abb. 3.15	Argon: 2 slm Sauerstoff: 1 slm NO: 3 sccm Druck : 30 mbar Mikrowellenleistung: 200 W
Abb. 3.16	Argon: 2 slm Sauerstoff: 1 slm NO: 3 sccm Druck: 30 mbar Mikrowellenleistung: 200 W
Abb. 3.17	Argon: 2 slm Sauerstoff: 1 slm NO: 3 sccm Druck : 30 mbar Mikrowellenleistung: 200 W
Abb. 3.18	Argon: 2 slm Sauerstoff: 1 slm NO: 3 sccm Druck : 30 mbar Mikrowellenleistung: 200 W
Abb. 3.19	Argon: 2 slm Sauerstoff: 1 slm NO: 3 – 12 sccm Druck: 30 mbar Mikrowellenleistung: 200 W
Abb. 3.20	Argon:1,8 – 2,9 slm Sauerstoff: 0,2 – 1,2 slm NO: 3 sccm Druck : 30 mbar Mikrowellenleistung: 200 W
Abb. 3.21	Argon: 3 slm Sauerstoff: 5,4 – 8,4 sccm

	NO: 3 sccm Druck: 30 mbar Mikrowellenleistung: 200 W
Abb. 3.22	Stickstoff: 500 sccm Sauerstoff: 500 sccm Druck: 30 mbar Mikrowellenleistung: 200 W
Abb. 3.23	Stickstoff: 1,5 slm Sauerstoff: 1,5 slm Druck: 30 mbar Mikrowellenleistung: 200 W
Abb. 3.24	Stickstoff: 1 slm Sauerstoff: 1 slm Druck: 30 mbar Mikrowellenleistung: 200 W
Abb. 3.25	Argon: 2 slm Sauerstoff: 1 slm NO: 3 sccm Druck: 30 mbar Mikrowellenleistung: 100 – 500 W
Abb. 3.26	Argon: 2 slm Sauerstoff: 1 slm NO: 3 sccm Druck: 20 – 100 mbar Mikrowellenleistung: 200 W
Abb. 3.30	Argon: 1 slm Sauerstoff: 1 slm Co-Flow Stickstoff: 6 slm Druck: 30 mbar Mikrowellenleistung: 200 W
Abb. 3.32	Argon: 500 sccm Sauerstoff: 500 sccm Co-Flow Stickstoff: 6 slm Druck: 30 mbar Mikrowellenleistung: 200 W Prekursor HMDSO: 0 – 500 ppm des Innenstrohms
Abb. 3.33	Argon: 600 - 900 sccm Sauerstoff: 100 - 400 sccm Co-Flow Stickstoff: 6 slm Druck: 30 mbar

Mikrowellenleistung: 200 W
Prekursor HMDSO: 500 ppm des Innenstrohms

Abb. 3.34	Argon: 600 sccm Sauerstoff: 400 sccm Co-Flow Stickstoff: 6 slm Druck: 30 mbar Mikrowellenleistung: 200 W Prekursor HMDSO: 0 – 500 ppm des Innenstrohms
Abb. 3.35	Argon: 600 sccm Sauerstoff: 400 sccm Co-Flow Stickstoff: 6 slm Druck: 30 mbar Mikrowellenleistung: 200 W Prekursor HMDSO: 100 - 500 ppm des Innenstrohms
Abb. 3.36	Argon: 1 slm Sauerstoff: 5 – 10 sccm Co-Flow Stickstoff: 6 slm Druck: 30 mbar Mikrowellenleistung: 200 W Prekursor HMDSO: 500 ppm des Innenstrohms
Abb. 3.37	Argon: 0,9 – 1 slm Sauerstoff: 5 – 100 sccm Co-Flow Stickstoff: 6 slm Druck: 30 mbar Mikrowellenleistung: 200 W Prekursor HMDSO: 500 ppm des Innenstrohms
Abb. 3.38	Argon: 0,9 – 1 slm Sauerstoff: 5 – 100 sccm co-flow Stickstoff: 6 slm Druck: 30 mbar Mikrowellenleistung: 200 W Prekursor HMDSO: 500 ppm des Innenstrohms
Abb. 3.39	Argon: 1 slm Sauerstoff: 5 sccm co-flow Stickstoff: 6 slm Druck: 30 mbar Mikrowellenleistung: 200 W Prekursor HMDSO: 500 ppm des Innenstrohms
Abb. 3.40	Argon: 1 slm Sauerstoff: 5 sccm

	Co-Flow Stickstoff: 6 slm Druck: 30 mbar Mikrowellenleistung: 200 W Prekursor HMDSO: 500 ppm des Innenstrohms
Abb. 3.41	Argon: 1 slm Sauerstoff: 5 sccm Co-Flow Stickstoff: 6 slm Druck: 30 mbar Mikrowellenleistung: 200 W Prekursor HMDSO: 500 ppm des Innenstrohms
Abb. 3.42	Sauerstoff: 1 slm Stickstoff: 1 slm Druck: 30 mbar Mikrowellenleistung: 200 W Prekursor TEOS: 800 – 1600 ppm
Abb. 3.43	Argon: 0,6 – 1 slm Sauerstoff: 0 – 400 sccm Co-Flow Stickstoff: 6 slm Druck: 30 mbar Mikrowellenleistung: 200 W Prekursor TEOS: 300 ppm des Innenstrohms
Abb. 3.44	Argon: 0,6 – 1 slm Sauerstoff: 0 – 400 sccm Co-Flow Stickstoff: 6 slm Druck: 30 mbar Mikrowellenleistung: 200 W Prekursor TEOS: 100 – 300 ppm des Innenstrohms
Abb. 3.45	Argon: 600 sccm Sauerstoff: 400 sccm Co-Flow Stickstoff: 6 slm Druck: 30 mbar Mikrowellenleistung: 200 W Prekursor TTIP: 100 ppm des Innenstrohms
Abb. 3.46	Argon: 600 sccm Sauerstoff: 400 sccm Co-Flow Stickstoff: 6 slm Druck: 30 mbar Mikrowellenleistung: 200 W Prekursor TTIP: 100 ppm des Innenstrohms

Abb. 3.47 Argon: 2 slm
Sauerstoff: 1 slm
NO: 3 sccm
Druck: 30 mbar
Mikrowellenleistung: 200 W

Abb. 3.48 Argon: 600 – 900 sccm
Sauerstoff: 100 – 400 sccm
Co-Flow Stickstoff: 6 slm
Druck: 30 mbar
Mikrowellenleistung: 200 W
Prekursor $Fe(CO)_5$: 0 – 300 ppm des Innenstrohms